生物工艺学实验指导

主　编　陈　敏　戴德慧　高永生

编委会　陈　敏　戴德慧　高永生　蒋予箭

杨海龙　蒋新龙　严婷婷

浙江工商大学出版社
ZHEJIANG GONGSHANG UNIVERSITY PRESS

图书在版编目(CIP)数据

生物工艺学实验指导 / 陈敏，戴德慧，高永生主编.
— 杭州：浙江工商大学出版社，2014.1(2022.7 重印)
ISBN 978-7-5178-0028-6

Ⅰ. ①生… Ⅱ. ①陈… ②戴… ③高… Ⅲ. ①生物工程—实验—高等学校—教材 Ⅳ. ①Q81—33

中国版本图书馆 CIP 数据核字(2013)第 241737 号

生物工艺学实验指导

陈 敏 戴德慧 高永生 主编

责任编辑 王黎明
封面设计 王好驰
责任印制 包建辉
出版发行 浙江工商大学出版社
(杭州市教工路 198 号 邮政编码 310012)
(E-mail：zjgsupress@163.com)
(网址：http://www.zjgsupress.com)
电话：0571-88904980,88831806(传真)
排 版 杭州朝曦图文设计有限公司
印 刷 广东虎彩云印刷有限公司绍兴分公司
开 本 710mm×1000mm 1/16
印 张 19.25
字 数 378 千
版 印 次 2014 年 1 月第 1 版 2022 年 7 月第 2 次印刷
书 号 ISBN 978-7-5178-0028-6
定 价 38.00 元

目　录

第一部分　综合性实验

第二部分　开放性实验

第三部分　附　录

第一部分
综合性实验

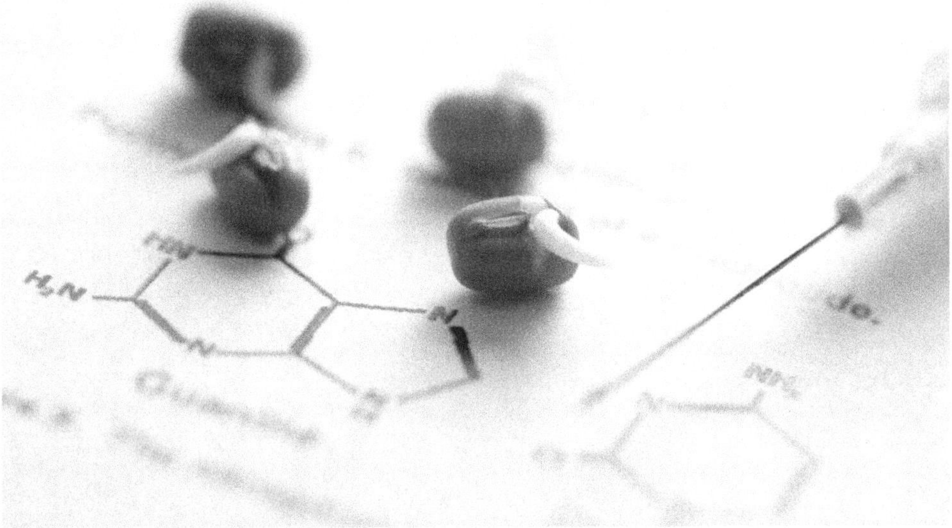

综合实验一

柠檬酸发酵技术

一、背景知识

(一)柠檬酸的发展概况

柠檬酸(citric acid),学名 2-羟基-丙烷三羧酸,是典型的有机酸,其结构式为:

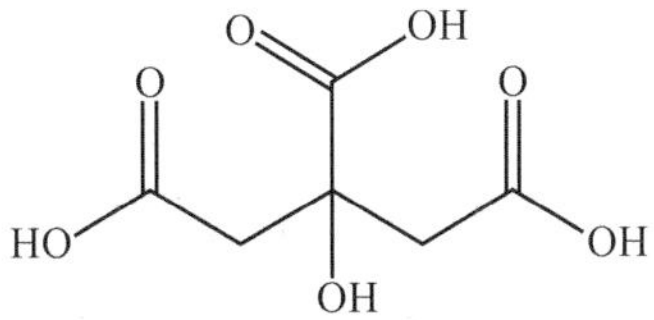

图 1-1-1 柠檬酸结构式

柠檬酸具有令人愉快的酸味,在水中溶解度极高,能被生物体直接吸收代谢。它本身也是化学合成的中间体,因此被广泛应用于食品、化工、医药、纺织、电子、建筑等行业。柠檬酸发酵的原料品种繁多、资源极广,可以说凡是能通过微生物代谢而产生柠檬酸的物质都能作为柠檬酸发酵的原料。

柠檬酸的生产,始自 1784 年 Seheel 从柠檬汁中提出制成了结晶柠檬酸。1891 年 Wehme 从腐败的柑橘中分离出一种丝状真菌,它能使含碳酸钙的糖液变成酸,并分离得柠檬酸。1916 年,Thom 与 Currie 发现很多微生物能产生柠檬酸,并利用黑曲霉工业化生产柠檬酸。1923 年,美国 Pfizer 公司以浅盘表面发酵法大量生产柠檬酸。1951 年,美国 Miles 公司率先采用深层发酵法大规模生产柠檬酸。我国的柠檬酸工业在新中国成立前是个空白。新中国成立初期虽然也进行过一些研究,但进展缓慢。1959 年,国家轻工业部发酵所首先建立了应用含柠檬酸培养基淘汰不耐酸菌株的自然选育法。1968 年,该所与黑龙江和平糖厂合作,首先完成了甜菜糖蜜浅盘表面发酵并投入工业化生产。从 20 世纪 70 年代到 90 年代,我国一直致力于柠檬酸生产菌种的改进,柠檬酸发酵取得了举世瞩目的成就。据统计,2010 年我国柠檬酸产量已达 98 万吨,2011 年柠檬酸产量与上一年基本持平。目前,全国柠檬酸年产能占世界的 70%左右,年产量占世界的 65%左右,是全球最大的柠檬酸生产国。国内主要生产企业有安徽丰原集团、湖南银海石化集团、安徽阜阳制药、山东四沙股份及无锡罗氏中亚等。

我国是农业大国，生产柠檬酸的原料资源丰富，发酵指数处于世界前列。但后续的提取工艺和设备比较落后，能耗高，深度开发产品少。近年来，由于柠檬酸生产能力增长过快，市场出现供过于求。再加上技术创新滞后及国际竞争日趋激烈，导致经济效益呈现下滑趋势。

综观当前的柠檬酸发展形势，柠檬酸生产企业应从多种方向上提高自身的竞争力：

不断改进生产工艺，提高产品的质量和档次。

加快产业升级，积极开发下游产品，如柠檬酸钙、柠檬酸醋、柠檬酸铁、柠檬酸二氢铵等。

向有市场潜力的国家和地区扩展。

结合市场需求，积极研发便利型、多功能产品，如柠檬酸和营养甜味剂混合体等。

(二)柠檬酸发酵的生产原理

1940 年克雷伯斯提出三羧酸循环学说以来，柠檬酸的发酵机理逐渐被人们认识。研究已经证明，糖质原料生成柠檬酸的生化过程中，由糖变成丙酮酸的过程与酒精发酵相同，即通过 E-M 途径（双磷酸己糖途径）进行酵解，然后丙酮酸进一步氧化脱羧生成乙酰辅酶 A，乙酰辅酶 A 和丙酮酸羧化生成的草酰乙酸缩合成为柠檬酸并进入三羧酸循环途径。柠檬酸是代谢过程的中间产物。正常的生物细胞内，一般是不会积累柠檬酸的。在发酵过程中，当微生物的乌头酸水合酶和异柠檬酸脱氢酶活性很低，而柠檬酸合成酶活性很高时，才有利于柠檬酸的大量积累。

柠檬酸是生物机体 TCA 循环的中间代谢物之一，在许多微生物中都可以检测到。但不是所有能产柠檬酸的微生物都可以作为柠檬酸发酵的生产菌种。目前，工业生产柠檬酸几乎都是用黑曲霉作为产生菌。黑曲霉发酵柠檬酸过程中，在发酵初期，发酵液中葡萄糖含量较高，而高浓度的葡萄糖正是黑曲霉 α-酮戊二酸脱氢酶合成的抑制物，这样一来 TCA 循环就中断了，酸度得到积累（注意此时积累的是酸度而不仅是柠檬酸），但是当酸度积累到 $pH \leqslant 2.0$ 时，催化柠檬酸$\rightleftharpoons$顺乌头酸$\rightleftharpoons$异柠檬酸正逆反应的顺乌头酸水合酶失活，有利于柠檬酸积累并排出体外。

为了提高柠檬酸的产量，黑曲霉发酵柠檬酸的过程中需要掌握一定的温度及通风量等条件。一般认为，黑曲霉在 28～30℃ 时，柠檬酸产率最高，发酵速度较快，温度过低会导致发酵时间延长；温度过高时，虽然初期产酸较快，但是菌体大量繁殖会大量消耗糖以致产酸降低，同时生成较多的草酸、葡萄糖酸。目前，我国已经培养出高温发酵的产酸菌株，可以在 37℃ 发酵。柠檬酸发酵要求培养基中有较高的溶解氧。通风和搅拌是增加培养基内溶解氧的主要方法。随着菌体生成，发酵液中的溶解氧会逐渐降低，从而抑制了柠檬酸的合成。采用增加空气流速及搅拌速度的方法,使培养液中溶解氧达到60%饱和度对产酸有利。另外,某些氨基酸、B族维生素、生物素和金属离子(如锌离子、亚铁离子、铜离子)等也是影响菌种产酸的重要因素。

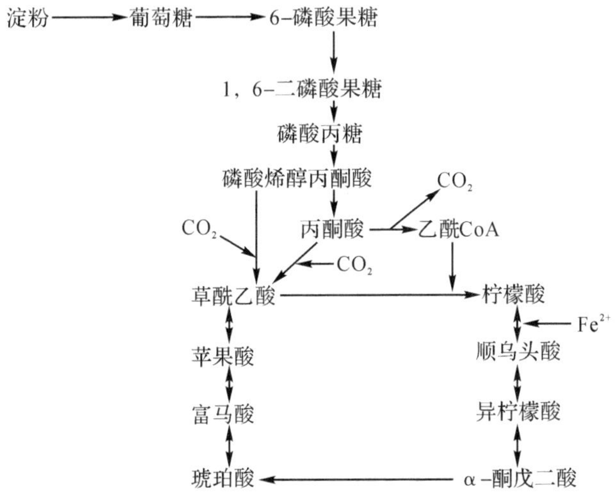

图 1-1-2　柠檬酸生物合成途径

(三)柠檬酸固态发酵的生产工艺

根据培养基物理性状的不同,发酵方式分为两大类:液体发酵和固体发酵。这里着重介绍后一种方法。

固体发酵是指一类使用不溶性固体基质来培养微生物的工艺过程。既包括将固体悬浮在液体中的深层发酵,也包括在没有游离水的湿固体材料上培养微生物的工艺过程。影响固体发酵技术的关键是固态发酵反应器,迄今为止已有许多类型的固体发酵反应器问世。常用的固体发酵反应器主要有以下几种类型:浅盘式反应器、填充床反应器、转鼓式反应器、流化床反应器、盆式反应器、柱式固体反应器、贮仓式固体发酵反应器、搅拌罐式反应器、螺旋推进式反应器、传输带输送盘式反应器及塔式反应器等。目前,固体发酵罐在实验室研究中应用较为普遍。这种感应器结构简单、温度和pH值容易控制、能处理胶状和非水溶性底物、原料更换方便。

柠檬酸固体发酵以薯干淀粉或薯渣等为原料,先进行菌种扩大培养后,将菌种与原料通入发酵罐得到柠檬酸发酵液,并通过一系列提取过程得到柠檬酸。其流程图如下:

量调节：开 C03、A21 后调节流量计的调节手柄。

(6)空气流量检测与控制

空气热质量流量计，与空气玻璃转子流量计并联安装，且在热质量流量计前后安装切断阀。热质量流量计内通道必须保持干燥无尘，因此只有在发酵过程中才开质量流量计的前后切断阀 A11、A12，发酵结束后应及时关闭 A11、A12。

(7)补氨水管线

氨水经电磁阀 C04、切断阀 A31、补料针进入发酵罐，电磁阀由控制器控制。

2. 实罐灭菌操作

(1)准备工作

盖紧罐盖上各种盖帽，旋紧罐盖，压紧螺栓。

(2)培养基预热

准备工作。预先启动蒸汽发生器及空气压缩机。将控制器中的温度开关拨向"关"(向下)；开排气阀 VT1，关闭其他所有阀门；温度仪不耐高温和不可水浸，消毒前必须关闭排气旁通阀 VT11。

开排气阀 VT1，开夹套冷凝水阀 V01 排夹套水，关闭其他阀门。

启动反应器搅拌电机，调转速 20～30 r/min。

蒸汽进夹套(固体物料可以取消本操作)。缓缓开夹套蒸汽阀 S01 蒸汽进夹套。待排水总口排出蒸汽时调节阀 V01，控制蒸汽排出量以有少量蒸汽冒出即可。并控制夹套内压力不超过 0.2 MPa。当培养基预热至 98℃时，进入实罐灭菌操作。当培养基温度在 80～90℃时，可以适当减慢升温速度，在泵稳定区域可以杀灭大部分微生物。

(3)实罐灭菌

蒸汽进过滤器。微开过滤器上排冷凝水阀 V02，开过滤器前蒸汽阀 S02，微加湿器底阀排冷凝水阀 V03，缓缓开切断阀 A03，蒸汽经过滤器进入发酵罐，同时在湿度的 Rkc 仪表中，将设定值 SV 设为 0，然后按"SET"键确认。电磁阀 C02 在消毒过程中始终开着，以保证空气管线消毒彻底。冷凝水阀 V02、V03 以有少量蒸汽排出为宜，当排气口有蒸汽排出或罐温达到 100℃，2 min 后，关闭排气阀 VT1。调节切断阀 A03 和蒸汽阀 S02，维持过滤器前蒸汽压力为 0.12～0.16 MPa，同时必须保证切断阀有一定开度，不得关死。

当达到预定温度或罐压，开排气阀 VT1 至有少量蒸汽排出，关紧或微开夹套蒸汽阀 S01，根据罐压或罐温变化的趋势，及时调整蒸汽阀 S02、S03。阀门调节宜微调，应避免大幅度开关。当反应器罐压或罐温维持在预定的范围内开始计时。

保温阶段应旋松接种口盖至有少量蒸汽冒出。

(4)灭菌完成及降温

保温结束首先旋紧接种口盖。

关紧冷凝水阀 V03,关紧过滤器前蒸汽阀,全开空气阀 A01、A02,用空气吹过滤器,当过滤器冷凝水阀 V02 排尽冷凝水后就可以关闭。

关夹套蒸汽阀 S01 和夹套排冷凝水阀 V01,开夹套进水阀 W01 和循环水阀 W02。将温度控制开关拨向“开”,并在控制仪上设定控制温度值,温度自动控制,发酵罐进入自动降温。

在降温过程中,始终监视罐压,严禁压力到零。当温度达到工艺要求时,调节搅拌转速、空气流量、罐压。

3. 发酵操作流程

(1)准备

(2)接种

摇瓶接种:调节进气量至 0.2VVM,开排气阀 VT1 至罐压接近 0(不得大于 0.02 MPa),预先旋松接种口,在接种口处放好火焰圈并点燃(在火焰圈中放置少量的棉花可以助燃提高火焰的高度),打开接种口,导入种子,然后旋紧接种盖,立即调高罐压。

发酵初始化:在控制器的发酵罐状态画面输入“发酵批号”,再按“就绪”或“开始”并“确认”,发酵数据才能自动保存。设定发酵过程参数及适宜的控制模式。

(3)湿度控制

关阀 A03,将经灭菌消毒的补水瓶及输液管放置底座上,用硅胶管将补水瓶上的呼吸过滤器与空气经过滤器阀 V02 连通。

旋下加湿器补料口上闷头,用酒精棉球对补料口内橡胶塞外表面消毒,然后将针头插入并穿透密封盖,并用补料针上的螺母锁紧。

开输液管上的弹簧夹,缓缓开阀 V02 将无菌水压入加湿器内。关阀 V02,拔出针头,盖紧补料口上闷头。

湿度控制。在控制器空气子画面上设定,F1:空气 50~100(说明:这里的“空气”实际是“湿度”,单位 L/min 应为%),F2:控制方式为“自动”,开阀 A03。当湿度低于设定值时电磁阀自动关闭,空气进入加湿器。当湿度高于设定值时,电磁阀自动打开,大量空气经电磁阀直接进入发酵罐。

开排气阀 VT11,关 VT01。

(4)取样

取样器:开罐盖 N09 口上闷头,将取样管垂直于罐盖插入罐内(建议取样时关闭搅拌器),抽出取样管,盖紧上闷头。

(5)发酵开始前设定发酵参数

(6)放料

(7)发酵结束

发酵结束必须在控制器的发酵罐状态画面按“正在发酵”并“确认”。发酵数据自动整理并保存。

(8)搅拌正反转设定

在时间比例控制器拨动数字盘设定正转时间、反转时间，拨动数字盘上端的时间单位：M—分钟，S—秒。设定完成后，打开时间比例控制器右侧的控制开关（向右开，向左关），任何一次设定后必须重新开关“控制开关”。

二、实验简介

本实验分为三部分，第一部分为柠檬酸的固态发酵，第二部分为柠檬酸的提取与纸层析，第三部分为柠檬酸的液相色谱分析。实验涵盖了目前柠檬酸发酵的主要工艺技术以及柠檬酸检测分析的基本方法，通过这三部分内容的学习和实践，可为今后从事柠檬酸的发酵生产奠定理论和实践基础。

实验 1-1　柠檬酸的固体发酵

(一)实验目的

1. 了解黑曲霉发酵生产柠檬酸的原理。

2. 掌握固体发酵罐的发酵过程及控制方法。

3. 测定黑曲霉培养过程中还原糖含量、总糖含量、pH 值、总酸含量及柠檬酸含量的变化。

(二)实验原理

黑曲霉是柠檬酸发酵的主要菌种。其存在糖酵解途径（EMP）、磷酸戊糖途径（HMP）、三羧酸循环（TCA）和乙醛酸循环的酶系。黑曲霉用糖类产生柠檬酸的生物合成途径：首先，黑曲霉利用 α-淀粉酶、糖化酶将薯干粉等物质中的淀粉转变为葡萄糖，葡萄糖经 EMP 或 HMP 降解，形成丙酮酸；丙酮酸一方面氧化脱羧生成乙酰辅酶 A，另一方面经二氧化糖羧化成草酰乙酸；草酰乙酸与乙酰辅酶 A 缩合生成柠檬酸。

(三)实验材料

1. 材料

玉米粉、黑曲霉（Aspergillus niger）2333 等。

2. 试剂

去离子水、α－淀粉酶、$CaCl_2$、碘液、$(NH_4)_2SO_4$ 等。

3. 主要设备

接种环、三角瓶、立式压力灭菌器、恒温培养箱、摇床、离心机、水浴锅、铁架台、显微镜、固体发酵罐等。

(四)实验方法与步骤

1. 种子培养

15 g 玉米粉与 100 mL 去离子水混匀，调节 pH 至 5.5～6.0，加热并搅拌至 65 ℃，按 20 U/g 原料加入 α－淀粉酶及 1 g/L $CaCl_2$，搅拌均匀，恒温保持 60 min，液化 15 min 后用 0.1%碘液检测，不显蓝色或极微淡蓝色为止，即为糖化完全，四层纱布过滤于 250 mL 三角瓶，即得糖化清液。300 mL 摇瓶中加入 50 mL 糖化清液，并加入 0.5% $(NH_4)_2SO_4$ 后，121 ℃灭菌 20 min。待冷却至室温，用酒精灯烧过的接种环轻轻刮下黑曲霉孢子，接种到已冷却的种子培养基中，恒温 35 ℃、200 r/min 摇床培养 24 h 左右，即得菌液。取培养液稀释后在显微镜下计数，计算出黑曲霉菌丝球浓度，一般可达 6.0×10^5 个/mL～1.0×10^6 个/mL。合格的菌丝球应是致密型的，菌丝短且粗，分支少，瘤状，部分膨胀。

2. 发酵培养

900 g 玉米粉，加入 6 L 去离子水，调节 pH 至 5.5～6.0，加入 10 L 发酵罐中，按 20 U/g 原料加入 α－淀粉酶及 1 g/L $CaCl_2$，搅拌均匀，恒温保持 30～60 min，液化 20 min 后用 0.1%碘液检测，不显蓝色或极微淡蓝色为止，再加入 0.5% $(NH_4)_2SO_4$，封罐。蒸汽实罐灭菌后冷却至 35 ℃，火焰法接入菌种，按接种量为 10%接入罐内，400 r/min，恒温 35 ℃，通空气发酵，罐压控制在表压 0.1 MPa。通风量控制 400～800 L/h。当发酵罐酸度不再上升、3～5 天后即可放罐。接种后，每 24 h 取发酵液一次，测定菌体浓度、残糖、酸度、pH 值。

3. 各项指标测定方法

菌体浓度：参见附录 2-12。

残糖测定：参见附录 2-14。

酸度测定：参见附录 2-5。

pH 值测定：pH 值测定方法，用发酵罐 pH 电极直接测定。

(五) 实验结果与分析

1. 做好柠檬酸发酵实验记录。

表 1-1-1 柠檬酸发酵实验记录

发酵时间(h)	0	24	48	72	96
菌体浓度					
残糖					
pH 值					
溶氧					

2. 思考影响黑曲霉发酵生产柠檬酸的因素有哪些。

(六) 实验注意事项

1. 注意 pH 值变化,当 pH 值降至 2.0 左右时,加入一定量的灭菌碳酸钙乳剂,使 pH 值回升至 2.2 左右时,有利于糖化作用,促进产酸。

2. 需通过发酵罐控制面板了解溶解氧变化情况,调节通气和搅拌的强度(前期通风量低些对糖化有利,后期适当增加风量)促进产酸。

实验 1-2 柠檬酸的提取与纸层析

(一)实验目的

1. 学习柠檬酸提取方法。
2. 学习柠檬酸的鉴定方法——纸层析法。
3. 掌握柠檬酸含量的测定方法。

(二)实验原理

成熟的柠檬酸发酵醪中,除含有主产物柠檬酸之外,还含有纤维、菌体、有机杂酸、糖、蛋白类胶体物质、色素、矿物质及其他代谢产物等杂质,它们或来自发酵原料,或在发酵过程中产生,或溶存或悬浮于发酵醪中。要制备结晶柠檬酸必须设法除去这些杂质。

分离纯化过程主要涉及几方面:过滤除去发酵液中菌丝体,原料残渣及其他固形物质;通过理化方法除去柠檬酸以外的杂质,初步纯化柠檬酸;得到精制的柠檬酸。

提取柠檬酸的方法主要有钙盐离子交换法、液-液萃取法、全离子交换法、电渗析提取法、连续离子交换法以及色谱分离法(ILCS)。

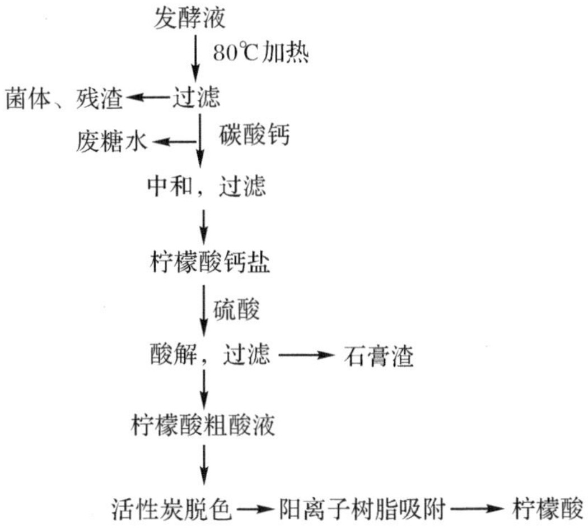

图 1-1-5　钙盐法提取柠檬酸流程图

目前，柠檬酸提取普遍采用的是钙盐离子交换法。碳酸钙可与发酵液中的柠檬酸发生中和反应，生成难溶性的柠檬酸钙沉淀，柠檬酸钙在 80～90℃时溶解度极低，通过过滤或离心可将其与糖、蛋白质、其他有机酸、无机离子等可溶性杂质分开。在柠檬酸钙沉淀中加入硫酸，在 80～90℃反应，生成柠檬酸和硫酸钙沉淀，硫酸钙在 80℃左右时溶解度极低，趁热过滤或离心可将其与柠檬酸分开，获得较纯净的柠檬酸解液。此法总收率可达到 80%～90%，且操作简单，易掌握。

纸层析法依据极性相似相溶原理，是以滤纸纤维的结合水为固定相，而以有机溶剂作为流动相。由于样品中各物质分配系数不同，因而扩散速度不同，从而达到分离的目的。试样经层析后可用比移值（Rf）表示各组成成分的位置，由于影响比移值的因素较多，因此一般采用在相同实验条件下对照物质对比以确定其异同。作为单体鉴别时，试样所显主色谱斑点的颜色（或荧光）与位置，应与对照（标准）样所显主色的谱斑点或供试品-对照品（1∶1）混合所显的主色谱斑点相同。作为质量指标（纯度）检查时，可取一定量的试样，经展开后，按各单体的规定，检视其所显杂质色谱斑点的个数或呈色（或荧光）的强度；作为含量测定时，可将色谱斑点剪下洗脱后，再用适宜的方法测定，也可用色谱扫描仪测定。

$$\text{比值}(Rt)=\frac{\text{原点中心至色谱斑点中心的距}}{\text{原点中心至流动相前沿的距}}$$

（三）实验材料

1. 样品

柠檬酸固态发酵产物。

2. 主要试剂

碳酸钙($CaCO_3$)、硫酸(H_2SO_4)、0.1% 酚酞指示、高锰酸钾、0.142 9 mol/L NaOH、活性炭、展层溶剂[正丙醇：浓氨水=3∶2(V/V)]、0.04 %溴甲酚绿乙醇等。

3. 主要设备

电磁炉或水浴锅、离心机、大烧杯、蒸馏水、阳离子树脂、50 mL 三角瓶、双层纱布、分液漏斗、新华 3 号滤纸、pH 计、毛细管、层析缸(30 cm×60 cm)等。

(四)实验方法与步骤

1. 发酵产物的分离

将发酵产物倒入一个大烧杯中，加入蒸馏水，搅匀，浸泡 1 h，用双层纱布过滤，将滤液加热至 90℃处理 10 min，3 000 r/min，离心 10 min，除去菌体、蛋白质、酶、孢子等杂质。

2. 钙盐沉淀制备柠檬酸粗品液

称取一定质量的 $CaCO_3$ 粉末，边搅拌边缓慢地加入剩余的清液中(每 100 g 一水柠檬酸需要加入 71.43 g $CaCO_3$，过量的 $CaCO_3$ 会造成胶体等其他杂质的沉淀而影响质量)，此时柠檬酸呈钙盐析出。中和终点的控制可用 pH 法或用 NaOH 滴定法。若 pH 法以 4.4～4.8 为宜。中和过滤后用 80～90℃ 的热水洗涤沉淀物以除去残糖、蛋白质等可溶性杂质。检查方法可用 1%～2%高锰酸钾 1 滴加到洗涤水中，3 min 内不变色，说明糖分已洗净。

$$2C_6H_8O_7 \cdot H_2O + 3CaCO_3 \longrightarrow Ca_3(C_6H_5O_7) \cdot 4H_2O + 3CO_2$$

碳酸钙用量=柠檬酸总量×0.714 3

柠檬酸总量=发酵液体积×滴定酸度×氢氧化钠浓度×0.07(柠檬酸的换算系数为 0.07)

3. 硫酸酸解

在沉淀物中加入约等体积的蒸馏水，搅成糊状，量取一定体积 0.1 M H_2SO_4 溶液(碳酸钙的 85 %～90%)，边搅拌边加入浆液中，80～90℃反应 10 min，使硫酸钙结晶成熟，3 000 r/min 离心 10 min 收集上层清液。

$$Ca_3(C_6H_5O_7) \cdot 4H_2O + 3H_2SO_4 + 4H_2O \longrightarrow 2C_6H_8O_7 \cdot H_2O + 3CaSO_4 \cdot 2H_2O$$

4. 脱色和去除各种阳离子

用活性炭进行脱色，用阳离子树脂去除各种阳离子，当流出液 pH 为 4 时，表示有柠檬酸流出，开始收集。

5. 总酸度测定

取收集的溶液 1 mL，加 2～3 滴酚酞指示剂，用 0.142 9 mol/L NaOH 进行滴定至微红色，通过计算 NaOH 消耗量，得出柠檬酸的百分含量（每消耗 1 mL NaOH 为 1%的酸度，酸度是 100 mL 发酵液所含柠檬酸的克数）。

6. 纸层析法鉴定柠檬酸

(1)点样

用铅笔在距新华滤纸(25 cm×19 cm)底端 2 cm 左右画一直线(称为原线)，线上每隔 2 cm 画一圆点(称为原点)。然后用毛细管吸取 2% 柠檬酸标准液和样品液点在原点上，样品点的直径为 0.3～0.5 cm(位置应完全重合，以免出现斑点畸形现象)。

(2)层析

将点样好的滤纸做成圆筒状置于层析缸的展层溶液中[正丙醇：浓氨水＝3∶2 (V/V)]，展开约 20～25 cm 后取出，挥发除尽溶剂。

(3)显色

用显色剂 0.04%溴甲酚绿乙醇喷雾显色，以确定斑点位置。

(五)实验结果与分析

1. 计算发酵液中柠檬酸的百分含量。
2. 观察发酵产物纸层析图，计算比移值(Rf)(发酵产物与标准柠檬酸经纸层析后显色，发现发酵产物与标准柠檬酸具有基本相同的迁移率，初步说明发酵产物有柠檬酸。)

实验 1-3　柠檬酸的液相色谱分析

(一)实验目的

1. 掌握高效液相色谱法定量测定柠檬酸的方法。
2. 了解高效液相色谱的基本原理、结构和操作方法。

(二)实验原理

高效液相色谱法(HPLC)是目前应用广泛的分离、分析、纯化有机化合物(包括能通过化学反应转变为有机化合物的无机物)的有效方法之一。在已知的有机化合物中，约有 80%能用高效液相色谱法分离、分析，而且由于此法条件温和，不破坏样品，因此特别适合高沸点、难气化挥发、热稳定性差的有机化合物和生命物质。

HPLC 系统一般由输液泵、进样器、色谱柱、检测器、数据记录及处理装置等组成。其中输液泵、色谱柱、检测器是关键部位。有的仪器还有梯度洗脱装置、在线脱气机、自动进样器、预柱或保护柱、柱温控制器等，现代 HPLC 仪还有微机控制系统，进行自动化仪器控制和数据处理。

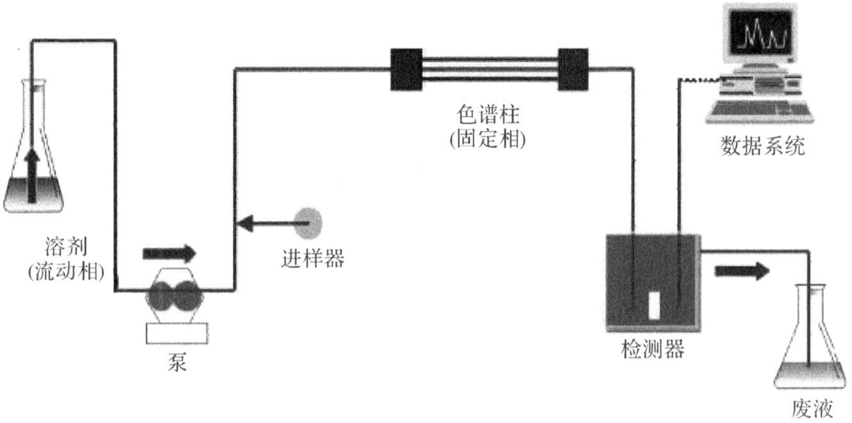

图 1-1-6　液相色谱结构示意图

HPLC 法解决一个样品的分析问题时，通常必须考虑以下几个问题：

1. 根据分析样品的特性选择适用于样品分析的高效液相色谱分析方法；

2. 选择适用的色谱柱，确定色谱柱的规格（柱内径及柱长）和选用固定相（粒径及孔径）。

3. 选择合适的分离优化条件，确定流动相的组成、流速及洗脱方法。

4. 由获得的色谱图进行定性或定量分析。

HPLC 法测定柠檬酸通常采用反向 C18 色谱柱，将柠檬酸提取物中的糖、色素和有机酸分离，收集有机酸成分，以磷酸二氢钾溶液和甲醇为流动相，紫外检测器检测（紫外光谱扫描显示有机酸在 214 nm 处有较强的吸收，故可在 214 nm 处检测有机酸），最后结合外标法对样品中的柠檬酸进行定量分析。

（三）实验材料

1. 样品

柠檬酸发酵。

2. 主要试剂

甲醇为色谱纯；

水为二次重蒸水；

磷酸二氢钾溶液：称取 2.72 g 磷酸二氢钾，用水溶解，并稀释至 1 000 mL，用磷酸调 pH 值为 2.9，经 0.45 μm 微孔滤膜过滤；

氢氧化钠溶液 0.01 mol/L；

柠檬酸标准溶液 1.0 g/L：准确 0.05 g 柠檬酸标准品用氢氧化钠溶液溶解，以纯水定容至 50 mL；

其他试剂均为分析纯。

3. 主要设备

岛津 LC-2010 液相色谱仪，紫外检测器，色谱柱为 Intertsil ODS-SO 4.6×150 mm；预柱：Cartridge Guard Column E(10mm Column Holder)，csolution 色谱工作站，0.45 μm 微孔滤膜。

(四)实验方法与步骤

1. 色谱条件

柱温：室温，流动相为甲醇 0.02 mmol/L，磷酸二氢钾溶液，配比为 5＋95；流速为 0.7 mL/min；检测波长：214 nm，进样量：20 μL/次，保留时间定性，峰面积外标法定量。

2. 样品预处理

取 50 mL 柠檬酸发酵液离心(10 000 r/min，10 min)除去发酵液中的固形物，然后经 0.45 μm 微孔滤膜过滤后，吸取 10 mL 于 100 mL 容量瓶中，加水定容待测。

3. 标准曲线的制作

准确量取柠檬酸标准溶液 1 g/L，用氢氧化钠溶液稀释成浓度分别为 0.05 g/L、0.10 g/L、0.20 g/L、0.4 g/L、0.8 g/L 的标准系列溶液进液相色谱仪分析，按液相色谱分析得到的峰面积与其相应浓度制成标准曲线。

4. 样品测定

取预处理后的柠檬酸发酵液按色谱条件进行液相色谱分析，根据建立的标准曲线，得到柠檬酸提取物中柠檬酸的含量。

(五)实验结果与分析

1. 柠檬酸标准溶液的标准曲线。
2. 柠檬酸发酵液中柠檬酸的含量。

参考文献

[1] 储炬，李友荣. 现代生物工艺学[M]. 上海：华东理工大学出版社，2008.
[2] 魏群. 生物工程技术实验指导[M]. 北京：高等教育出版社，2004.

[3] 彭奇均，徐玲. 柠檬酸生产新工艺的研究[J]. 现代化工，1997(3).
[4] 王博彦，金其荣. 发酵有机酸生产与应用手册[M]. 北京：中国轻工业出版社，2000.
[5] 李江华. 发酵工程实验[M]. 北京：高等教育出版社，2011.
[6] 金其荣，张继民，徐勤. 柠檬酸发酵工艺学[M]. 北京：轻工业出版社，1989.
[7] 路敏. 纸层析法分离鉴定柠檬酸[J]. 赤峰学院学报，2012，11(22).
[8] 熊英，寻思颖，孙棣，等. 高效液相色谱法测定酸汤中的有机酸[J]. 中国调味品，2012，7(37).
[9] 谭丽贤. 固相萃取—高效液相色谱法测定酱油中的 7 种有机酸[J]. 现代食品科技，2010(2).
[10] 张燕，闫磊，戴洋洋，等. 葡萄酒中柠檬酸的液相色谱检测[J]. 食品研究与开发，2012，6(33).

（编者：严婷婷，蒋予箭）

综合实验二
灵芝发酵制备技术

一、背景知识

灵芝是名贵中药，古代被称作神草，历代医书中记载其具有益心气、益肺气、安神补肝、坚筋骨、利关节、治耳聋等多种功用，性温，味苦涩。近代医学研究认为，灵芝是滋补强壮、扶正固本的珍贵药物，尤其在预防衰老和老年性疾病中占有重要地位。灵芝对慢性支气管炎、冠心病、心绞痛、高山症、慢性肝炎、神经衰弱、心悸头晕等症均有不同程度的疗效，临床上还用于治疗癌症、克山病、胃病、肾病、糖尿病等病症，还兼有养生美容、延年益寿的功效，长期服用可增强人的体质，提高免疫力。

(一)灵芝的分类

灵芝是一类大型高等担子菌，隶属于担子菌门(*Basidiomycotina*)，担子菌纲(*Basidiomycetes*)，非褶菌目(*Aphyllophorales*)，灵芝科(*Ganodermataceae*)。

我国最早从分类学角度研究灵芝的是贾祖璋和周宗璜教授，他们于1935年各发现灵芝属1种。1934至1964年，邓叔群教授从事中国大型真菌的研究，在1964年撰写了《中国的真菌》一书，记载了我国的灵芝29种，其中灵芝属19种，假芝属10种，为我国的灵芝研究奠定了基础。戴芳澜教授1987年出版的《中国真菌总汇》中，记载了中国的灵芝属26种，假芝属10种。20世纪70年代以来赵继鼎教授研究灵芝类真菌，并发表了大量新种，出版了《中国灵芝新编》等专著。

虽然我国灵芝科真菌物种丰富，但野生的灵芝资源数量有限，而且越来越少。目前分布在我国的100余种灵芝资源，只有18种被人们开发利用。它们有些被用于人工栽培，生产的子实体不仅可以满足国内市场的需求，而且还能够大量供应国外市场；有些被用于液体深层发酵，生产灵芝菌丝体及其活性代谢产物(灵芝多糖、灵芝酸等)。目前，实现商品化栽培的灵芝种类只有2～3种。《中华人民共和国药典》(2000年版)确认了灵芝的药用价值，卫生部2001年颁布的“可用于保健食品的真菌菌种名单”中，确认了灵芝的3个种，即灵芝(*Ganoderma lucidum*)、紫芝(*G. sinense*)和松杉灵芝(*G. tsugae*)。

(二)灵芝的形态特征

灵芝由菌丝体和子实体两部分组成。灵芝的菌丝体是其营养体。在自然条件下，它侵入腐木、朽木等适宜其生长的基质中；在人工培养条件下，则生长在培养基或培养料中。在基质表面，菌丝体会形成白色、绒毛状的菌丝层，它是由菌丝体的气生菌丝及分泌物共同组成的一种营养结构。

在生物显微镜下，可以观察到菌丝体是由许多具有分枝的菌丝密结而成。菌丝呈细管状，管壁即细胞壁，是由葡聚糖、糖蛋白、蛋白质及几丁质微丝等成分组成。在菌丝中有许多横隔，每两个横隔之间的部分为一个细胞，每个细胞中含有细胞质及细胞器、液胞等。灵芝在液体深层发酵时只有菌丝体的生长，不能形成子实体。由于菌丝体呈丝状，在深层发酵过程中，如果搅拌桨转速过快，容易将菌丝切断而影响菌丝体的生长。

灵芝的子实体分为菌盖和菌柄两部分。菌盖呈肾形、半圆形至近半圆形、扇形或近扇形，有时由几个菌盖愈合而呈近圆形；盖面呈红色至深红色或棕红色，有漆状光泽，湿时稍黏；常因其粘附大量的孢子粉，而使盖面因灰褐色粉末覆盖而失去光泽；盖面上有云纹状同心排列的环带及环沟。菌盖的断面可分为三层，表面红褐色至黑褐色，有光泽，为其皮壳，较硬；中间为菌肉，木栓质至纤维状木栓质，肉桂色，0.3～1 cm 以上，近皮壳层的菌肉颜色稍差；下层为子实层托，由许多菌管密集而成，菌管长约 0.6～1 cm，由菌盖基部向盖缘，其菌管渐短；管口圆形，每毫米间有 4～5 个；子实层托表面呈肉桂色，初期淡色。菌柄侧生或偏生至近中生于菌盖基部，近柱形至扁柱形，表面光滑，与盖面同色，亦具漆状光泽；内部硬栓质，与菌肉同色；菌柄与菌盖呈直角或近直角连接。

（三）灵芝的生活史

灵芝生活史简图如图 1-2-1。灵芝担孢子从菌管中释放出来以后，在适宜的环境条件下，孢子开始吸水膨大并萌发，长出芽管，芽管分支伸长形成菌丝。由担孢子刚萌发形成的菌丝一般较纤细，每个细胞含有一个细胞核，故称为单核菌丝。由两条单核菌丝结合，形成双核菌丝。当其在基质中生长达到生理成熟，在外界适宜的环境条件下，菌丝体相互扭结形成一团白色的突起物，即原基。原基的顶端由无数菌丝尖端密集排列而成，这些尖端具有旺盛的分生能力，可不断地向上生长，并相互交织起来，形成菌柄。菌柄发育到一定程度，在其顶端的一侧长出一突起，并逐渐地生长展开，形成菌盖菌管。担子平行排列并垂直于菌管的内壁，每一个担子

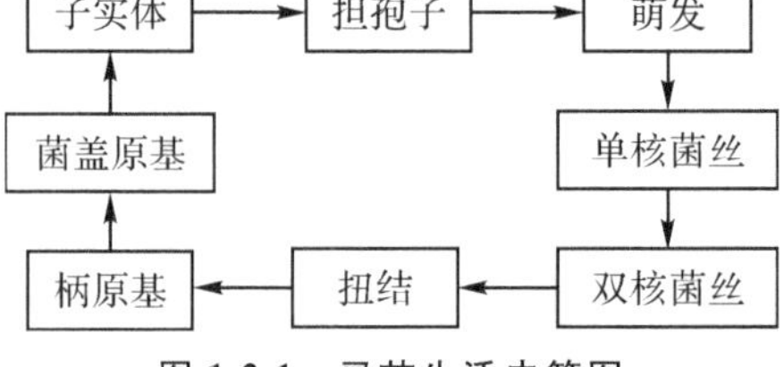

图 1-2-1 灵芝生活史简图

顶端发育成4个担孢子，发育成熟的担孢子从菌管中掉落下来，又开始新的生长繁殖过程。

(四)灵芝的活性成分

由于灵芝具有特殊的药用价值，因此对灵芝有效成分的分析及其药理作用的研究受到了广泛关注，尤其是在日本、中国、韩国等国家。迄今为止，已从灵芝的子实体、菌丝体及孢子中分离获得的化合物种类繁多，包括多糖类、核苷类、呋喃类、生物碱类、氨基酸蛋白质类、三萜类、油脂类、甾醇类、有机锗等。干的灵芝子实体含灰分1%～2%、粗脂肪2%～6%、总氮6%～12%、粗纤维50%～65%、可溶性碳水化合物20%～30%、固醇类0.3%～0.4%、总酚0.08%～0.12%。

1. 灵芝多糖

灵芝多糖主要指具有生理活性的单糖聚合体，具有抗肿瘤及提高机体免疫活性、抗病毒、抗衰老、清除自由基、抗血栓等作用，是灵芝具有扶正固本的主要有效成分。目前已分离到的灵芝多糖大部分为β-型葡聚糖或杂多糖，少数为α-型，多糖链由三股单糖链构成，分子量从数百到数十万。灵芝多糖大多为异多糖，单糖组成包括葡萄糖、阿拉伯糖、木糖、岩藻糖、鼠李糖、半乳糖、甘露糖等，单糖间糖苷键连接有(1→3)，(1→4)，(1→6)等，多数多糖具有分枝，部分多糖含有肽链，多糖链分枝密度高或含有肽链的其药理活性一般也比较高。根据报道，目前从灵芝中分离获得的灵芝多糖超过200种。

2. 灵芝三萜类化合物

灵芝三萜类化合物具有保肝、抗肿瘤、抗HIV-1及HIV-1蛋白酶活性、抑制组胺释放、抑制血管紧张素转化酶、抑制胆固醇合成、抗氧化等作用，其基本构造为数个异戊烯首尾相连构成，大部分为30个碳原子，部分为27个或24个碳原子的萜类化合物。

3. 灵芝蛋白类活性成分

灵芝中蛋白质类活性成分有多种类型，包括真菌免疫调节蛋白(Fungal Immunomodulatory Protein, FIPs)、凝集素(lectin)及糖蛋白(glycoprotein)等。

LingZhi-8(LZ-8)是较早报道的从灵芝菌丝体中分离获得的免疫调节蛋白，分子量约为13 kDa，其蛋白质的一级结构和二级结构与免疫球蛋白重链区有极大相似性，LZ-8在生物体内以二聚体的形式存在。

4. 其他活性成分

从灵芝子实体、菌丝体及其孢子中分离获得的活性化合物，还有腺苷、生物碱、有机锗、麦角甾醇、甘露醇、内脂、牛磺酸、油酸和微量元素等。灵芝中生物碱主要含有胆碱、甜菜碱、γ-三甲胺基丁酸和硫组胺酸甲基胺盐等。

(五)灵芝菌种分离

1. 灵芝孢子弹射分离法

将已灭菌的琼脂培养基倾倒在培养皿内,制成平板培养基,用灭菌纱布或滤纸吸去培养皿盖内的冷凝水,备用。选菌盖肥大、形态正常的灵芝作为分离材料,在菌盖下放一张干净的白纸,6~8 h,纸上出现红褐色粉状物,证明灵芝已成熟,正在释放孢子。将菌盖剪下,用75%乙醇对菌盖进行表面灭菌(切勿触及子实层的一面),将菌盖切成1 cm^2 小块,用锋利小刀将皮壳状菌盖连同少许菌肉切去,然后在剖面涂上胶水,贴到培养皿盖内的一侧,再盖到培养皿上。将培养皿放到室温下培养,6 h后,将培养皿的盖子按顺时针方向移动若干度,以后每隔4 h按同样方向再移动若干度,直到回复到原来的位置。移去供分离用的组织块,用纸将培养皿包好,倒放在培养箱内培养。孢子萌发后,可形成不同密度的菌落,挑选分散性好,且又连接成片的菌落,转入试管内培养。采用此法能及时发现混入灵芝孢子内的杂菌。

2. 促进灵芝孢子萌发的方法

灵芝孢子的孢壁较厚,在普通培养基上萌发速度慢,萌发率低。在3%麦芽汁培养基(pH 6.9)上,可促进灵芝孢子萌发。将采集的灵芝孢子放在含生物素的蒸馏水中,24 h即可伸出芽管,72 h后菌丝可形成分枝,然后挑取已萌发的孢子接种到斜面培养基上。最简单的方法是用灵芝子实体浸出液来刺激孢子萌发,最适浓度为20%,萌发率可达15%。

3. 灵芝组织分离法

成熟的灵芝子实体其细胞已木栓质化,回复到营养生长的能力明显下降。因此灵芝的组织分离应选取尚未木栓质化的幼嫩组织,可以选用尚未形成菌盖的幼蕾作为分离材料,取生长前端的浅黄色幼嫩组织进行分离;生长中的灵芝,菌盖前端呈浅黄色,也可作分离材料。将切下的灵芝组织块放在0.1%汞溶液内进行表面灭菌,处理1~2 min,也可用75%乙醇作表面灭菌处理。用小刀切去外部皮壳,再将组织块切成0.2 cm^3 小块,接种到培养基上,放在28℃的黑暗条件下培养。在有光条件下,灵芝菌丝很快革质化,会给转管时的操作带来困难。

(六)灵芝的生产

目前灵芝的生产主要有固体栽培(发酵)法和深层发酵法。固体栽培法经济有效,可以长出子实体和孢子,且取材方便,是一种有效的获取灵芝产品的方法;灵芝固体栽培有椴木栽培和代料栽培,采用适生树种(以壳斗科树种较理想,特别是青冈属、栲属和栎属树种最好)截成段栽培灵芝的方法称椴木栽培。以木屑、棉籽壳、甘蔗渣、农作物秸秆等农林下脚料为主要原料栽培灵芝的方法称为代料栽培。

固体栽培法的缺点是培养周期较长，且较难有效地确定培养终点和严格控制产物的含量、质量。深层发酵方法不受季节的影响，且液体菌种的培养周期短，成本低，能快速增殖菌体细胞，活性物质的有效成分易于控制，能显著提高生产效率等优点，受到人们的广泛关注。研究表明，液体深层发酵生产的灵芝多糖与来源于灵芝子实体、孢子的灵芝多糖具有相似的功效，液体深层发酵技术是获取灵芝多糖类化合物的重要手段。

二、实验简介

本实验分为两部分，第一部分为灵芝的固体栽培，第二部分为灵芝的深层生产工艺。通过这两部分内容的学习和实践，可全面掌握目前灵芝子实体、孢子粉、菌丝体及其活性成分的生产工艺技术，为今后从事灵芝产品的生产奠定理论和实践基础。

实验 2-1　灵芝的固体栽培

（一）实验目的

学习和了解灵芝固体栽培工艺及原理，掌握灵芝栽培的菌种制作、扩大培养、培养基质制备与培养条件控制等操作技术。

（二）实验原理

灵芝固体栽培可以收获灵芝子实体和灵芝孢子，是目前灵芝产品生产的主要方式之一，栽培灵芝需为其菌丝生长提供适宜的营养和环境条件。

灵芝属腐生菌类。野生灵芝一般生长在阔叶树的倒木、枯木的树桩上。灵芝依靠菌丝前端分泌的多种酶（纤维素酶、半纤维素酶等），分解木材中的纤维素、半纤维素来获得菌丝生长所需的营养。用木屑及其他富含纤维索、半纤维素、木质素的农副产品下脚料，经过适当的配搭也能用来栽培灵芝。

灵芝菌丝体对温度的适应范围较宽，子实体阶段对温度适应范围相对较窄。菌丝生长的适温范围 10～32℃，以 26～28℃为最适；子实体原基分化温度 18～28℃。子实体发育温度为 18～30℃，以 25～28℃为最适。若低于 18℃，原基会变黄、僵化，不能正常分化；若长期处于 30℃培养，虽然子实体生长较快，发育周期较短，但质地不紧密，皮壳的光泽也较差。

灵芝的生长发育需要充足的水分和较高的空气相对湿度。人工栽培时，培养基质的含水量控制在60%，培养期间空气相对湿度60%～70%。子实体生长期间要求较高的空气相对湿度，一般为80%～90%。

灵芝为好氧真菌。在子实体培养阶段，应特别注意加强通风换气，以利菌盖正常展开，二氧化碳浓度过高时，将抑制菌盖展开，常出现树枝状、鹿角状的畸形芝。

灵芝菌丝体生长速度随光照强度的增加而减慢。子实体发育则要求有较强的散射光，要求要有700～800 lx光照度，否则将影响灵芝的色泽。全黑暗条件下不形成子实体。

灵芝属木腐生菌类。和其他木腐生菌类一样，喜欢在偏酸性的培养料中生长，pH以5～6为适宜。不适合在碱性环境下生长。

(三)实验材料

1. 菌种

灵芝菌(*Ganoderma lucidum*) CGMCC5.653，中国普通微生物菌种保藏管理中心。

2. 主要设备

三角瓶、广口瓶、试管、恒温培养箱、电热全自动灭菌器、超净工作台、电子分析天平、电炉、粉碎机、移液枪、干燥箱、pH计。

3. 主要原料和试剂

马铃薯、葡萄糖、琼脂粉、木屑、麸皮或米糠、蔗糖、石膏粉。

(四)实验方法与步骤

1. 实验流程

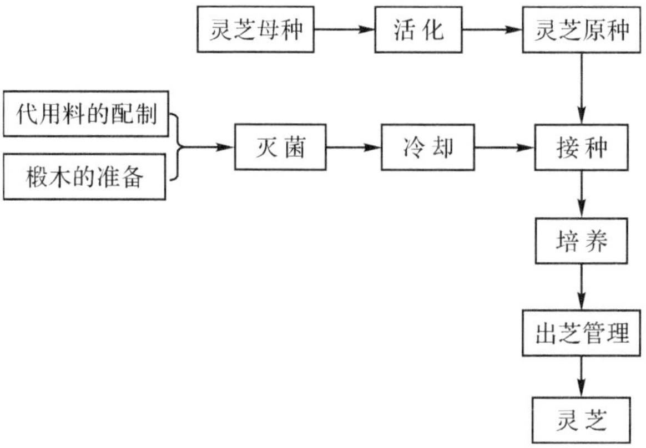

2. 实验步骤

(1)母种的活化。

培养基(PDA 培养基):马铃薯 20%、葡萄糖 2%、琼脂粉 2%。

马铃薯煮出汁加入葡萄糖和琼脂粉,加热融化后分装于试管,121℃灭菌 30 min。摆斜面,冷却,接种,于 28℃培养箱培养 7 d。

(2)原种的培养。

培养基:木屑 78%、麸皮或米糠 20%、蔗糖 1%、石膏粉 1%、水 55%~60%。

原料配好后,拌匀,装于广口瓶中,用扁形铁钩压紧,表面压平,洗净内外瓶壁,塞好棉塞,121℃灭菌 30 min,冷却后用试管菌种接于瓶中,25~28℃培养,菌丝长到瓶底后即为原种。原种可进一步扩大为栽培种,在栽培种瓶内直接长出子实体即是灵芝的瓶栽。

(3)栽培。

①木屑瓶栽灵芝。

A. 培养基的配制。大多数阔叶树的木屑均可栽培灵芝,一般说,以栋、柞、栗、水曲柳、国槐等木屑为最好,桦、榆、椴、杨、柳、枣等木屑次之,但在生产上多用杂木屑作为栽培原料。在木屑中可加入部分麦麸或米糠,麦麸的用量为 15%~25%。常用木屑培养基配方有:

木屑 75%,麦麸 25%,水适量。

木屑 80%,米糠 20%,水适量。

木屑 75%,麦麸 25%,硫酸铵 0.2%,水适量。

木屑 70%,麦麸 28%,蔗糖 1%,石膏 1%,水适量。

木屑 70%,麦麸 28%,尿素 0.1%,石膏 1%,水适量。

木屑 70%,麦麸 20%,米糠 10%,蔗糖 1%,尿素 0.2%,骨粉或过磷酸钙 2%,石膏 2%,水适量。

木屑 60%,玉米秆粉(或甘蔗渣)40%,石膏 2%,水适量。

木屑 35%,棉壳 35%,麦麸 30%,另加石膏 1%。

B. 装瓶、灭菌、接种。用 750 g 菌种瓶、广口瓶或 500 g 罐头瓶都可栽培灵芝,以菌种瓶为最好。装瓶时,培养料的松紧、深浅要适当。装瓶过松,前期菌丝生长快,后期营养不足,保水差,培养基易干缩,难以形成菌盖,装瓶过紧,则透气性差,菌丝生长缓慢,出芝迟。装瓶太浅,往往造成菌柄过长,消耗养分多,长出菌盖小。装瓶过满,菌丝易长入棉塞,造成污染。一般以肉眼看来培养基较致密且略有空隙为合适。750 g 菌种瓶装料量约 500 g。

装瓶后,121℃灭菌 30 min、冷却、接种,每瓶原种可接 50~60 瓶。

C. 菌丝培养。接种后,将瓶子搬入培养室内,竖放在床架上培养。室温应保持在 26~28℃,约经 1 周,菌丝可覆盖整个培养基,且向下深入 1~2 cm。在室温过高(30℃以上)、通气不良和光线过强情况下，往往会造成菌丝向上徒长，加速菌丝老化变色，表面菌丝变黄，影响子实体的形成。在这种情况下，应加强通风换气，进行降温，对表面黄色菌皮可用消毒钳子拨去，经通风降温，仍可形成子实体。

D. 子实体培养。菌丝生长到一定程度，培养基表面会出现白色疙瘩状突起，为子实体原基。原基出现时间，因培养温度、菌株特性而异，一般是在菌丝长满1/2或2/3瓶时，便有原基出现。原基大多发生在种块上，有时沿瓶壁上发生。原基出现后，要及时拔去棉塞或封口纸。拔塞过迟，菌柄长进棉塞，拔塞时会使子实体受到损伤，棉塞还会吸收菌丝体水分而易感染杂菌。若不拔棉塞，虽然子实体可透过棉塞长出来，形态不正常，并容易发生污染。原基形成后，约经2～3周，即可向上延伸成菌柄长出瓶口。与此同时，菌丝继续向下生长，在瓶内长透。此时室温仍应保持在26～28℃，相对湿度要提高到80%～90%，定期开窗通风，气温高时在上午8～10时及下午3～4时开窗换气，气温低时在中午通风，并给予适当光照。若湿度不足，菌柄生长前端脱水发黄，在过分黑暗条件下菌柄向上延伸很长，成为畸形菇，光线过强，菌柄刚冒出瓶口就分化成菌盖，会降低产量，阳光直射床架，菌柄容易枯萎僵化。

菌柄长出瓶口后，得到充足新鲜氧气供应，继续上长1.5～3 cm后，便开始形成菌盖(图1-2-2)。菌盖的生长方式是沿着水平方向一轮轮向外生长的，直至整个菌盖形成。当菌盖周边的白色生长点消失时，菌盖已停止长大，但仍可继续加厚。由于品种不同，有的菌柄只长一个菌盖(单生)，有的同时长几个菌盖(多生)，菌盖多生的产量一般较高，菌盖生长的条件要求与菌柄生长相同，通风不良、光照过暗，都会影响到菌盖的形成，或形成鹿角状分枝的畸形菇；在弱光照下形成的菌盖，细胞壁沉积色素少，并没有光泽。灵芝菌盖有明显趋光性，其菌盖向透光面或强光面展开。因此，在菌盖生长期间绝对不要任意调动瓶子位置，否则，会形成畸形菇。当菌盖周边白色生长点消失，瓶肩上有褐色粉状物出现(灵芝孢子)，即可采收。整个生长周期约50～60 d。每瓶产灵芝50～60 g。

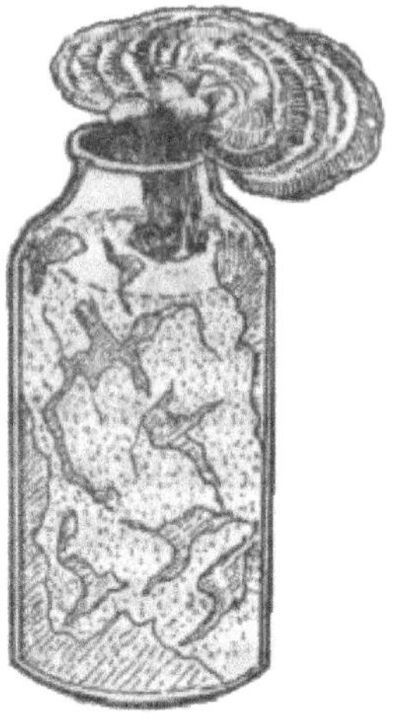
图1-2-2 瓶栽灵芝

灵芝采摘后，将瓶口消毒，重新封口，培养10～15 d后，能形成新的菌蕾，可按上述方法管理。

灵芝子实体成熟后会弹射大量孢子。灵芝孢子有药用价值，可以垫一张白纸或薄膜在瓶下收集，为防止孢子飞散，还可在床架上围一道透明薄膜，在子实体上套一个纸套更好。每个菌种可收1.5～3 g孢子。

②短椴木栽培灵芝。

选用榆、杨等阔叶树，直径不超过 10 cm，于落叶后砍伐，截段后架晒，5 月下旬打洞接种，除人工培育之木屑种或种木种外，还可将已经长过 1 年的健康灵芝椴木、野生灵芝的“寄主”树木加工成楔形种木接种。

接种后，呈井字形上堆发酵，堆高不超过 75 cm，堆温保持在 27～28℃，相对湿度保持在 65%～70%，若湿度过低，在地面或空中喷水调节。经 10～15 d 培养，菌丝已由接种穴向四周蔓延生长。劈开椴木的接种穴进行检查，凡菌丝生长地方，木质部呈现黄褐色，证明菌丝已成活。

当菌丝由接种穴向外蔓延生长时，为使菌丝在椴木内能得到充分发育，将椴木散堆，选地势较高、无直射阳光、阴凉的场所，把椴木成排横卧地面，用湿沙覆盖(用一半黄沙，一半黄土)，并适当喷水保湿(图 1-2-3)。

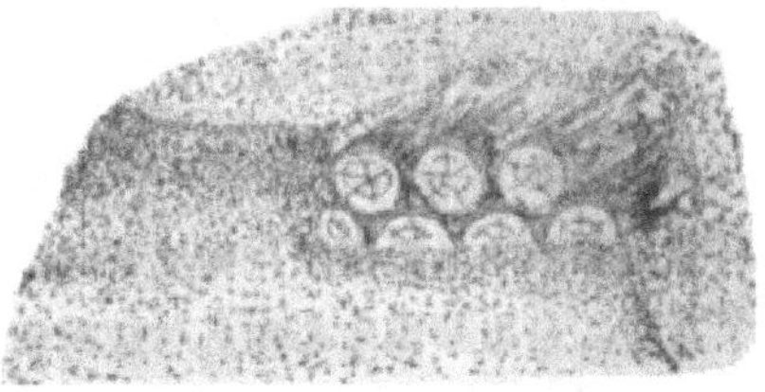

图 1-2-3　椴木覆沙养菌

1 个月后，将椴木挖出进行检查，其方法是，将椴木锯成 10～15 cm 的短木段，然后堆砌在阴凉潮湿的地方。如湿度不够，每天应在周围对空喷水数次，使相对湿度保持在 85%～95%。经 1～3 d，若横断面出现白色薄层，系灵芝气生菌丝或草酸钙的分泌物，说明灵芝菌丝已在木材内长透。这时可将全部堆木挖出，锯成 10～15 cm 木段，垂直埋入土中，埋入深度为椴木全长的 2/3 至 3/4，即稍微露出地面。埋椴木的地方最好选树荫或瓜棚下，避免太阳曝晒或雨水冲刷，特别要注意防止白蚁危害。埋木期间，要经常喷水保持土壤湿润，空气相对湿度保持在 85%～95%。

椴木栽培灵芝，一般在接种后 2 个月能形成菌蕾，子实体成熟需 50～60 d。因此，从接种到采收需要 4 个月左右时间。采收后，若气候条件适宜，会长出新的菌蕾，2 个月后又可采收。越冬期间，仍要保持沙土湿度，防止椴木内菌丝脱水死亡。第 2 年气温回升后(25℃以上)，再按前述方法栽培，较大的椴木可产菇 2～3 年。

③椴木栽培灵芝。

椴木栽培灵芝，是在椴木上钻穴，接上菌种，经过发菌管理，从椴木上长出灵芝，栽培过程有制种、椴木准备、接种发菌、埋菌棒和管理等。

A. 制种。用椴木栽培灵芝，以抗逆力强的木块菌种为好，在水分、湿度变化较大的情况下，菌种不易衰老死亡。制菌种用的木块，要求质地坚硬，树皮较薄，常用的有桑、槐、悬铃木等，剪成长 1.5 cm、直径 1.2 cm 的小圆木块，平时晒干，制种时将小木块放入营养液中(100 mL 水中，加蔗糖 2 g，麸皮或米糠 5 g)，煮沸，半小时后捞起，按 4∶1 的比例，将木块与制常规菌种用的木屑、麸皮培养料混合，装入瓶中，并用木屑麸皮培养料覆盖，压平。灭菌，接种，培养和常规制种同，待留丝长到瓶底，再过 10 d 左右，就可用于接种。

B. 椴木准备。一般阔叶树的椴木均能栽培灵芝，但木质较坚硬的桦树、栎树、野樱桃、悬铃木、枫香等树种比较理想，椴木直径要求 8～15 cm，长 1 米左右，一般在二三月份伐树，含水量高不易枯死的树木，应适当提早砍伐。然后截去树枝，放于阴凉处，使水分慢慢蒸发，接种时，椴木含水量以 37%～40% 为宜。如含水量低，接种前应在水中浸 1～2 d，含水量高，可将椴木放在室外吹干，接种时的椴木要求完全枯死，以免发菌期椴木返青发芽，导致菌种死亡。

C. 接种。接种穴用电钻钻穴，穴略小于菌种块，使接种块能塞紧接种穴，穴距 8～10 cm，行距 6～8 cm，接种时，从瓶中挖出菌种，剥去菌膜，先用少量木屑菌种填入穴内，然后再塞上菌种块，用榔头敲紧，要边钻穴边接种，接种后立即用塑料薄膜覆盖，防止种穴干燥而影响菌种成活。

D. 堆棒发菌。椴木接种之后，随即堆棒。堆法是：一层椴木横放，一层直放，堆高 3～4 尺，宽度为一根椴木，长度不限，然后用塑料薄膜覆盖，下部用砖瓦压紧，密封。阳光强烈时，覆盖草帘，减少光照，白天堆温保持在 25～28℃，晚上盖好草帘保温，每隔 6～7 d 翻一次堆，将上下内外的椴木相互调换位置。第一次翻堆后仍密封，以后几次翻堆，覆盖的塑料薄膜不必着地，留些空隙。如发现杂菌，可将塑料薄膜揭起，以降低湿度，抑制杂菌生长。如果椴木变干，树皮呈白色，在翻堆时要适当浇水，但要到树皮表面无水迹时，才可覆盖薄膜。一个月后，菌丝已深入木质部，即可埋菌棒。

E. 埋菌棒。椴木发好菌后，应及时埋入土中，埋菌棒的畦宽 4.5 尺左右，先挖去畦的表土 2～3 寸，在畦内洒消毒粉，再洒上少许土，将消毒粉盖没，然后排放一层菌棒，菌棒间距离一指宽，中间用细土填实，不要有空隙，否则菌棒易发生杂菌，然后再在菌棒上覆 1 寸厚的土，畦的两边要开排水沟。

F. 搭荫棚。埋好菌棒后，在畦上搭荫棚，高 1 尺左右，先铺塑料薄膜，再盖草帘，以防阳光直射和雨水冲刷。

G. 水分管理。菌棒埋好后，畦面每天喷 1～2 次水，保持土面湿润，但也不能过湿而粘手，并随时拔去畦面杂草。冬天必须注意保湿，土面干，开春后子实体形成迟，子实体长大时就会遇到高温干旱而长不足。冬天保湿的方法是在土面上覆一层草，不必喷水。

H. 采收。灵芝子实体边缘开始变红，菌盖开始革质化时，就应及时采收。子实体过分幼嫩时采收产量固然会低，但子实体生长过老，药效就差，而且也会影响第二批子实体的生长。

椴木接种灵芝，如果接种早，发菌好，7 月初就能形成子实体，到高温时已基本长成。但是第一年产量较低，第二年 4～5 月份，可形成大量子实体，占总产量的 70%～80%。每 100 kg 椴木，两年中可收干灵芝 2.5～3 kg。

(五)实验结果与分析

记录灵芝菌丝、子实体原基、菌柄、菌盖的生长情况。

实验 2-2　灵芝的液体发酵

(一)实验目的

灵芝的液体发酵是典型的好氧发酵,但发酵时间较长、容易染菌,以该菌为实验对象,可以使学生熟悉微生物与发酵操作,即使由于染菌而至发酵失败,也能使同学们认识到规范操作对发酵生产的重要性。学习灵芝菌的液体发酵生产,有助于对其他好氧发酵的理解与掌握,也有助于对已掌握的生化、微生物知识的融会贯通。

(二)实验原理

灵芝(*Ganoderma lucidum*)是中国的传统名贵中药,现代药理研究表明它有抗衰老、提高机体免疫功能、抑制肿瘤、抗病毒和保肝护肝等作用,主要活性成分为灵芝多糖、灵芝三萜类化合物以及活性蛋白类成分等。目前,野生灵芝稀少,大多采用人工栽培的灵芝子实体加工成各种药物和保健食品。近年来,液体培养以其生产周期短、培养物营养丰富以及便于收集加工等优点而越来越受到重视。灵芝的液体培养,首先要提供适合灵芝生长代谢的营养条件,其次要提供适宜的 pH 值、溶氧、温度等环境条件。摇瓶发酵时,溶氧通过调节摇瓶的装液量和摇床的转速来实现,发酵罐发酵通过调节通气量或(和)调整气体含氧量来实现。灵芝液体发酵是一个逐级扩大培养的过程,在进行灵芝菌的发酵罐液体发酵之前,必须准备好足够量、生长旺盛的发酵菌种。在灵芝菌的液体发酵中,接种量一般为培养基体积的 10%,因此,要进行大规模的发酵,首先必须进行灵芝菌的种子扩大培养,以获得足量的菌种。然后在发酵罐的液体培养基中接入灵芝菌,提供适宜的温度、溶氧等条件使灵芝菌丝进行生长,生产灵芝多糖等活性成分。

(三)实验材料

1. 菌种

灵芝菌(*Ganoderma lucidum*) CGMCC5.653,中国普通微生物菌种保藏管理中心。

2. 主要设备

三角瓶、试管、恒温培养箱、摇床、灭菌设备、超净工作台、电子分析天平、电炉、粉碎机、移液枪、干燥箱、pH 计、分光光度计、比色用试管、水浴锅。

发酵罐系统(含蒸汽发生器、空压机等)。

8%的苯酚、浓硫酸、3,5-二硝基水杨酸、亚硫酸钠、氢氧化钠、酒石酸钾钠。

3. 主要试剂

马铃薯、葡萄糖、琼脂粉、玉米粉、豆饼粉、麸皮、$MgSO_4$、K_2HPO_4。

(四)实验方法与步骤

1. 实验流程

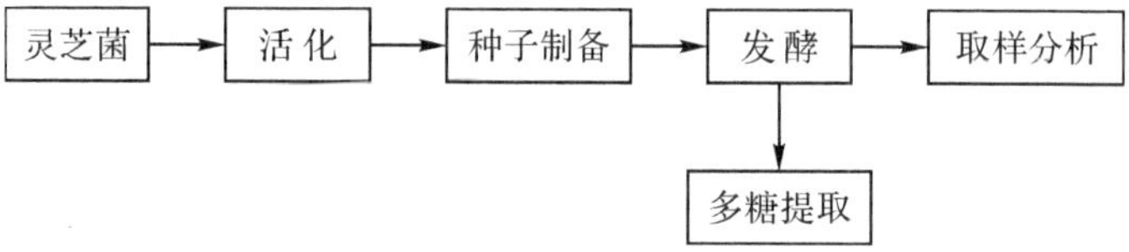

2. 实验步骤

(1)菌种活化。

培养基(PDA 培养基):马铃薯 20%、葡萄糖 2%、琼脂粉 2%。

马铃薯煮出汁加入葡萄糖和琼脂粉,加热融化后分装于试管,121℃灭菌 30 min。摆斜面,冷却,接种,于 28℃培养箱培养 7 d。

(2)种子制备。

①培养基的配制与灭菌。

培养基:葡萄糖 20 g/L,玉米粉 20 g/L,豆饼粉 10 g/L,$MgSO_4$ 0.75 g/L,K_2HPO_4 1.5 g/L。

根据培养基配方称量配制,分装于 250 mL 三角瓶中,每瓶装液量 100 mL,十二层纱布封瓶口,121℃,灭菌 30 min。

②接种。

培养基冷却后,在超净台内从试管菌种中,用接种铲挑取灵芝菌丝接入三角瓶中,火焰烧瓶口,纱布封闭。

③培养。

将接好种的三角瓶置于摇瓶柜中培养,温度 28℃,转速 150 r/min,培养 7 d。

(3)发酵。

①培养基的配制。

培养基:葡萄糖 20 g/L,玉米粉 20 g/L,豆饼粉 10 g/L,$MgSO_4$ 0.75 g/L,

K_2HPO_4 1.5 g/L。

②摇瓶发酵。

根据培养基配方称量配制，分装于 500 mL 三角瓶中，每瓶装液量 150 mL，十二层纱布封瓶口，121℃，灭菌 30 min。培养基冷却后，在超净台内用移液管将灵芝种子液接入三角瓶中，接种量 10%，火焰烧瓶口，纱布封闭。将接好种的三角瓶置于摇瓶柜中培养，温度 28℃，转速 150 r/min，培养 5 d。

③发酵罐发酵。

根据培养基配方称量配制，装入发酵罐中，121℃，灭菌 30 min。培养基冷却后，将灵芝种子液在火焰条件下、从接种口接入发酵罐，接种量 10%。调整通气量为 1∶(0.3—0.5)VVM，搅拌转速 150 r/min，发酵 5 d。

(4)发酵过程中还原糖的测定（DNS 法）。

①试剂：3，5-二硝基水杨酸试剂。

3，5-二硝基水杨酸	1%
苯酚	0.2%
亚硫酸钠	0.05%
氢氧化钠	1%
酒石酸钾钠	20%

配好后存棕色瓶中一周后稳定。

②标准曲线的绘制。

配制 1 mg/mL 的葡萄糖标准溶液，取 6 支试管，分别按下表顺序加入各种试剂。混匀后置 100℃恒温水浴保温 5 min，立即用流动水冷却。最后加蒸馏水稀释至 25 mL。混匀后，于 550 nm 比色。以光吸收值为纵坐标，以葡萄糖浓度为横坐标绘制标准曲线。

管　号	0	1	2	3	4	5
含糖总量(mg)	0	0.2	0.4	0.6	0.8	1.0
葡萄糖标准溶液(mL)	0	0.2	0.4	0.6	0.8	1.0
蒸馏水(mL)	2.0	1.8	1.6	1.4	1.2	1.0
DNS 试剂(mL)	3	3	3	3	3	3

③测定。

取待测样品（含糖 50～100 μg）和对照（蒸馏水）各 2 mL，分别加入 3 mL 的 DNS 试剂，沸水浴煮沸 5 min 显色，冷却后用蒸馏水稀释至 25 mL，用分光光度计在 550 nm 比色，以对照液调零点，测得吸光度。用预先以葡萄糖作好的标准曲线即可计算出样品中的含糖量。

(5)发酵过程中灵芝多糖的测定(硫酸苯酚法)。

①试剂。

8%的苯酚、浓硫酸。

②标准曲线的绘制。

配制 100 μg/mL 葡萄糖标准液。取 10 mL 刻度试管 6 支,用 0～5 分别编号,按表加入溶液和水,然后按顺序向试管内加入 1 mL 8%苯酚溶液,摇匀,再从管液正面以 5～20 s 时间加入 5 mL 浓硫酸,摇匀。比色液总体积为 8 mL,在室温下放置 30 min,显色。然后以空白为参比,在 490 nm 波长下比色测定,以糖含量为横坐标,光密度为纵坐标,绘制标准曲线,求出标准直线方程。

管　号	0	1	2	3	4	5
含糖总量(μg)	0	20	40	60	80	100
葡萄糖标准溶液(mL)	0	0.2	0.4	0.6	0.8	1.0
蒸馏水(mL)	2.0	1.8	1.6	1.4	1.2	1.0

③测定。

取适当稀释后的溶液 2 mL 加入苯酚 1 mL 混匀后再加入 5 mL 浓硫酸混匀,静置 15 min 后用分光光度计在 490 nm 波长处,以试剂空白为参比测定吸光度值。再以标准曲线来计算多糖含量。

(五)实验结果与分析

绘制灵芝发酵过程中还原糖、多糖、pH 值随时间变化的曲线。

参考文献

[1] 陈士瑜.食用菌生产大全[M].北京:农业出版社,1988.
[2] 黄毅.食用菌栽培(下册)[M].北京:高等教育出版社,2001.
[3] 上海市农业科学研究院.食用菌栽培技术[M].北京:农业出版社,1983.
[4] 陶文沂,敖宗华,许泓瑜,等.药食用真菌生物技术[M].北京:化学工业出版社,2007.
[5] 张松.食用菌学[M].广州:华南理工大学出版社,2000.
[6] 徐锦堂.中国药用真菌学[M].北京:北京医科大学—中国协和医科大学联合出版社,1997.
[7] 杨海龙,活泼,肖彩霞,等.药用真菌深层发酵生产技术[M].北京:化学工业出版社,2009.
[9] Kino K, Yamashita A, Yamaoka K, et al. Isolation and Characterization of a New Immunomodulatory Protein, LingZhi-8 (LZ-8), *Ganoderma lucidium*[J]. Biol Chem, 1989(1).

(编者:杨海龙)

综合实验三
啤酒酿造技术

一、背景知识

(一)啤酒简介

啤酒是人类最古老的酒精饮料,是水和茶之后世界上消耗量排名第三的饮料。于 20 世纪初传入中国,属外来酒种。啤酒是根据英语 Beer 译成中文"啤",称其为"啤酒",沿用至今。啤酒以麦芽、酒花、水为主要原料,经酵母发酵作用酿制而成的饱含二氧化碳的低酒精度酒。现在国际上的啤酒大部分均添加辅助原料。有的国家规定辅助原料的用量总计不超过麦芽用量的 50%。在德国,除出口啤酒外,德国国内销售啤酒一概不使用辅助原料。在 2009 年,亚洲的啤酒产量约 5 867 万升,首次超越欧洲,成为全球最大的啤酒生产地。

(二)啤酒分类

1. 根据啤酒色泽划分

(1)淡色啤酒(Pale Beers)

淡色啤酒是各类啤酒中产量最多的一种,按色泽的深浅,淡色啤酒又可分为以下三种。

淡黄色啤酒。此种啤酒大多采用色泽极浅、溶解度不高的麦芽为原料,糖化周期短,因此啤酒色泽浅。其口味多属淡爽型,酒花香味浓郁。

金黄色啤酒。此种啤酒所采用的麦芽溶解度较淡黄色啤酒略高,因此色泽呈金黄色,其产品商标上通常标注 Gold 一词,以便消费者辨认。其口味醇和,酒花香味突出。

棕黄色啤酒。此类酒采用溶解度高的麦芽,烘焙麦芽温度较高,因此麦芽色泽深,酒液黄中带棕色,实际上已接近浓色啤酒。其口味较粗重、浓稠。

(2) 浓色啤酒(Brown Beer)

(3) 黑啤(Stout Beer)

2. 根据啤酒杀菌处理情况划分

(1) 鲜啤酒(Draught Beem)

(2) 熟啤酒(Pasteurimd Beer)

3. 根据原麦汁浓度划分

(1) 低浓度啤酒(Small Beer)

(2) 中浓度啤酒(Light Beer)

(3) 高浓度啤酒(Strong Beer)

4. 根据发酵性质划分

(1) 顶部发酵(Top Fermentating)

使用该酵母发酵的啤酒在发酵过程中,液体表面大量聚集泡沫发酵。这种方式发酵的啤酒适合温度高的环境,16~24℃,在装瓶后啤酒会在瓶内继续发酵。这类啤酒偏甜,酒精含量高,其代表为各种不同的爱尔啤酒(Ale)。

(2) 底部发酵(Bottom Fermenting)

顾名思义,该啤酒酵母在底部发酵,发酵温度要求较低,酒精含量较低,味道偏酸。这类啤酒的代表是国内常喝的窖藏啤酒(Larger)。

二、实验简介

本实验从原料粉碎开始到鲜啤桶装结束,是一个以四器组合式啤酒中试生产设备为基础的综合性实训实验,通过这部分内容的学习和实践,使学生充分了解啤酒生产的完整工艺过程,可为学生今后从事啤酒生产奠定理论和实践基础。

实验 3-1 啤酒酿造技术

(一)实验目的

通过啤酒的实验室发酵生产试验,学习和了解啤酒酿造工艺及原理,了解啤酒生产的完整工艺,熟悉厌氧发酵工艺的大致过程,增强学生对啤酒生产的感性认识,培养学生的实践动手能力。

(二)实验原理

啤酒是一种以麦芽(包括特种麦芽)和水为主要原料,大米为辅助原料,加啤酒花(包括酒花制品),经糖化、酵母发酵酿制而成的含有二氧化碳的低酒精度发酵酒。

啤酒生产主要是利用大麦发芽过程产生的大量淀粉酶,经糖化水解将大麦淀粉和大米淀粉转化成麦芽糖；糖液过滤、加啤酒花、煮沸定型制成麦芽汁；麦芽汁冷却后接种啤酒酵母进行主发酵，将麦芽糖转化成酒精形成嫩啤酒；再经后发酵低温澄清储藏使啤酒成熟；最后经硅藻土过滤机过滤、桶装制成成品鲜啤酒。

(三)实验材料

1. 菌种

购自啤酒生产企业的德国啤酒酵母斜面试管菌种。

2. 主要设备

三角瓶、恒温培养箱、摇床、灭菌设备、超净工作台、恒温水浴锅、电子分析天平、电炉、粉碎机、移液枪、试管、温度计、不锈钢锅、干燥箱、pH 计、酒精计、磁力搅拌器、滴定管、显微镜、100L 小型啤酒生产成套设备。

3. 主要材料

大米、麦芽、颗粒啤酒花、α-淀粉酶、硅藻土等。

(四)实验方法与步骤

1. 啤酒生产工艺流程

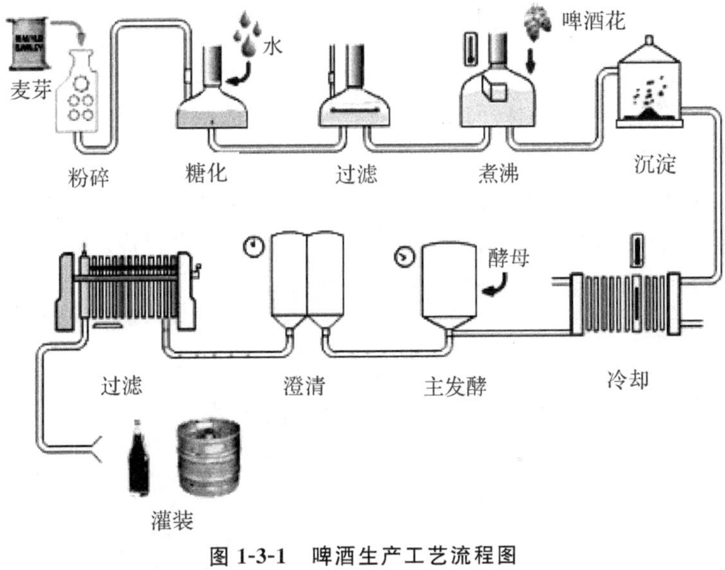

图 1-3-1 啤酒生产工艺流程图

2. 实验步骤

(1)原料粉碎

麦芽粉碎方法可分三种，即干法粉碎、增湿粉碎和湿法粉碎。干法粉碎是一种常用的传统粉碎方法，一直沿用至今。增湿粉碎和湿法粉碎，对保持麦皮的完整性、加快过滤速度效果明显，被越来越多的厂家采用。实验室麦芽粉碎一般采用二辊式粉碎机，大米粉碎一般采用小钢磨。

设备检查：查看粉碎机料斗内有无杂物、剩料，辊距是否合适，插线、电机接地及其他附件是否正常，如无异常即可准备粉碎。

原料检验：大米、麦芽粉碎前，仔细检查大米和麦芽外观质量，有无结块、无霉烂变质现象。大米、大麦芽应当粉碎后即用，不宜长时间保存，更不可过夜。

麦芽润料：粉碎前 10 min，加麦芽重量 5% 的水湿润麦芽的表皮，以增加麦皮韧性，防止麦皮过度破碎，达到“皮破而不碎”的工艺要求。当麦芽表皮吸水后表面无明显水珠时即需进行粉碎，不得长时间放置。

麦芽粉碎：粉碎过程要随时取样检查麦芽粉碎度，根据麦芽粉的粗细，适当调整磨辊距离和进料量，粗、细粒比例一般控制在 1∶2.5 为宜。

大米粉碎：粉碎过程要适当调整大米粉的粗细，一般要求大米粉碎越细越好，但要防止设备过载。

操作安全：粉碎时操作人员应该佩戴防尘口罩，粉碎过程严禁将手伸进料斗内，粉碎室内严禁烟火。

工艺卫生：粉碎结束后，切断电源，回收内存物料，清理设备内部、表面的粉尘及场地卫生。

(2)糖化

糖化是麦芽内含物在酶的作用下继续溶解和分解的过程。麦芽及辅料粉碎后加水混合，在不同温度段保持一定的时间，使麦芽中的酶在最适的条件下充分作用相应的底物，使之分解并溶出。原料及辅料粉碎料与水混合后的混合液称为“醪”(液)，糖化后的醪液称为“糖化醪”，溶解于水的各种干物质(溶质)称为“浸出物”。浸出物由可发酵性和不可发酵性物质两部分组成，糖化过程应尽可能多地将麦芽可溶物浸出，并在酶的作用下进行适度的分解。

①糖化方法。

- 糖化方法
  - 煮出糖化法
    - 三次煮出糖化法
    - 二次煮出糖化法
    - 一次煮出糖化法
  - 浸出糖化法
  - 双醪糖化法
    - 双醪煮出糖化法
      - 双醪一次煮出糖化法
      - 双醪二次煮出糖化法
    - 双醪浸出糖化法

本实验室 100L 啤酒生产装置所用糖化方法为双醪浸出糖化法。工艺曲线如图：

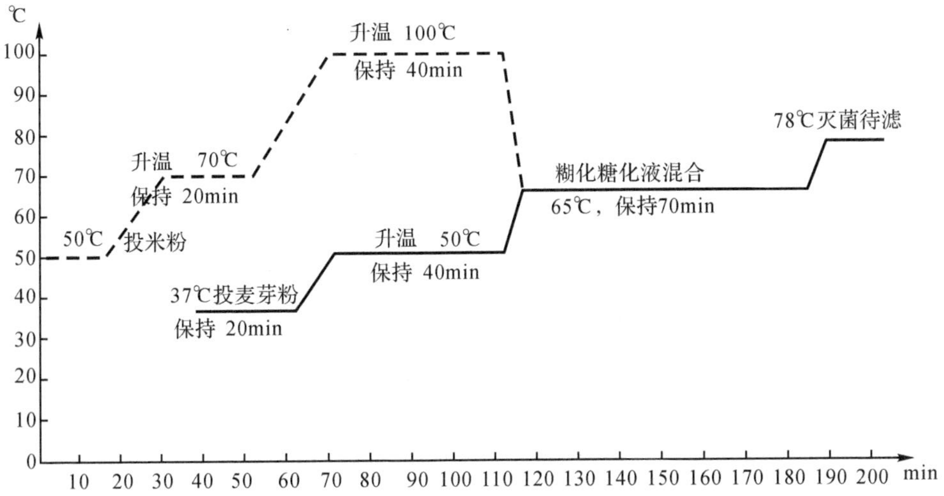

图 1-3-2 双醪浸出糖化法糖化曲线

②糖化操作。

A. 设备检查：检查糊化锅、糖化锅、过滤槽、煮沸锅、旋沉槽、管件、阀门、仪表及水、电、汽供应是否正常，清洗干净，准备投料。

B. 糊化

制备投料水：在糊化锅内加入适量的水(按 12°P 麦汁计，约 20 kg 水)，开蒸汽加热，升温至 50℃停止加热。

投料：启动糊化锅搅拌，将粉碎好的大米粉(按 12°P 麦汁计，约 5 kg)、麦芽粉(按大米粉量的 15%计，约 0.75 kg 或添加淀粉酶)投入糊化锅，50℃保温 20 min(添加淀粉酶时可直接升温)。

升温：开蒸汽加热，以每分钟 1～1.5℃的速率升温至 70℃，保温 20 min。

煮沸：开蒸汽加热，以每分钟 1～1.5℃的速率升温至 100℃，煮沸 40 min 使醪液充分糊化。

自投料开始起至糊化结束，搅拌自始至终开启，以防止糊锅。

③糖化。

A. 制备投料水：在糖化锅内加入适量的水(按 12°P 麦汁计，约 50 kg 水)，开蒸汽加热，升温至 37℃停止加热。或加入热水罐的热水的同时加自来水，通过调节阀门的进水量大小直接将投料水温调至 37℃左右。

B. 投料：启动糖化锅搅拌，将粉碎好的麦芽粉(按 12°P 麦汁计，约 12 kg)投入糖化锅，搅拌均匀后，停止搅拌，37℃酶休止 20 min。

C. 蛋白休止：启动搅拌，打开蒸汽加热，以每分钟 1～1.5℃的速率升温至 50℃，停止搅拌，静止保温 40 min 进行蛋白分解。

D. 对醪糖化：蛋白休止结束，启动搅拌，将糊化醪泵入糖化锅内，对醪温至

65℃，停止搅拌，静止保温 70 min，进行糖化。（注意：糊化锅空出后，应立即用水冲洗干净。）

E. 升温杀酶：启动搅拌，打开蒸汽加热，以每分钟 1～1.5℃ 的速率升温至 78℃，停止搅拌，静止保温 10 min，等待过滤。

F. 杀菌：将糊化锅加满水，打开蒸汽加热，升温至 80℃以上停止加热，对麦汁管路和换热器进行杀菌。并将麦汁软管口经过糊化锅入孔放入糊化锅，用糊化锅 80℃以上的热水循环杀菌 20 min，杀菌时稍开充氧阀，对充氧管同时杀菌。

④过滤。

糖化结束后，必须将糖化醪尽快地进行固液分离，即过滤，从而得到清亮的麦汁。固体部分称为麦糟，液体部分为麦汁，是啤酒酵母发酵的基质。糖化醪过滤是以大麦皮壳为自然滤层，采用重力过滤器或加压过滤器将麦汁分离。

A. 制备洗糟水：糊化锅内加满水，打开蒸汽加热，使水温升至 78℃备用。

B. 铺底水：将糊化锅内 78℃的热水接入过滤槽，使水充满底部和筛板之间的夹层热水，水位要满过筛板 0.5 cm。

C. 进醪：启动糖化搅拌、过滤耕槽机，将糖化醪泵入过滤槽，泵醪完毕，待糖化醪均匀后停止耕槽机搅拌，进醪结束，要静止 15～20 min，让其形成自然过滤层。糖化锅空出后立即用水冲洗干净。

D. 回流：静止时间到后，打开过滤出料阀，回流阀，启动过滤泵，使麦汁在过滤槽内回流 5～10 min，注意回流时，泵的流量调整为最大流量的 20%～30%。

E. 过滤：通过视镜观察麦汁清亮后，关闭回流阀，打开至煮沸锅的过滤阀，将麦汁泵入煮沸锅中，泵的流量开始为最大流量的 20%～30%，根据麦汁清亮程度，再逐步调大流量，流量控制应保持滤出麦汁与排出阀流出的麦汁达到平衡。

F. 测原麦汁浓度：过滤 20 min 后，取样测原麦汁浓度。

热麦汁处理：从煮沸锅内取一测量筒麦汁，慢慢放入事先备好的自来水筒内，降温至 30℃以下（可以用其他方法冷却，但不能误入冷水），摇匀、放稳。

糖度测量：取量程为 0～20°BX 的糖度表一只，将有水银包的一端慢慢插入麦汁，接近预计读数时再松手，5 min 后读取麦汁凹液面处糖度表的数值；轻轻取出糖度表，检查表上麦汁温度值，对应查出糖度修正值，获得原麦汁浓度值；糖度计要轻拿轻放，用后清水洗净、擦干，妥善保管。

G. 洗糟：原麦汁过滤至将近露出糟面时进行洗糟，开启耕糟机，依据原麦汁浓度估算洗糟水加水量，加完水后，停止耕糟，待形成新的滤层，再重复前面的过滤程序，洗糟一般为 2～3 次。

H. 混合浓度测定：洗糟 2～3 次后，测定混合麦汁浓度（按麦汁总蒸发量为 10%，煮沸时间为 90 min 计算，若控制沸终麦汁浓度为 12°BX，则混合麦汁浓度控制在 10.8～11.0°BX）。

I. 排糟：洗糟 2～3 次后，测混合麦汁浓度达到要求时，停止过滤，排糟。

特别注意：麦汁过滤过程中，若麦汁不清或过滤困难，可开动耕槽机搅起醪液静止 10 min，重新打回流，直至麦汁清亮。

J. CIP 清洗：排糟完毕，即用水清洗过滤槽壁、过滤筛板及耕糟机，打开过滤槽底阀进行排污。

⑤麦汁煮沸。

煮沸的目的：蒸发多余的水分；破坏酶的活性，终止生物化学变化，固定麦汁组成；麦汁灭菌；煮出酒花中的有效成分；使蛋白质变性凝固。

A. 加热：麦汁液位超过煮沸锅加热夹套后，开始开蒸汽加热升温。

B. 麦汁煮沸：麦汁过滤结束，开大蒸汽阀门，开始煮沸，麦汁沸腾时开始计时，煮沸时间 90 min，麦汁始终处于沸腾状态；控制沸终麦汁浓度，若在规定时间内浓度未达要求，可适当延时。

C. 添加酒花：麦汁煮沸后 5 min 和沸终前 10 min，分别添加苦型和香型酒花，加量分别为 40 g(0.04%)和 20 g(0.02%)。

特别注意：

煮沸过程中，谨慎控制汽源，避免热麦汁溢出，防止烫伤！

酒花称量完后，原包立即密封包装放入冰箱，以防氧化。

⑥麦汁沉淀。发酵前必须除掉热凝固物。热凝固物主要是蛋白质与多酚物质的复合物，另外吸附一些酒花树脂和无机物，若带入发酵醪中，可能会粘附在酵母细胞表面，将影响酵母的正常发酵，影响啤酒色度、泡沫性质、苦味和口感稳定性。

A. 煮沸结束，关闭蒸汽阀门，打开煮沸锅出料阀和旋沉槽切线打入阀，同时开启麦汁泵，将麦汁打入旋沉槽，静止沉淀 30 min，然后进行麦汁冷却，冷却时应先打开旋沉槽出料管上部的出料阀，后打开下面的出料阀。

B. 煮沸锅空出后立即用水冲洗干净或进行 CIP 清洗。

⑦麦汁冷却。

A. 检查：换热器管件、阀门、仪表及冰水、自来水、氧气(瓶装纯氧，压力低于 1.5 MPa 停止使用，应换瓶)供应是否正常，如无异常，准备冷却。

B. 冷却：依次开启自来水、冰水阀和冰水泵，然后再开启麦汁阀、麦汁泵、氧气阀，进行麦汁冷却。控制冷却温度：大麦酒 9.0±0.5℃，小麦酒 13.0±0.5℃。干酵母控制冷却温度：大麦酒 11.0±0.5℃，小麦酒 18.0±0.5℃。

C. 排残留洗液：麦汁冷却初期，必须用麦汁将薄板冷却器内的残留洗液完全顶出后，方可将麦汁通入发酵罐。

D. 充氧：麦汁冷却的同时，对麦汁进行不间断充氧，剂量约为麦汁量的 1～2 倍。

E. 回收：麦汁冷却完毕，用压缩空气把管道中麦汁顶入发酵罐。用热水罐

80℃热水冲洗所用管路、薄板冷却器 10 min。

F. CIP 清洗：麦汁冷却完毕，连接有关管路，开启有关阀门及洗涤泵，用水冲洗旋沉槽，也可用火碱水和清水循环冲洗。

(3)啤酒发酵

①发酵工艺曲线。

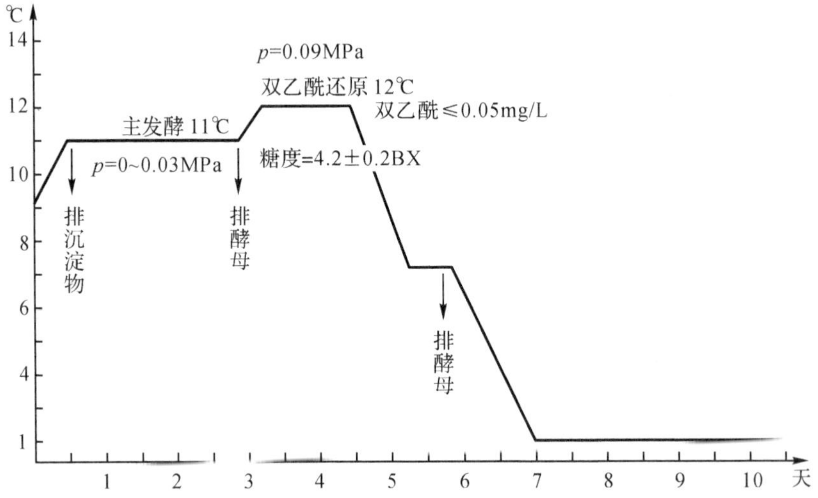

图 1-3-3 啤酒发酵工艺曲线

②发酵操作。

A. 检查：发酵罐管件、阀门、仪表及冰水是否正常，如无异常，准备进料。

B. 四部洗涤法。

第一步，水洗：发酵罐进料前，先用自来水间歇冲洗 15 min。

第二步，火碱洗：排净残留水后，用 45～50℃、浓度 5%的火碱溶液循环清洗 30 min(碱液浓度降低时要及时补充)，循环完毕，回收碱液。或酸洗：用浓度 2%的酸液循环清洗 30 min，循环完毕，回收酸液。

特别注意：

操作时必须带防护器具，严禁肢体直接接触碱液或酸液。

第三步，水洗：排净残留碱液(或酸液)后，再用自来水间歇冲洗 15 min，方法同第一步。

第四步，双氧水洗：排净残留水后，再用浓度 1%的双氧水循环清洗 20 min，方法同第二步，将罐内残双氧水排放干净，关闭排气阀，进出料阀和出酒阀。(注意防护！操作时必须带防护器具，严禁肢体直接接触双氧水。)

注意：洗涤期间，必须打开出酒阀。

发酵罐洗涤禁止用热水、次氯酸、氯气等含有 Cl^- 的杀菌剂杀菌。

C. 接种：发酵罐进麦汁前，先添加酵母泥，剂量为麦汁量的 1%。

D. 充氧:麦汁冷却过程中,必须从换热器充氧口不间断充氧。

E. 排杂:投料后第二天排冷凝固物——慢开物料阀,杂质排出即可,以后每天排杂一次。

F. 测糖度:投料后第二天取样测糖度(至封罐前,每天必测)。

发酵液处理:先排除出酒管内杂质,取一测量筒发酵液,用两只杯子反复倾倒100次(杯间距不低于50 cm)以除去发酵液内的CO_2,倒入测量筒,放稳。

测量糖度:取量程为0～10°BX的糖度表一只,将有水银包的一端慢慢插入麦汁,读取糖度。同时,测量发酵液温度,通过温度修正计算出发酵液的外观糖度。

G. 主发酵:主发酵温度11.0±0.2℃、压力0～0.03 MPa至封罐,时间3～4 d(小麦啤酒保持温度13.0±0.2℃、24 h后升至18℃、压力0～0.03 MPa至封罐,时间2～3 d)。

H. 双乙酰还原。

双乙酰还原条件:糖度降到4.2±0.2°BX时,自然升温至12℃,并保持,同时封罐、升压至0.09 MPa,并保持,时间为4 d(小麦啤酒:糖度降到4.2±0.2°BX时,保持18℃,同时封罐、升压至0.09 MPa,并保持,时间为4 d)。

双乙酰检测:封罐2 d后,每天检测一次双乙酰(双乙酰检测方法参考附录3),当双乙酰含量降至0.05 mg/L以下即可降温。双乙酰还原时间一般在3～5 d。

I. 后发酵(贮酒):还原结束后,应当在24 h内按规定降温至0℃、并保持在0±0.2℃,同时保持罐内压力0.09 MPa,时间:大麦啤酒3～5 d,小麦啤酒1～3 d。

特别注意:降温规定,5℃以前,以(0.5～0.7)℃/h的速率降温;5℃以后,以(0.1～0.3)℃/h的速率降温至0℃。

J. 酵母处理:降至5℃时,酵母可回收使用。使用前,将最先排出的约2 L酵母排入地沟,酵母的使用代数不超过6代;储酒时间超过1周时,每天排酵母1次。若酵母不使用,降至2℃时应排掉。

K. 发酵罐的自动控制。

温度:按照工艺要求设定各种参数。

压力:按照工艺要求,及时将电接点压力表上下限设置到规定值。

L. 电接点压力表的调节方法。

下限设定:用小的"一"字形螺丝刀,稍微用力压下转动调整拨动杆,移动下限控制针到要求的压力值位置。

上限设定:用上述同样的调整方法,反方向调整上限控制针到要求的压力值位置。

(4)啤酒过滤——硅藻土过滤

硅藻土是近代啤酒工业用得最广泛的一种助滤剂,这是一种由藻类硅质细胞组成的沉积岩矿,经矿石粉碎、高温煅烧和风选、分级后,制成的一种多孔、质轻的

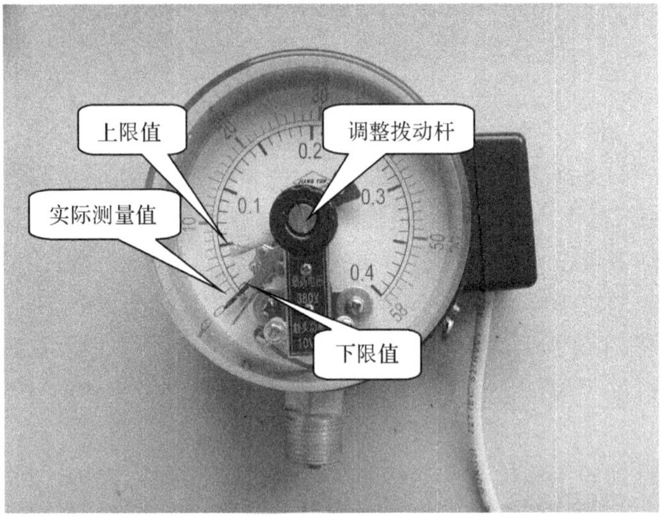

图 1-3-4 电接点压力表

助滤剂，其主要成分为二氧化硅、三氧化二铝。用于啤酒过滤的硅藻土分很多种，主要以粒度来区分，即细土、中细土、中粗土及粗土等，各个硅藻土生产厂分别对这些土有自己的规格、型号，啤酒工厂在购买硅藻土时，可根据自己的需要进行选择。

好的硅藻土在显微镜下观察，应为圆盘状、棒状、枝状、块状等形状复杂、多孔隙和独立的颗粒，这样才能形成高渗透率、稳定的滤饼，其颗粒大小在 8～50 μm 之间，小于 5 μm 的颗粒所占比例不就超过 5%；硅藻土还应有良好的烧结度，即具有一定的刚性，这样滤饼才能耐压；硅藻土化学性质要稳定，对被滤液体没有任何影响。

①硅藻土过滤原理。

硅藻土用于啤酒过滤时，主要是利用其架桥作用，当然，多孔的硅藻土也有一定的吸附作用，但这不是主要的。所以，使用硅藻土助滤剂可以分两步进行。

A. 先用水或清的滤液与一定量的硅藻土混合，其用量为过滤机每 m^2 过滤面积含有 0.8～1 kg 硅藻土，用过滤泵将此混合液送入过滤机进行循环流动，由于架桥（颗粒在过滤介质间隙之间或表面的交叉叠合）作用，硅藻土颗粒会被沉积在过滤网上形成一个疏松的堆积层，这个过程称之为预涂，此过程一般分两次进行。

B. 再用水或清的滤液与少量硅藻土混合，其用量一般控制在 0.1～0.3 kg/t，将此混合液按一定比例，定时添加到送入过滤机过滤啤酒中，随着啤酒过滤的进行，助滤剂和被过滤啤酒中的悬浮固体颗粒混合，并沉积到预涂层上，新的过滤面不断形成，细小的助滤剂颗粒进一步架桥，构成无数微细通道，阻挡住悬浮的颗粒杂质，啤酒清液顺利通过，从而起到过滤的作用。

②硅藻土过滤工艺流程。

硅藻土过滤机的操作步骤包括：CO^2 备压→充水→排气→预涂粗硅藻土 1～3.5mm→预涂混合硅藻土 400～500 g/m^2→泵酒土混合液 80～300 g/100L→循环→滤酒生产→压差保持 0.02～0.04 MPa/h→结束→顶酒→排土→清洗→更新硅藻土。

使用硅藻土过滤啤酒所得到的清酒的浊度取决于以下因素：所使用的预涂助滤剂的型号和数量；所使用的添加助滤剂的型号和数量；啤酒过滤的速度；啤酒过滤的全部时间；过滤前啤酒本身的浊度；过滤机的结构形式和性能。

(5)啤酒包装——桶装

经过长时间的发展，啤酒桶的清洗和灌装工艺已经成熟。啤酒厂和啤酒桶装设备生产厂商及科研机构结合在一起，根据啤酒一般的化学成分及生产销售过程中啤酒桶内外的物理变化，采用一般标准的啤酒桶内清洗工艺程序。这个程序包括了残余压力检验、排残酒、水清洗、碱液(酸液)清洗、热水清洗、蒸汽灭菌等。在运行清洗程序中，还包括了浸洗、脉冲清洗、涡流清洗等方式，目的就是为了保证啤酒桶的整个内壁、桶口阀的出酒管内外壁及阀体接合部等所有地方都清洗干净。

①啤酒桶的清洗。

桶外洗是指对啤酒桶的外部清洗。一种形式是用热水多个喷嘴喷洗；另一种形式还带有刷子旋转，并且有高压喷淋。桶内部清洗过程中，清洗介质分别从贮箱中泵到清洗灌装机的清洗工位，经过清洗头进入桶内，以脉冲清洗、涡流清洗、浸洗等状态，将啤酒桶内清洗干净，使其无菌、密封性完好，这是生产合格桶装啤酒的先决条件。回收的啤酒桶桶内有残余压力(不小于 0.04 MPa)，残余啤酒约 0.1L 进入桶清洗灌装机后，啤酒桶桶口阀被打开，传感器自动检测残余压力后排出桶内残酒，开始对啤酒桶内清洗。

A. 预注入水：注入 49～60℃温水，压力为 0.2～0.3 MPa，排出桶内水，通入清洁的压力为 0.25 MPa 的空气。

B. 碱水冲洗：注入 2%～2.5% NaOH，温度为 70～75℃，压力为 0.2～0.3 MPa。

C. 热水洗：注入 85～90℃热水，压力为 0.2～0.3 MPa。

D. 冷水洗：注入冷水，压力为 0.2～0.3 MPa。排出桶内的水，可通入清洁的、压力为 0.25 MPa 的空气。

E. 蒸汽消毒：通入 0.2 MPa 蒸汽，杀菌 54s；冷水 0.2～0.3 MPa，冲洗 6s。

举例：半自动回转式清洗灌装机。第一工位排气 6s(检压、排残酒)，水洗 8s，空气吹水 8s，碱洗 30s，无菌空气吹 8s。第二工位：热水冲洗 20s，蒸汽冲水 8s，通蒸汽 32s。第三工位：蒸汽杀菌 54s，冷水冲 6s。第四工位：酒阀头清洗 58s，二氧化碳 0.3 MPa 背压 10s，快灌装 33s，移开 2s。

在使用标准的啤酒桶清洗灌装机生产过程中，清洗介质，热水、碱水的温度、浓度和压力等参数如果不符合生产工艺要求，计算机控制的桶清洗灌装机就会发出信号，要求排除故障，否则桶的清洗和灭菌会出现问题。啤酒桶清洗后，30 L 桶内残水＜20 mL，残水 pH 7，无菌。

②桶的灌装

缓冲罐内啤酒浊度＜0.5E.B.C，1～4℃，0.25～0.3 MPa，二氧化碳≤0.55%。

在桶装过程中用 0.3 MPa 二氧化碳背压，输送啤酒，尽量避免啤酒与氧接触。用纯度 99.95%的二氧化碳填充，桶内压力 0.1～0.2 MPa，将啤酒灌满，装酒量 30±0.3 L，啤酒口味新鲜，含氧量 0.05 mg/L。若用 0.2 MPa 压缩空气背压，装酒后含氧量 0.2～0.4 mg/L 不能保证不带菌。装酒阀用水冲洗和蒸汽消毒。

(6)桶装鲜啤酒质量检测

检测方法参考国家标准 GB/T4928—2008。

(五)实验结果与分析

1. 麦芽汁制备

(1)糖化操作记录表

原料粉碎	大米数量(kg)		粉碎时间(h)		粉碎度(%)	
	麦芽数量(kg)		粉碎时间(h)		粉碎度(%)	

投料	糊化锅	投料水用量(kg)	投料温度(℃)	投料时间(h)	备　注
	糖化锅	投料水用量(kg)	投料温度(℃)	投料时间(h)	备　注

糖化工艺操作记录

糊化锅		糖化锅		过滤槽		煮沸锅	
时间(h)	温度(℃)	时间(h)	温度(℃)	时间(h)	温度(℃)	时间(h)	温度(℃)

续 表

糊化锅		糖化锅		过滤槽		煮沸锅	
时间(h)	温度(℃)	时间(h)	温度(℃)	时间(h)	温度(℃)	时间(h)	温度(℃)
煮沸锅	啤酒花添加量及添加时间				混合麦汁浓度		
	苦花		香花		热麦汁浓度		
麦汁沉淀	麦汁进罐时间		沉淀时间		上出料阀打料时间		下出料阀打料时间
麦汁冷却	冷却水温度		冷却麦汁温度		冷却开始时间		冷却结束时间

(2)麦芽汁质量检测结果

麦汁糖度	总还原糖含量	α-氨基酸	色度	pH 值	总酸	苦味质

2. 啤酒发酵

(1)发酵操作及过程检测记录

时间		温度	压力	糖度	悬浮酵母数	出芽率	酵母死亡率	外观发酵度
第一天	上午							
	下午							
第二天	上午							
	下午							
第三天	上午							
	下午							

续 表

时间		温度	压力	糖度	悬浮酵母数	出芽率	酵母死亡率	外观发酵度
第四天	上午							
	下午							
第五天	上午							
	下午							
第六天	上午							
	下午							
第七天	上午							
	下午							
第八天	上午							
	下午							
第九天	上午							
	下午							
第十天	上午							
	下午							

酵母排放		第一次	第二次	第三次
	排放时间			
	排放量			
	酵母死亡率			
	杂菌污染情况			

(2)双乙酰还原检测结果

	第四天	第五天	第六天	第七天	第八天
双乙酰浓度					

3. 啤酒过滤

啤酒过滤操作记录：

		硅藻土预涂	顶　水	滤　酒	顶　酒
硅藻土用量	粗土				
	细土				
开始时间					
结束时间					

4. 桶装鲜啤酒质量检测

(1)鲜啤酒理化指标检测结果

原麦汁含量	酒精度含量	总　酸	双乙酰	残　糖	色　度
pH 值	α-氨基酸	苦味质	CO_2	真发酵度	
香　气					
口　味					

(2)鲜啤酒卫生指标检测结果

	细菌总数	大肠菌群	麦汁培养试验
过滤前嫩啤酒			
过滤后鲜啤酒			

参考文献

[1] 管教仪. 啤酒工业手册[M]. 北京：中国轻工业出版社，2009.
[2] 王文甫. 啤酒生产工艺[M]. 北京：中国轻工业出版社，1997.
[3] 刘景文. 世界啤酒大典[M]. 重庆：重庆出版社，2001.
[4] 陈坚. 发酵工程实验技术[M]. 北京：化学工业出版社，2009.
[5] 康明官. 啤酒酿造[M]. 北京：中国轻工业出版社，1990.
[6] 吴根福. 发酵工程实验指导[M]. 北京：高等教育出版社，2006.

（编者：蒋新龙）

综合实验四

黄酒酿造技术

一、背景知识

(一)我国黄酒的历史与概况

黄酒是中华民族特有的最古老的酒种,至今已有五千年的悠久历史,极具文化内涵,被誉为“天下一绝”“东方名酒之冠”“中华第一味”,是中华民族的瑰宝。

人类早在远古时期就已经能自然发酵原始酒浆,相传仪狄是制造酒醪的始祖,大禹“饮而甘之”;夏王朝第五代君主杜康是酿制秫酒的先师。后世人们常把仪狄、杜康以及刘白堕、焦革四位酒师奉为酒神、酒圣加以祭奠。但有关酿酒术的记载则滞后了两三千年,到了商代,酿酒术才有了飞跃式的发展,出现了甜醴。《尚书·商书·说命》云“若作酒醴,尔惟麹蘖”,其中麹指霉菌,蘖指麦芽,说明商代武丁时期就已发明了复式发酵法,人们已初步掌握了黄酒的典型的边糖化边发酵工艺,这种用麹酿酒的技术经过不断改进沿用至今。到了周代,人们对于酿酒的操作规程有了更深的认识,出现了经过陈酿的昔酒和清酒。《礼记·月令》中就记载了酿酒的六要素,即“秫稻必齐,麹蘖必时,湛炽必洁,水泉必香,陶器必良,火齐必得”,意思即是说原料要精选,制曲要在适宜的季节,浸米蒸饭操作要清洁,用水要清澈无味,陶器要精良不漏,温度要控制得当。北魏贾思勰的《齐民要术》中详细记载了十余种酿酒方法,对后世酿酒业的发展起到了推进作用。总之,在周朝以前,由于受到生产条件的限制,黄酒的品种单一,产量很小,只能供皇宫贵族祭祀时饮用。到周朝时,中国的黄酒酿造技术已经达到相当的水平,出现了煮酒、盛酒和饮酒的器具,这时黄酒除了供统治阶级享用以外,还有一部分流入社会变为商品。

到了唐宋时期,黄酒的酿造技术经过多个朝代的发展已经逐渐成熟,唐代酿酒专家人才辈出,最出名的是唐初的焦革。名臣魏征亦善酿酒,曾受到太宗皇帝的称赞,加上唐朝繁华的经济、文化,此时饮酒作诗成为潮流,青山绿水,美酒佳话,成为中国古代文学创作的源泉。宋代更是把酒税当作重要的财政收入,在政府的鼓励和提倡下,中国的酿酒业发展更为迅速。元明清时,黄酒的花色品种更加丰富。到了明朝中期之后,在资本主义先进生产力的推动下,黄酒酿造登上了新的高峰,大酿坊陆续出现。到清朝时,黄酒的行销范围已遍及全国各地。

新中国成立后,由于经济的发展和国家政策的大力扶植,我国黄酒的酿酒技术取得了一系列的突破，黄酒工业的生产规模逐渐壮大，生产方式不断进步，已经实现了从传统工业向现代工业的过渡。近年来，随着黄酒的低度、保健、营养等特点越来越被广大消费者所熟知，加上国家政策的倾斜，黄酒已成为最具中国特色的酒类和最具发展潜力的酒种。

随着黄酒的众多优点逐渐被人们熟知，如酒精度低，营养丰富，有养生保健功效，并具有烹饪、入药等多种用途，黄酒的消费群体逐渐在扩大，黄酒消费逐渐由浙江、江苏、上海等地区向南北各地延伸，消费者由老年群体向年轻群体扩散，由低收入人群向高收入人群转移。“十一五”期间，由于酿酒行业依然坚持“四个转变(高度酒向低度酒、蒸馏酒向酿造酒、粮食酒向水果酒、普通酒向优质酒)”的指导思想，贯彻“优质、低度、多品种、低消耗、不污染、高效益”的方针，黄酒获得了较好的外部发展条件。自 2004 年以来，黄酒已经连续六年综合经济指标呈两位数增长，2009 年虽受国际金融危机影响仍然呈良好发展态势。随着经济全球化的推进，黄酒作为中华民族的瑰宝，以其深厚的文化底蕴，同中华饮食文化一起，正在悄然走进许多国家，黄酒迈出国门走向世界、成为国际性酒类饮料的步伐逐渐加快。

虽然黄酒行业已经取得了飞跃式的发展，但黄酒行业的发展仍然面临几个问题：

1. 我国黄酒企业规模小、数量多，机械化程度还不高。黄酒发酵是一个复杂的发酵体系，每个工艺条件的改变都有可能导致黄酒品质的改变。从工艺条件来研究黄酒发酵过程中高级醇变化的规律对于控制黄酒中高级醇的含量具有重要意义。

2. 黄酒的地域性消费仍然很明显，黄酒企业和黄酒市场主要集中在华东地区，并占绝对优势，黄酒的宣传有待加强。

3. 黄酒总体价格偏低，黄酒产品的价值和价格不相称，黄酒还没有完全摆脱低价竞争的局面。

为此，必须重视技术和新产品的开发，使古老的黄酒焕发新的青春。

(二)黄酒的生产工艺

黄酒是我国特有的酒种，是我国的民族特产。

1. 按产品含糖量分类

干黄酒：酒中的含糖量小于 1.00 g/ 100 mL (以葡萄糖计)，这种酒属稀醪发酵。在绍兴地区，干黄酒的代表为“元红酒”。

半干黄酒：半干黄酒中的含糖量在(1.00～3.00) g/100 mL。在生产上，这种酒的加水量较低，相当于在配料时增加了饭量，故称“加饭酒”，我国出口的大多数酒均属此种。其酒质厚浓，味优良，可长久保存，是黄酒中的上品。

半甜黄酒：这种酒的含糖量在(3.00～10.00) g/100 mL。这种酒采用的工艺独特，是用成品黄酒代替水，加入发酵醪中。这种酒酒香浓郁、酒度适中、味甘甜醇厚，是黄酒中的珍品。其代表酒为“善酿酒”。这种酒不宜久存，贮藏时间越长，色泽越深。

甜黄酒：黄酒中糖分含量在(10.00～20.00) g/100 mL。这种酒一般采用淋饭操作法，放入酒药，搭窝酿成甜酒酿，当糖化到一半时，加入40%～50%浓度的白酒或糟烧酒，以抑制微生物的糖化发酵作用。代表酒种为“香雪酒”。

2. 按生产工艺分类

(1)传统工艺黄酒

以传统麦曲或淋饭酒母作为糖化发酵剂，以手工操作为主，生产周期较长，酒风味较好。按米饭冷却及投料方式可分为摊饭法、淋饭法和喂饭法。

淋饭酒。米饭蒸熟后，用冷水淋凉，然后拌入酒药，搭窝，糖化，最后加水发酵成酒。传统的绍兴黄酒常用此法来制备，如绍兴香雪酒。

摊饭酒。将蒸熟的米饭摊在竹篦上摊、翻，使米饭在空气中冷却，然后再加入麦曲、酒母(淋饭酒母)、浸米浆水等，混合后直接发酵，如绍兴元红酒、加饭酒、善酿酒、仿绍酒、红曲酒等。

喂饭酒。因在前发酵过程中分批加饭而得名。如嘉兴黄酒、日本清酒。

(2)新工艺黄酒

基本上采用机械化操作，工艺上采用纯种曲、纯种酒母相结合的糖化发酵剂，并兼用淋饭法、摊饭法、喂饭法操作，产量大，但风味不及传统工艺好。主要有新工艺大罐法。

虽然黄酒的种类较多，但其生产工艺比较相近，其主要生产工艺流程如图1-4-1。

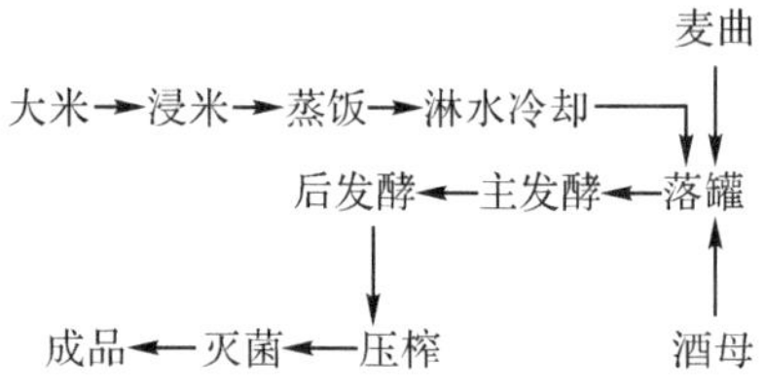

图 1-4-1　黄酒工艺流程图

(三)黄酒中的高级醇

1. 黄酒“上头”问题

许多人在饮酒后都有这样的经验：头部神经痛，或出现面红耳赤、头晕心跳、恶心呕吐等现象，即所谓的“上头”。黄酒“上头”有以下几种常见的原因。

(1)酒精“上头”

有研究表明，人饮酒后，酒精首先被胃肠吸收，然后很快便渗透到人体各内脏组织中。当人血液中酒精浓度达到 0.05% 时，就会导致心跳加剧；达到 0.1%～0.15%时，则会出现头晕心跳、反应迟钝、步履不稳；达到 0.3%时即可致死。因此，人大量饮酒后很容易出现面部潮红、头晕、目眩、头疼现象，严重时中毒昏迷。

(2)高级醇“上头”

高级醇的中毒和麻醉作用比酒精强，能使神经系统充血，且高级醇在人体内的代谢速度比酒精慢，对人体的刺激时间更长，饮酒后第二天依然头疼便就是体内高级醇逐渐作用的结果。

(3)醛类“上头”

黄酒中的醛类主要是乙醛、乙缩醛，还有少量的糠醛。乙醛的毒性是乙醇的 6 倍，它能刺激人体的呕吐中枢神经，使人产生恶心、呕吐感；也能刺激人体末梢血管使其扩张，从而出现面红耳赤；还能促进中枢血管收缩，致使心跳加速，血压上升，使人头晕胀痛，这是酒类饮后上头的重要原因之一。

2. 高级醇的代谢途径及检测方法

(1)高级醇及其代谢途径

高级醇是指含 3 个以上碳原子醇类的总称，是酒类的主要香味和口味物质之一。适量的高级醇可赋予酒体特殊香味，另外，在黄酒贮存过程中，小部分高级醇能被缓慢氧化缩合为酯，使黄酒具有特殊的陈香。然而过量的高级醇也是酒中异杂味的来源之一。如过量戊醇会导致汗臭味和腐败味。黄酒中的高级醇主要有异丙醇、叔丁醇、正丙醇、异丁醇、正丁醇、异戊醇、正戊醇、苯甲醇、β-苯乙醇等。高级醇有降解代谢途径和合成代谢途径两条生成途径。

①降解代谢途径 (Ehrlich 途径)。

1907 年由德国化学家伊里希(Felix Ehrlish)提出的由氨基酸形成高级醇的途径。发酵时酵母将氨基酸的氨基转移到 α-酮戊二酸上，形成谷氨酸和 α-酮酸，后者经脱羧、还原，形成比原氨基酸少一个碳的高级醇。特定的氨基酸形成特定的高级醇，如缬氨酸生成异丁醇，亮氨酸生成异戊醇，异亮氨酸生成活性戊醇(2-甲基丁醇)，酪氨酸生成酪醇(对羟基苯乙醇)，苯丙氨酸生成 β-苯乙醇，色氨酸生成色醇等。

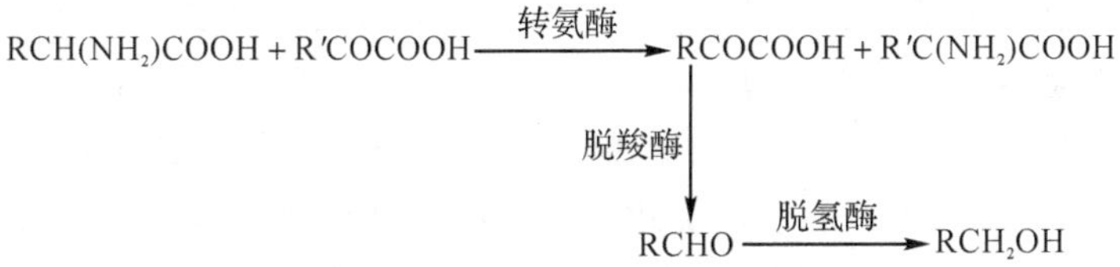

图 1-4-2 高级醇的降解代谢途径

②合成代谢途径。

1958 年 Thouki 提出高级醇亦能由葡萄糖直接形成，即合成代谢途径。由糖类提供生物合成氨基酸的骨架，在其合成中间阶段，形成 α-酮酸中间体，由此脱羧和还原，就可形成相应的高级醇。

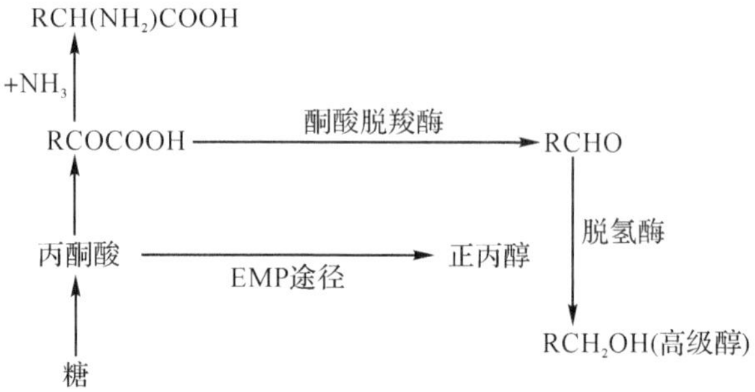

图 1-4-3　高级醇的合成代谢途径

1961 年，Growall 认为，酒类高级醇中异戊醇、异丁醇和活性戊醇，有 75％来自糖代谢，25％来自相应的亮氨酸、缬氨酸、异亮氨酸的 Ehrlich 途径。

(2)高级醇的毒性

人们对高级醇毒性的研究起源于 19 世纪 60 年代，主要表现在对大脑的麻醉和对细胞膜的溶解两方面，且其毒性随着分子量增大而增加。异丁醇毒性为乙醇的 8 倍，异戊醇毒性为乙醇的 19 倍，正戊醇的毒性作用比乙醇大约 39 倍。摄入过量的高级醇后常会引起头痛及肝病，如：异戊醇含量高时，饮后使人体神经系统充血，产生头痛、恶心、呕吐等症状；异丁醇含量高时，对人体的眼、鼻有刺激作用；正丙醇含量高时，对黏膜有刺激作用。另外，许多研究显示，肝部疾病与高级醇有很大的相关性。Gibel 等从肝病患者血清中检测到了大量的杂醇油。Mckarns 等发现，肝的完整性和高级醇的疏水性有关。Strubelt 等发现谷丙转氨酶、乳酸脱氢酶、谷氨酸脱氢酶的量与高级醇碳链的长度有很大的关联。因此，控制黄酒中高级醇含量对提高黄酒的质量显得十分重要。

3. 黄酒中"上头"物质的控制措施

(1)开发研制低酒精度的黄酒

目前黄酒的酒精度普遍较高，可达 15％～16％，酒精度越高对人的刺激作用越大，因此研制低酒精度黄酒是减少饮后"上头"的有效方法之一。

(2)严格控制乙醛、高级醇含量

虽然乙醛、高级醇是黄酒的重要风味物质，但含量高易导致饮后"上头"，对人体有害。通过对生产工艺的改进优化，如选育高产酯、低产酒精的酵母菌株、严格控制发酵温度及适当的接种量等，得到低产乙醛、高级醇的生产工艺，以解决饮后"上头"的问题。

(3)提高黄酒勾兑水平，提供充足的贮存时间及贮存条件

黄酒勾兑是以谷物为原料，按黄酒工艺发酵而成的原酒之间进行组合和调整，是保证与提高黄酒质量的一道工序。勾兑人员要善于探索，不断发现问题、解决问

题，不断提高自己的勾兑技艺。充足的贮存时间可使酸酯趋于平衡，酒体协调，使酒更加柔和细腻，减少对人体的刺激作用。

(4)确立正确的消费观

目前黄酒消费的地域性特征依然很明显，且消费者大多为中老年群体。针对这一特点，应加大黄酒的宣传力度，使人们了解这一极具营养的酒种，但和其他酒类一样，过量饮用黄酒也会损害健康，所以要有节制地、科学合理地饮用，一般以每日 200 g 为宜。

4. 黄酒中高级醇的检测方法

高级醇的检测方法目前主要有分光光度法和气相色谱法(GC)。对于分光光度法的检测波长有不同的报道，可对显色后的高级醇标准溶液和黄酒酒样进行可见光区的全波长扫描，以确定其检测波长。气相色谱法是根据一种物质在气液两相中分配系数的不同，在真空或高压驱使下进行多次气液再分配(即精馏)，逐步达到完全分离。黄酒中高级醇的测定除 β-苯乙醇外还没有国家标准。GB/T 13662—2008《黄酒》中测定黄酒中 β-苯乙醇的方法为 GC。

气相色谱法的重现性和准确度均较高，但测定成本也较高。气相色谱法分析可采用外标法或内标法，内标法定量平行性好，精确度高，但测定过程较烦琐，外标法受进样量准确性和样品中含气泡等因素的影响，数据的平行性不如内标法。也可用气相色谱—质谱联用法(GC－MS)来检测黄酒中的高级醇，但其测定成本比气相色谱法高。

二、实验简介

本实验分为两部分，第一部分为实验室黄酒的制备，第二部分为黄酒中高级醇的气相色谱检测，介绍了黄酒制备工艺技术及生产过程中各种理化指标的检测。通过这两部分内容的学习和实践，可为今后黄酒的生产奠定理论和实践基础。

实验 4-1　实验室黄酒制备

(一)实验目的

1. 熟悉黄酒制备工艺流程及过程控制。
2. 学会黄酒制备过程中各参数的测定方法。

(二)实验原理

黄酒是以稻米、玉米、小米、小麦等为主原料，经蒸煮、加曲、糖化、发酵、压榨、过滤、煎酒、贮存及勾兑而成的酿造酒。它利用了霉菌及酵母菌等有益微生物的共同糖化发酵作用，是一种营养丰富的发酵原酒。麦曲在黄酒生产中主要起到糖化剂的作用，并使得黄酒有色有香。酒母主要是起到发酵剂的作用。黄酒发酵是典型的边糖化边发酵的方法。黄酒发酵后酒精度为16%～20%。黄酒酒精度低，营养丰富，可以采取煎酒的方法进行灭菌。

(三)实验材料

1. 材料

糯米、麦曲、黄酒活性干酵。

2. 主要设备

蒸锅、纱布、酒精计、电子天平、电子分析天平、调温万用电炉、酸度计、恒温磁力搅拌器、玻璃漏斗、显微镜、生化培养箱、恒温水浴锅、压力蒸汽灭菌器、血球计数板、50 mL 酸(碱)式滴定管等。

3. 主要试剂

硫酸铜、甲基蓝、酒石酸钾钠、氢氧化钠、葡萄糖、盐酸、甲基红、甲醛等。

4. 酒母的制备

将 20 g 黄酒活性干酵母加入 2%的葡萄糖溶液中，在 38℃活化 45 min。

(四)实验方法

1. 酒精度测定方法

酒精度测定方法参见附录 2-6。

2. 总酸的测定

总酸的测定方法参见附录 2-5。

3. 总糖的测定

总糖的测定方法参见附录 2-8。

4. 酒精度的测定

酒精度的测定方法参见附录 2-6。

(五)实验步骤

1. 实验流程

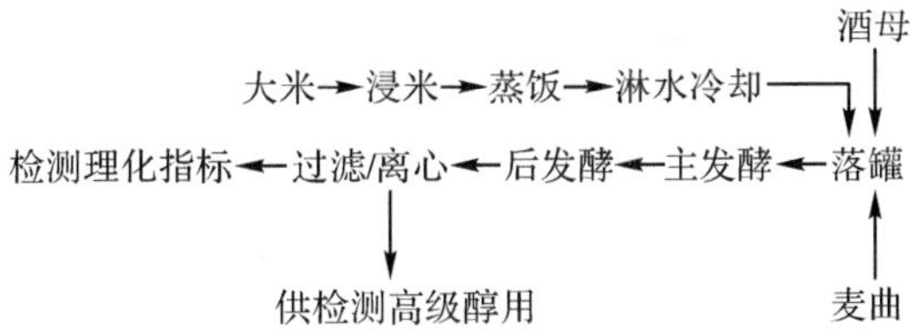

图 1-4-4 黄酒生产实验流程

2. 实验步骤

(1)浸米

用大盆浸米。盆中盛放清水,倒入大米,水以漫过米层 6 cm 为度。浸米条件:25℃,2 d。颗粒保持完整,手指捏米能碎即可,吸水量达 25%～30%,浸淘后用竹箩盛米,用清水淋去米浆水,待沥干后蒸饭。

(2)蒸饭

采取蒸汽蒸制法,蒸饭时间 30 min 左右(从冒汽起开始计时),使米饭充分熟透,饭粒松软,熟而不糊,内无生心。

(3)冷却

用竹箩淋水,要求迅速而均匀(可利用回淋操作),把饭温调到所需温度(30℃左右),冷却时间不宜过长,否则易招致有害微生物的污染。

(4)拌曲

在 1 000 mL 三角瓶里先后加入水、饭、麦曲、酒母,原料米与水的重量比例控制在 1∶2。,麦曲加量约为原料米的 15%,搅拌均匀,后置于培养箱内进行发酵。

(5)发酵

主发酵:28～30℃,约 5 d;后发酵:15℃,15 d。

(6)过滤

将发酵好的酒醪,用置于玻璃漏斗中的纱布过滤,将酒液收集到三角瓶中,盖紧瓶盖。

(7)测定

分别于主发酵每天及后发酵的第 7 d、10 d、14 d、20 d 取样,样品经纱布过滤后检测总糖、酒精度、总酸、pH、氨态氮、酵母数、高级醇等指标。

(六)实验结果与分析

1. 黄酒发酵过程中各理化指标记录表

表 1-4-1 黄酒制备过程中各理化指标

时间(天)		糖度 (g·L^{-1})	酒精度 (vol%)	酸度 (g·L^{-1})	pH	氨基酸态氮 (g·L^{-1})	酵母数 (个·mL^{-1})
主发酵	1						
	2						
	3						
	4						
	5						
后发酵	7						
	10						
	14						
	20						

(七)实验注意事项

1. 浸米的目的是使淀粉充分吸水,便于蒸煮熟透。要求控制室温和水温为25℃左右,不超过30℃,以防止米变质。浸米时间以米粒保持完整,用手指掐米粒成粉状,但无粒心为适宜。

2. 蒸饭以米饭"外硬内软、内无生心、疏松不糊、透而不烂、均匀一致"为宜。米粒蒸的不熟,会有生淀粉存在,这将影响下一步的糖化,使糖化率降低;蒸煮过头,饭粒易黏结成团,不利于淀粉糖化和酵母发酵。

3. 蒸熟后的米饭,必须迅速冷却,把品温降低到适合发酵微生物繁殖的温度。冷却要求迅速、均匀,不产生热块,并避免回生。

实验 4-2 气相色谱检测黄酒中的高级醇

(一)实验目的

1. 掌握气相色谱法定量测定黄酒中高级醇含量的方法。

2. 了解气相色谱的基本原理、结构和操作方法。

(二)实验原理

对黄酒中高级醇测定采用毛细管气相色谱法,以峰面积外标法定量测定黄酒中的高级醇。

气相色谱法是根据一种物质在气液两相中分配系数的不同,在真空或高压驱使下进行多次气液再分配(即精馏),逐步达到完全分离。气相色谱仪配备的氢火焰离子化检测器是一种灵敏度较高的检测器(FID),它是以氢气和空气燃烧的火焰作为能源,利用含碳有机物在火焰中燃烧产生离子,在外加电场作用下,使离子形成离子流,根据离子流产生的响应信号强度,检测被色谱柱分离出的组分。外标法是在与被测样品相同的色谱条件下单独测定,把得到的色谱峰面积与被测组分的色谱峰面积进行比较,求得被测组分的含量。外标物与被测组分同为一种物质但要求它有一定的纯度,分析时外标物的浓度应与被测物浓度相接近,以利于定量分析的准确性。气相色谱外标法在计算时采用校正曲线法。它是用已知不同含量的标样系列等量进行样品分析,然后做出响应信号与含量之间的关系曲线,也就是校正曲线。定量分析样品时,在测校正曲线相同条件下进同等样量的等测样品,从色谱图上测出峰高或峰面积,在从校正曲线查出样品的含量。

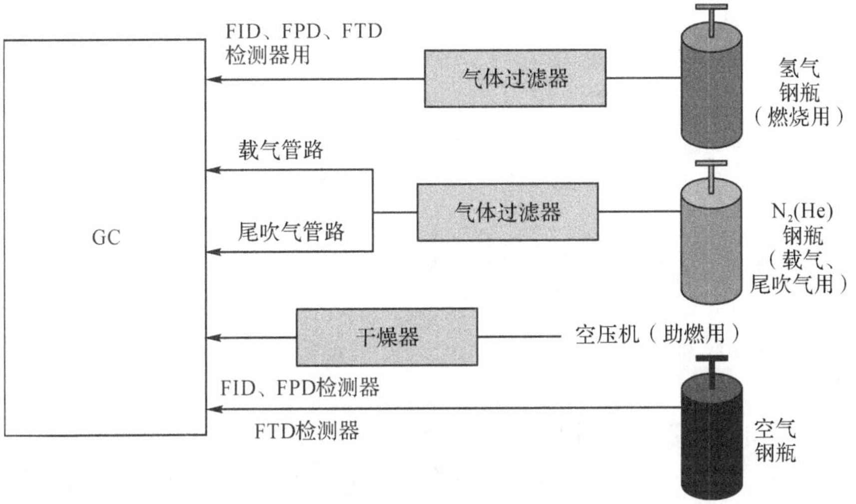

图 1-4-5 气相色谱结构图

气相色谱仪由气路系统、进样系统、分离系统、控制温度系统以及检测和记录系统组成。工作流程为:

1. 载气由高压气瓶供给,经减压阀降压后,由气体调节阀调节到所需流量,再经净化干燥管处理后得到稳定流量的载气。

2. 载气流经气化室，将气化的样品带入色谱柱进行分离。

3. 分离后的各组分先后流入检测器。

4. 检测器按物质的浓度或质量的变化转变为一定的响应信号，经放大后在记录仪上记录下来，得到色谱流出曲线。

(三)实验材料

1. 样品

黄酒。

2. 主要试剂

叔丁醇、乙醇、正丙醇、异丁醇、正丁醇、异戊醇、正戊醇、苯甲醇、β-苯乙醇。

3. 主要设备

GC—2014C 气相色谱仪、A0C—20i 自动进样器、氢火焰离子化检测器(FID)、毛细管色谱柱：FFAP(30 m×0.20 mm×0.25 μm)。

(四)实验方法与步骤

1. 醇试剂配制

(1)叔丁醇、正丙醇、异丁醇和正丁醇的配制

各取 0.16 g 叔丁醇、正丙醇、异丁醇和正丁醇放入 50 mL 容量瓶中，用 20%乙醇溶液定容至 50 mL 刻度线。

(2)异戊醇的配制

取 0.32 g 异戊醇放入 50 mL 容量瓶中，用 20%乙醇溶液定容至 50 mL 刻度线。

(3)正戊醇、苯甲醇、β-苯乙醇的配制

各取 0.16 g 正戊醇、苯甲醇和 β-苯乙醇放入 50 mL 容量瓶中，用 20%乙醇溶液定容至 50 mL 刻度线。

(4)不同浓度标准溶液的配制

从以上 3 组溶液中分别吸取 20 mL 加入 100 mL 容量瓶中，用 20%乙醇溶液定容，作为标准储备液备用。从标准储备液中分别吸取 2 mL、4 mL、6 mL、8 mL、10 mL 加入 50 mL 容量瓶中，用 20%乙醇溶液定容，配制成混合标样溶液，用移液枪各取1 mL至气相瓶中备用。

2. 气相色谱检测

(1)气相色谱检测的条件

进样量：1 μL；分流比：10∶1；色谱柱流量：1.5 mL/min；线速度：34.5 cm/s；总流量：19.5 mL/min；进样器温度：250℃；检测器温度：270℃；载气(N_2)流量：30

mL/min；H_2 流量：40.0 mL/min；空气流量：400 mL/min。

柱温程序升温：初始温度 40℃，恒温 1 min 后以 5℃/min 升温至 120℃，恒温 1 min后以 10℃/min 升温至 220℃，恒温 7 min。

(2)色谱分析仪进样分析

取醇试剂溶液(1～3 溶液)1 μL 进行气相色谱分析，由气相色谱图确定出各高级醇的保留时间，然后将不同浓度的标样溶液从低浓度到高浓度依次进样，根据气相色谱所得的峰面积和相应浓度建立标准曲线。

取黄酒样品 1 mL 至气相瓶中进行气相色谱分析，根据建立的标准曲线，得到黄酒中的高级醇成分和浓度。

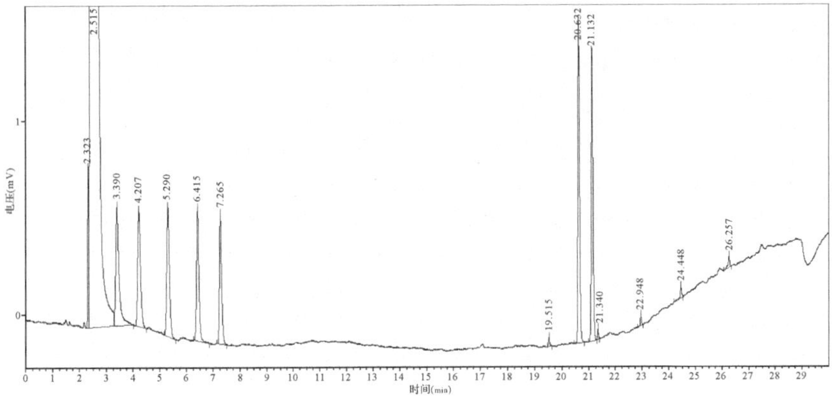

图 1-4-6　标样气相色谱图

表 1-4-2　各高级醇出峰时间

组分名称	乙醇	正丙醇	异丁醇	正丁醇	异戊醇	正戊醇	苯甲醇	β-苯乙醇
出峰时间/min	2.515	3.390	4.207	5.290	6.415	7.265	20.632	21.132

(五)实验结果与分析

1. 标样以及黄酒样品的气相色谱分析峰谱图。
2. 黄酒中高级醇的含量。

表 1-4-3　黄酒中高级醇的含量

组分名称	乙醇	正丙醇	异丁醇	正丁醇	异戊醇	正戊醇	苯甲醇	β-苯乙醇
浓度								

(六)实验讨论和注意事项

1. 外标法要求操作条件稳定，最好是标样和样品由同一个人操作，采用外标法还应该注意所配制的标准溶液浓度要与样品接近，若遇到相差过大的情况应另行配制。

2. 黄酒含有许多色素、糖类、蛋白质等高分子物质，容易干扰测试，影响测试精确度，导致测试方法的不确定性。最好用过滤膜将黄酒样品过滤后再作样品。

参考文献

[1] 陈思耘. 酒精发酵过程中高级醇的形成途径及影响因素[J]. 食品与发酵工业，1981(1).
[2] 周家骐. 黄酒生产工艺(第 2 版)[M]. 北京：中国轻工业出版社，1996.
[3] 陈成，殷子建，徐速. 浅析黄酒的历史及营养价值[J]. 酿酒，2002，29(1).
[4] 溢香轩. 饮酒“上头”[J]. 酿酒科技，2004(3).
[5] 杨国军. 中国黄酒业调研报告[J]. 中国酿造，2005(4).
[6] 汪建国，汪陆翔. 大米品种和品质与黄酒酿造关系的探讨[J]. 中国酿造，2006(9).
[7] 李春红，云霞，杨红. 气相色谱内外标法分析啤酒中高级醇含量的比较[J]. 中国酿造，2007 (11).
[8] 黄建明，黄镇，黄祖新. 气相色谱法测定黄酒中的高级醇[J]. 福建分析测试，2009，18(2).
[9] 中华人民共和国国家质量监督检验检疫总局，中国国家标准化管理委员会. 中华人民共和国国家标准　黄酒[S]. 北京：中国标准出版社，2009.

（编者：严婷婷，将予箭）

综合实验五
食醋酿造技术

一、背景知识

(一)食醋的生产历史

在国外,公元前五千年,古巴比伦就有较为古老的酿醋记录,是以椰枣汁、树液以及葡萄干酿酒,再以酒生产醋。《圣经》中有 Essiggenus 一词,其含义是醋,至今德语的醋就是 Essis。在《摩西五书》中,有要求修道者发誓远离各种酒的记载,"也不可饮葡萄酒等酿成的醋"。这些史实表明,在公元前 13 世纪的亚、欧、非结合部就已经有醋。按文字记载,我国食醋的酿造已有二千多年历史。历代对醋的记载不少。如《论语》在《公冶长》篇中有:"子曰:'孰谓微生高直,或乞醯焉,乞诸其邻而与之。'"北魏贾思勰著《齐民要术》在《作酢法第七十一》篇中,详尽叙述 23 种制醋技术。《北堂书钞》记有:"吴地志云:'吴王筑城以贮醯醢,今俗人呼为苦酒城。'"。此外,在《隋书·酷吏传》《汉武内传》《庶物异名疏》《晋公遗语》《说郭·龙城录》等古籍中亦有醋的记载。近代以来,醋已经变成了人们日常生活中不可或缺的重要调味品。醋的生产也从制酒业中独立出来。18 世纪末,德国、法国、英国等已出现了制醋大企业,并使用玉米、大麦等为原料进行工业化生产醋。19 世纪,美国紧跟英国,也开展了食醋的大规模生产。在新中国成立前,我国食醋生产沿用古老落后的生产工艺,生产规模较小。新中国成立后,食醋生产工艺和设备有了很大的改进。1956 年济南酿造厂推出了利用纯种曲霉和酵母进行固态糖化和酒精发酵的新固态发酵法;1967 年,上海市酿造科学研究所创造了酶法液化自然通风回流的固态发酵工艺;1972 年,山西长治市副食品加工厂试产成功生料制醋新工艺,同年液态深层发酵法新工艺也得到广泛应用;1977 年,自吸式充气发酵罐已应用于液醋生产。目前,国外大多数酿造企业均采用这种方式生产食醋。而我国占主导地位的仍是传统的固态发酵法和静置表面发酵法,深层液体发酵法将是我国大规模生产食醋的一个重要方向。

(二)食醋的发酵工艺与种类

根据国家及行业标准,可将食醋分为配制食醋和酿造食醋。配制食醋是以酿造食醋为主体,与冰乙酸、食品添加剂等混合配制而成的调味食醋。要求配制食醋中酿造食醋的比例(以乙酸计)不得小于50%。酿造食醋由于其发酵工艺的不同可分为固态发酵醋、静止表面发酵醋和液态发酵醋三种。固态发酵工艺酿制的食醋色泽深褐,香气浓郁,口感酸而不涩,风味较佳,但发酵周期长,自动化程度低,原料出醋率低,质量不稳定。静止表面发酵法是利用醋酸菌的特性,在接入酵母菌的酒醪表面覆盖醋酸菌膜进行发酵,该工艺操作容易,设备简单,但占地面积大,发酵周期长,发酵效率低。液态深层发酵法实现了制醋生产机械化、管道化,减轻了工人的体力劳动强度;广开原料来源,提高了劳动效率,是酿造调味品工业的一项革新,但液态发酵工艺生产的食醋风味和色泽较差。

(三)食醋的功能

食醋成分较为复杂,但营养丰富。除了含有醋酸、乳酸、琥珀酸、酒石酸、苹果酸、柠檬酸、蚁酸、酮戊二酸、焦谷氨酸等有机酸外,还含有谷氨酸、精氨酸、天冬氨酸、丙氨酸、酪氨酸、脯氨酸、赖氨酸、缬氨酸、苏氨酸等18种游离的氨基酸。此外,还含有葡萄糖、果糖、甘露糖、阿拉伯糖、核糖、木糖、棉子糖等小分子糖类以及酯、醛、酚和双乙酰等呈味物质。因此,食醋不仅仅是一种酸性调味品,具有增强食欲的作用,而且对人体还具有更重要的多种营养保健功能。如《本草纲目》曾有记载,"醋,酸温散淤解毒,下气消食,开胃气,散水气,治心腹血气痛、产后血晕、症结痰癖、黄疸痈肿、口舌生疮、损伤积血"。《本草纲目》也认为,"醋能消肿,散水气,杀邪毒,理诸药"。通过现代医学的进一步证实,已经可以确定食醋的确具有明显的医疗保健的功效。

抗菌消炎、防治感冒。

软化血管、降低血压、降低血脂。

促进新陈代谢,分解乳酸,消除疲劳。

开胃消食,促进钙的吸收。

抗氧化、抗衰老。

(四)国内名醋

我国地域辽阔且制醋历史久远。各地人民因地制宜创造出工艺迥异、风格不同的多种制醋方法,其所酿制产品不仅具有独特的风味,且呈现出鲜明的地方特色。如我国著名的名醋有山西老陈醋、镇江香醋、四川麸醋、浙江玫瑰米醋、福建永春老醋,其他具有一定知名度的食醋还有天津独留老醋和河南彰德陈醋等。

1. 山西老陈醋

山西老陈醋是北方最著名的食醋,创始于三百多年前的清初顺治年间。素有"天下第一醋"的盛誉,以色、香、醇、浓、酸五大特征著称于世。产品色泽黑紫、味清香、质浓稠、酸味醇厚、回味绵长。工艺特点是:以优质高粱为主要原料,以麦曲为糖化剂，经特殊的加工过程酿制而成。山西老陈醋用曲量大，大曲用量为主要原料高粱的62.5%，采用低温酒精发酵，高温醋化，醋酸发酵温度达43～45℃。陈酿期长。

2. 镇江香醋

镇江香醋为江南著名的食醋之一，从1850年开始生产至今已有160余年历史。工艺特点为以糯米为主要原料，经浸泡、沥干、蒸熟、冷却、拌入酒药、酿成酒酿。然后分次拌入麸皮谷糠，用固态分层发酵法进行醋酸发酵，先后经过40多道工序，历时60余天，再经淋醋、加砂糖、炒米色。产品"酸而不涩，香而微甜，色浓味鲜"。与山西老陈醋相比，镇江香醋的最大特点在于微甜。尤其蘸以江南的肉馅小吃食用时，微甜更能体现小吃的鲜美。

3. 四川麸醋

四川麸醋始创于明末清初，迄今已有400多年历史。因产于四川阆中(古称保宁府)，故又称"保宁醋"。1915年曾在巴拿马太平洋万国博览会与茅台一并获得金奖，因此又有"国醋"之称。其工艺特点是以麸皮为主要酿醋原料，以药曲和辣蓼汁制造酵母为发酵剂，经14 d发酵后进行陈酿，陈酿期长达1年以上。产品色泽黑褐，酸味浓厚，稍带鲜，有特殊芳香。

4. 浙江玫瑰米醋

玫瑰米醋是以大米为原料酿造而成的，因为产于浙江一带，醋液呈透明的玫瑰红色，故又名"浙醋""红醋"。工艺特点为以大米为原料，经浸泡、洗净、沥干、蒸熟成饭后装入缸中，利用自然落入的微生物生长繁殖。5～6 d后，米饭上生长各种曲霉、毛霉、根霉，然后加水发酵3～4个月，压榨，配制成品。醋液呈玫瑰红色，透明、香气纯正、口味酸而醇厚、略带鲜甜味。它与其他醋的风味有较大差别。玫瑰米醋具有浓郁的、能促进食欲的特殊清香味，并且醋酸的含量不高，故醋味不烈，非常适口。

5. 福建永春老醋

永春老醋又名乌醋，是福建省传统名特调味佳品，与山西老陈醋、镇江香醋、四川麸醋并列"中国四大名醋"。其工艺特点是选用糯米为主要原料，经浸泡、淘洗、沥干、蒸熟、拌入红曲、入缸、堆积发酵，然后分次加入米和水，经70 d酒精发酵结束。接入醋母进行醋酸发酵。1年后分割法取醋。它具有色泽棕黑、酸中带甘、醇香爽口、久藏不腐等特点。既是质地优良的调味品，又兼有治病妙用，可防治腮腺炎、胆道蛔虫、感冒等疾病。

(五)食醋的行业标准

根据《GB18187—2000 酿造食醋》标准，食醋的品质受三个指标影响，分别是总酸、不挥发酸和可溶性无盐固形物。无论哪种发酵工艺，该标准对食醋的总酸要求在 3.5 g/dL 以上。见表 1-5-1。

表 1-5-1 发酵食醋理化指标

项目(g/dL,≥)	指标	
	固态发酵食醋	液态发酵食醋
总酸(以乙酸计)	3.5	3.5
不挥发酵(以乳酸计)	0.5	—
可溶性无盐固形物	1.0	0.5

注:以酒精为原料的液态发酵食醋不要求可溶性无盐固形物。

二、实验简介

本实验分为两部分,第一部分为传统固态酿醋工艺,第二部分为深层液态酿醋工艺,涵盖了目前市场米醋生产的两种主要的发酵工艺技术,通过这两部分内容的学习和实践,可为今后从事米醋的工业发酵生产奠定理论和实践基础。

实验 5-1 固态食醋酿造技术

(一)实验目的

学习和了解固态食醋酿造工艺及原理,理解固态食醋酿造工艺中糖化曲制备工艺及食醋发酵工艺参数,掌握固态食醋酿造工艺操作技术。

(二)实验原理

固态发酵制醋工艺在我国食醋工业仍占有较高的地位,其主要原因在于:

1. 品质上乘,市场占有率高,采用固态发酵工艺酿制的食醋色、香、味、体俱佳,通常色泽深艳,呈琥珀色或红棕色。

2. 具有浓郁的醇香和酯香;酸味柔和,回味醇厚;体浓澄清。

3. 总酸、不挥发酸、还原糖等主要理化指标优异;含有多种氨基酸所具有的缓冲调和作用、菌体自溶后产生的各种风味物质的作用,使产品醋酸含量虽高,却无尖锐刺激感,而给人以柔和、醇厚、绵长、协调的舒适感,其明显的优良品质远非深层液态发酵制醋等其他工艺所能及。

固态发酵制醋主要原理与过程为,淀粉类物质(大米、高粱、玉米等)中的淀粉在麸曲（由产淀粉酶的微生物如黑曲霉、米曲霉、红曲霉、宁佐美曲霉等发酵制成的糖化剂）的作用下水解为可发酵性糖（糖化），在无氧条件下酒精酵母经过糖酵解途径将淀粉降解的可发酵性糖变成酒精（酒精发酵），酒精进而在醋酸杆菌氧化酶的作用下生成醋酸（醋酸发酵）。

（三）实验材料

1. 菌种

酿酒酵母（*Saccharomyces cerevisiae*）CICC1001，中国食品发酵工业研究院。

醋酸杆菌（*Acetate bacillary*），沪酿 1.01（上海市酿造科学研究所）或 AS1.41（中国科学院微生物研究所）。

黑曲霉（*Aspergillus niger*）AS3.4309，中国科学院微生物研究所。

2. 主要设备

三角瓶、恒温培养箱、摇床、灭菌设备、超净工作台、恒温水浴锅、电子分析天平、电炉、粉碎机、移液枪、试管、温度计、不锈钢锅、干燥箱、pH 计、酒精计、磁力搅拌器、滴定管、显微镜。

3. 主要试剂

酒精、葡萄糖、碳酸钙，AR 级。

酵母膏、琼脂、麦芽浸粉、蛋白胨，BR 级。

大米、麸皮、食盐、马铃薯，市售。

4. 培养基及其制备

（1）斜面试管培养基

A. 酵母菌斜面试管培养基

麦芽浸粉 1.5 g，琼脂 2.0 g，水 100 mL，pH 6.0，在 0.1 MPa 压力下灭菌 20 min。

B. 醋酸杆菌斜面试管培养基

酒精 2.0 g，葡萄糖 1.0 g，酵母膏 1.0 g，碳酸钙 1.5 g，琼脂 2.5 g，水 100 mL，各成分完全溶解后，再添加酒精，在 0.1 MPa 压力下灭菌 20 min。

C. 黑曲霉斜面试管培养基

PDA 培养基：马铃薯 20.0 g，葡萄糖 2.0 g，琼脂 2.0 g，水 100 mL，pH 自然，在 0.1 MPa 压力下灭菌 20 min。

（2）三角瓶种子培养基

A. 酵母菌种子培养基

麦芽浸粉 2.0 g，调整 pH 5.0，在 0.1 MPa 压力下灭菌 20 min。

B. 醋酸杆菌种子培养基

酒精 4.0 g，葡萄糖 1.0 g，酵母膏 1.0 g，碳酸钙 1.5 g，水 100 mL，在 0.1 MPa

压力下灭菌 20 min。酒精在灭菌后无菌条件下加入。

C. 黑曲霉种子培养基：

麸皮 80 g，水 100 mL，拌匀过筛，在 300 mL 的三角瓶内装入 30 g，在 0.1 MPa 压力下灭菌 30 min。

(四)实验方法

1. 糖化酶含量测定方法

糖化酶含量测定方法见附录 2-11。

2. 酒精度测定方法

酒精度测定方法见附录 2-6。

3. 总酸测定方法

总酸测定方法见附录 2-5。

4. 微生物总数测定方法

微生物总数测定方法见附录 2-12。

(五)实验步骤

1. 实验流程

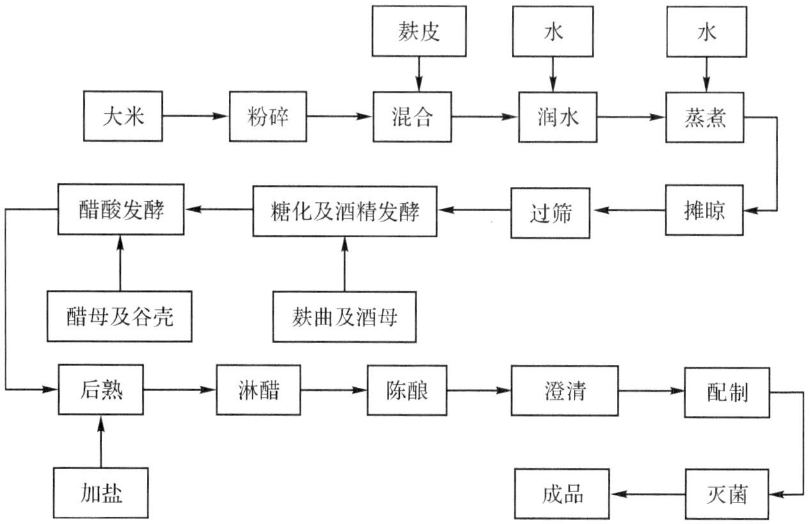

图 1-5-1 固态食醋酿造工艺流程

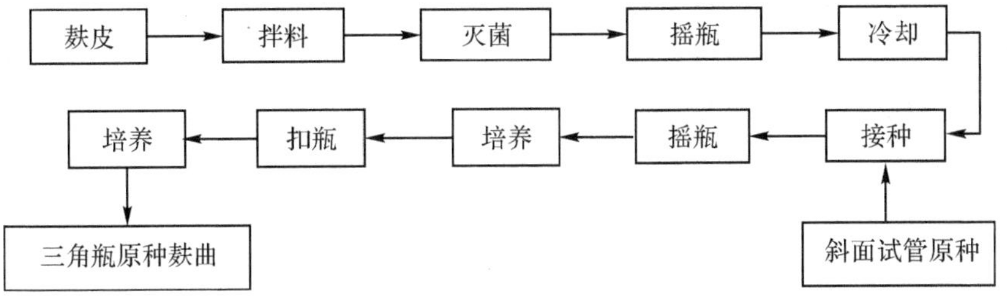

图 1-5-2 三角瓶麸曲制备工艺流程

2. 实验步骤

(1)麸曲的制备

A. 试管斜面培养

将冰箱保藏菌种在超净工作台中接种于黑曲霉试管斜面培养基,置于 30℃恒温培养箱中恒温培养 3～5 d,至出现大量的黑色孢子。

B. 三角瓶麸曲制备

三角瓶麸皮培养基灭菌后,趁热摇散培养基,冬天冷却至 40℃下,夏天冷却至 30℃左右,在无菌操作条件下,用接种环挑取已培养好的试管原种中的黑曲霉孢子,接入到三角瓶麸皮培养基中,摇匀,30℃下置于恒温培养箱中进行恒温培养。当瓶内曲料稍微结块时,摇瓶将结块摇碎。继续培养,待孢子由黄色变成黑褐色即可使用。

(2)酒母的制备

A. 试管培养

在无菌操作条件下,将冰箱保藏的酵母菌试管原种画线接入酵母菌斜面试管培养基中,26～28℃置于恒温培养箱进行恒温培养约 3 d,当菌落全部长好后备用(4℃冰箱内保存)。

B. 三角瓶培养

从培养好的斜面试管中挑取 1～2 环接入已灭菌并冷却的三角瓶培养基中,摇匀后,置于 26～28℃恒温摇床中 160 r/min 振荡培养,24 h 后达到酵母生长旺盛期。镜检菌体生长正常、无杂菌,要求酵母细胞数为 1×10^{8} 个以上,出芽率在 15%～30%,酵母死亡率<1%。

(3)醋母制备

A. 试管培养

在无菌操作的条件下,将冰箱保藏的醋酸菌原菌画线接入醋酸菌斜面试管培养基中,在 30～32℃下培养 48 h,当菌落全部长好后备用(4℃冰箱内保存)。

B. 三角瓶扩大培养

在已长好的试管菌种中加入 10 mL 的无菌水,用接种环将接斜面上的菌体刮到无菌水中，制作成菌体悬液，用5 mL移液枪无菌操作下吸取3 mL加入醋酸菌三角瓶培养基，摇匀，在32～34℃恒温摇床上180 r/min振荡培养24～30 h，有醋酸清香，镜检菌体生长正常、无杂菌即可使用。

(4)糖化及酒精发酵

A. 原料预处理

取1 000 g大米用粉碎机粉碎成粉状，将1 800 g麸皮摊平在不锈钢锅里，将米粉倒在麸皮上，拌和均匀。在物料里加入2 800 g 60℃左右的温水，边加边翻拌，充分拌匀，使物料充分吸水。

B. 蒸料

蒸料的目的是使植物组织和细胞彻底破裂，从而使组织内的淀粉充分吸水、受热而膨胀糊化，易于淀粉酶发挥作用；杀灭原料中的微生物，防止杂菌污染；软化辅料基质，使其膨胀松软，增加吸水性能。可以常压蒸煮或0.01 MPa加压蒸料30 min。

C. 摊晾

取出熟料置于干净的不锈锅上，用玻棒搅匀并打散团块，同时迅速冷却，夏季降温至30℃左右，冬季降温至40℃以下，第二次撒1 300 mL冷开水，翻拌一次后摊平。

(5)糖化及酒精发酵

将制作好的麸曲按料曲比2∶1的比例撒在冷却好的物料表面，再将酒母(接种量为主原料的40%)振荡均匀后撒上，翻拌均匀后装入坛内进行发酵。入坛后摊平压实，温度控制在24～28℃，当品温超过38～40℃时进行倒醅，即将醅倒入另一个干净的坛子中，每隔1 h测定一次温度，品温上升到35℃后，再次倒醅，此后，品温维持在33～35℃，不得超过37℃，每天倒醅一次，5～7 d完成，结束糖化与酒精发酵。要求成熟的酒醅中酒精产量在7%～8%，不低于6%。

(6)醋酸发酵

将主原料的100%～120%谷壳或粗谷糠及40%的醋母撒在罐内，翻拌均匀后，在表面再撒少量的醋母，以抑制杂菌利于发酵。第2～3 d品温升高很快，控制在39～41℃，不超过42℃。超过42℃易出现烧醅并有异味。每天倒醅或翻醅一次，以通气供氧及调节品温，翻醅多则通气量多，故多翻品温反而升高。12～20 d左右，品温降至35℃以下，醋酸发酵结束。要求有正常醋香，略有酒香和酯香，酸度(以乙酸计)在6%～7%。

(7)加盐和后熟

醋酸发酵后立即加盐，以防止醋酸的过度氧化作用，醋酸菌对食盐的耐受力极弱，1%的食盐浓度即可终止醋酸菌的活动。醋酸发酵结束时应立即加食盐水，夏季加2%，冬季加1.5%。加盐方法是：将一半量的盐混匀在上半缸醋醅内，并移入空坛，24 h后，将另一半食盐拌入余下的醋醅内，混匀后转入上半缸内，加盖放置2～5 d，使其成熟并增加色泽和香气。

(8)淋醋

可采用单淋法即成熟醋醅用开水浸泡 24 h,然后淋出醋液。也可采用三套循环法。即先用二醋浸泡成熟醋醅 20～24 h,淋出来的是头醋,剩下的头渣用三醋浸泡,淋出来的是二醋,坛内的二渣再用清水浸泡,淋出三醋。

(9)陈酿、澄清

陈酿是醋酸发酵后为改善食醋风味进行的储存、后熟过程。将醋液贮入缸或罐中,封存 1～2 个月进行陈酿和沉淀,可得到香味醇厚、色泽鲜艳的陈醋。

(10)配兑及灭菌

经过陈酿的醋或新淋出的头醋仍为半成品,食用前需按质量标准进行配兑,醋酸含量大于 5%的为一级食醋,醋酸含量大于 3.5%的为二级醋,灭菌温度控制在 80℃以上,时间 10 min。

(六)实验结果与分析

1. 麸曲外观描述及糖化酶含量测定。

2. 对培养好的酒母质量进行分析。

表 1-5-2 酒母的质量指标

测定指标	酵母的细胞数	出芽率	酵母的死亡率	酸　度

(1) 酵母的细胞数用血球计数法计算。

(2) 出芽率指出芽的酵母细胞占总酵母细胞数的比例。随机选择 5 个视野,观察出芽酵母细胞所占的比例,取平均值。

(3) 用美蓝对酵母细胞进行染色,蓝者为死细胞(代谢停止,无还原能力),无色为活细胞(还原能力强,蓝色变无色)。

3. 糖化及酒精发酵过程中酒精度的变化

表 1-5-3 糖化及酒精发酵过程中酒精度的变化

酒精度	发酵时间(h)						
	24	48	72	96	120	144	168

4. 醋酸发酵过程中酸度的变化

表 1-5-4 醋酸发酵过程中酸度的变化

总酸（以乙酸计）	发酵时间(d)								
	4	6	8	10	12	14	16	18	20

5. 成品醋酸主要理化指标及微生物指标

表 1-5-5 成品醋酸主要理化指标及微生物指标

项目(g/mL,≥)	指 标
总酸(以乙酸计)	
不挥发酵(以乳酸计)	
可溶性无盐固形物微生物总数(个/mL)	

(七)实验注意事项

1. 麸曲质量直接影响到原料淀粉的糖化，从而影响到原料的出品率，要求曲色米黄，无干皮夹心，菌丝粗壮，孢子尚未形成，有正常曲香，无怪味或酸味，曲块结实、用手轻捏，松而不硬。

2. 酒母质量与酒精发酵效果有直接关系。只有培养出优良健壮的酒母，才能提高酒精发酵率，在生产中要求酒母中酵母细胞形态整齐，健壮，细胞多，杂菌少，降糖快。

3. 注意控制醋酸发酵过程中的水分含量。认真掌握醋醅的含水量，原料加水量对原料熟度和淀粉糊化关系很大。加水量少，部分淀粉粒未能润水膨胀，糊化困难。加水量多，蒸料时局部料层极易压住蒸汽，使原料熟度不均，造成发酵过程中醋醅发黏，影响出品率。所以采用蒸料前后两次加水调整的方法。醅的质量为主料占 80%～85%，水分 60%～62%。

4. 严格控制各阶段的温度。温度过低，酶糖化及菌体生长速度慢，过高会抑制菌体的生长及酶的活性，因此，在制醋各个阶段都需严格控制好温度，熟料摊晾加麸曲和酒母时，品温控制很重要。入坛适温为 25℃左右；糖化与酒精发酵 35～37℃；醋酸发酵 38～41℃；超过 42℃易出现烧醅并有异味。

5. 固体酿制食醋工艺为开放性环境，注意环境卫生及无菌操作，防止发酵过程染菌。

实验 5-2　深层液态食醋酿造技术

(一)实验目的

学习和掌握米醋液态深层生产工艺,理解在米醋生产工艺中各菌种作用及发酵工艺参数。

(二)实验原理

液态深层发酵是 20 世纪 50 年代发展起来的一种新工艺,由德国的 Heinrich Frings Jun. 和 Heinrich Els. 将原来用于工业化生长抗生素的发酵罐经改造后,成功应用在液态深层酿醋技术上,并于 1956 年获得了专利。我国在 20 世纪 70 年代,上海醋厂在有关单位的协作配合下,采用液态深层发酵法工艺制醋成功。以后,郑州酿造厂又从医药工业引进自吸式发酵罐,适应了新工艺的需要。液态深层发酵法制醋是较为先进的技术,其要点是采用强制通风和控制温度的方法,短时间内将发酵酒液及经扩培的醋酸菌借助强大的无菌空气或自吸空气的气流充分搅拌混合,加大了气液混合面积,从而进行全面的酒精氧化,生成质量一致的高酸度食醋。由于反应迅速,短时间内提高了发酵速率和产率,生产周期大大缩短。实际生产证明“液态法”比“固态法”出醋率提高 12%,成本下降 12%,生产周期由原“固法”的 25～27 d 缩短为 5～7 d。液态深层发酵实现了制醋生产机械化、管道化,减轻了工人的体力劳动强度,减少了占地面积,广开了原料来源,提高了劳动效率。液态深层发酵是酿造调味品工业的一项革新,但由于酿醋周期短,风味欠佳,作为调味品食醋尚有不足。

液态深层发酵技术酿制的米醋一般利用大米为原料,以 α-淀粉酶(液化酶)、β-淀粉酶(糖化酶)分别进行液化和糖化,制备以葡萄糖为主的大米淀粉水解液,加入经扩大的酵母菌,进行酒精发酵,酒精发酵结束后,加入醋酸杆菌进行醋酸发酵,醋酸发酵结束后,经后熟,过滤后经消毒得到成品米醋。

(三)实验装置与材料

1. 菌种

(1)酿酒酵母(*Saccharomyces cerevisiae*) CICC1001,中国食品发酵工业研究院。

(2)醋酸杆菌(*Acetate bacillary*),沪酿 1.01(上海市酿造科学研究所)或

AS1.41(中国科学院微生物研究所)。

(3)黑曲霉(*Aspergillus niger*)AS3.4309,中国科学院微生物研究所。

2. 主要设备

三角瓶、恒温培养箱、摇床、灭菌设备、超净工作台、恒温水浴锅、电子分析天平、电炉、粉碎机、移液枪、试管、温度计、不锈钢锅、干燥箱、小型发酵罐、pH 计、酒精计、磁力搅拌器、滴定管、显微镜、血球计数板、10L 发酵罐。

3. 主要试剂

酒精、葡萄糖、碳酸钙、氢氧化钠、碘化钾、盐酸,AR 级;

酵母膏、琼脂、麦芽浸粉、蛋白胨,BR 级;

大米、麸皮、食盐、马铃薯、α-淀粉酶、β-淀粉酶,市售。

4. 培养基及其制备

(1)斜面试管培养基

①酵母菌斜面试管培养基

麦芽浸粉 1.5 g,琼脂 2.0 g,水 100 mL,pH 6.0,在 0.1 MPa 压力下灭菌 20 min。

②醋酸杆菌斜面试管培养基

酒精 2.0 g,葡萄糖 1.0 g,酵母膏 1.0 g,碳酸钙 1.5 g,琼脂 2.5 g,水 100 mL,各成分完全溶解后,再添加酒精,在 0.1 MPa 压力下灭菌 20 min。

③黑曲霉斜面试管培养基:

PDA 培养基:马铃薯 20.0 g,葡萄糖 2.0 g,琼脂 2.0 g,水 100 mL, pH 自然,在 0.1 MPa 压力下灭菌 20 min。

(2)三角瓶种子培养基

①酵母菌种子培养基

麦芽浸粉 2.0 g,调整 pH 5.0,在 0.1 MPa 压力下灭菌 20 min。

②醋酸杆菌种子培养基

酒精 4.0 g 葡萄糖 1.0 g,酵母膏 1.0 g,碳酸钙 1.5 g,水 100 mL,在 0.1 MPa 压力下灭菌 20 min。酒精在灭菌后无菌条件下加入。

③黑曲霉种子培养基

麸皮 80 g,水 100 mL,拌匀过筛,在 300 mL 的三角瓶内装入 30 g,在 0.1 MPa 压力下灭菌 30 min。

(四)实验方法与步骤

1. 实验流程

深层液态发酵食醋工艺流程见图 1-5-3。

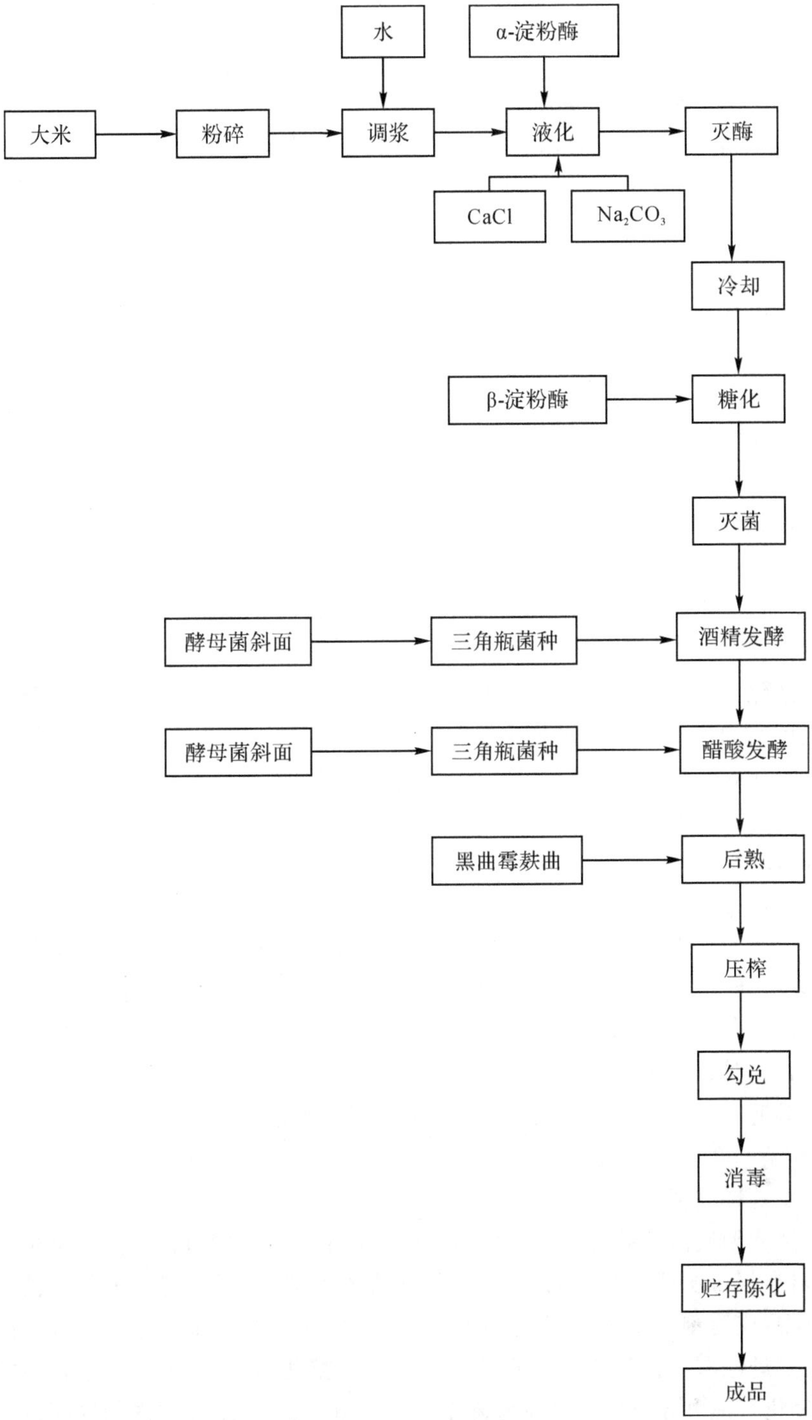

图 1-5-3　深层液态发酵食醋工艺流程

2. 实验步骤

(1)大米粉碎，调浆

将大米用水浸泡。使米粒充分膨胀，然后将米与水按1:(1.5～2)的比例均匀送入磨粉机(水磨)，磨成70目以上的细度粉浆(浓度为18～20°Bé)，加入不锈钢锅内，用Na_2CO_3调pH至6.2～6.4(精密试纸测定)，再加入0.1%的氯化钙，搅拌均匀。

(2)糖化与液化

①酶制剂活化

将液化酶及糖化酶按1:10的比例加入40℃的温水，在40℃水浴中复水活化60 min。

②液化

先在不锈钢锅内加少量底水，升温至85℃(温度按所购酶制剂最适温度调整)，再将调好浆的大米粉乳加入不锈钢锅内，同时按酶制剂说明书上标明的量加入活化好的液化酶(一般每克干淀粉约加酶制剂80～100单位)，控制浆温85～90℃(温度按所购酶制剂最适温度调整)约15～40 min。用碘液检查呈棕黄色，即为液化终点。再升温至100℃，维持10 min，灭酶。

③糖化

将液化后的乳浆降温至60～65℃。并用酸调整pH至4.0～4.5，按酶制剂说明书上标明的量加入已活化的糖化酶(一般每克原料100个酶活单位)。保温1～4 h，测定糖化过程中的还原糖含量，计算DE值(即还原糖占干物质的质量分数)，在DE值最高时终止糖化。

(3)酒精发酵

①酵母菌扩大培养

在无菌操作条件下，将冰箱保藏的酵母菌试管原种画线接入酵母菌斜面试管培养基中，26～28℃置于恒温培养箱恒温培养约3 d，当菌落全部长好后备用(4℃冰箱内保存)。从培养好的斜面试管中挑取1～2环接入已灭菌并冷却的三角瓶培养基中，摇匀后，置于26～28℃恒温摇床中160 r/min振荡培养，24 h后达到酵母生长旺盛期。镜检菌体生长正常、无杂菌，要求酵母细胞数为1×10^8个以上，出芽率在15%～30%，酵母死亡率<1%。

②发酵罐空消

发酵罐彻底清洗后，打开排水阀，排尽夹套中的水。同时排尽蒸汽管中冷凝水后，先对空气过滤器进行灭菌，让蒸汽徐徐进入发酵罐；对发酵罐进行空消。在灭菌过程中，应时刻注意罐压，并控制在(0.11～0.12) MPa，请勿超压。罐压的控制通过调节进气阀和排气阀来实现。空消时间一般为30～50 min。达到一定时间后，关闭进气阀和排气阀。当罐温降至80℃以下时排尽发酵罐内的冷凝水后。为防止发酵罐内产生负压，必须通入无菌空气，使罐压保持在0.03～0.05 MPa。

③酒精发酵

将糖化液加入发酵罐内，装量为发酵罐总体积的60%～70%，将蒸汽通过夹套对发酵罐进行加热，100℃维持30 min后，再在夹套内通入冷却水将糖化液的温度降至30℃，关闭门窗、空调，在火焰保护下，按原料的10%接种量加入三角瓶扩大培养的酵母种子液。并开动搅拌(200 r/min)，按0.5VVM(每min通气量与罐体实际料液体积的比值)通入无菌空气10～15 min，使发酵液中的空气饱和，满足酵母菌体细胞生长的需要。然后关闭无菌空气及搅拌，维持温度30～32℃，罐压0.03 MPa进行酒精发酵，发酵时间60～72 h，酒精度在8%以上结束酒精发酵，接入醋酸杆菌种子液。

(4)醋酸发酵

①醋酸菌扩大培养

在无菌操作的条件下，将冰箱保藏的醋酸菌原菌画线接入醋酸菌斜面试管培养基中，在30～32℃下培养48 h，当菌落全部长好后备用(4℃冰箱内保存)。在已长好的试管菌种中加入10 mL的无菌水，用接种环将接斜面上的菌体刮到无菌水中，制作成菌体悬液，用5 mL移液枪无菌操作下吸取3 mL加入醋酸菌三角瓶培养基，摇匀，在32～34℃恒温摇床上180 r/min振荡培养24～30 h，有醋酸清香，镜检菌体生长正常、无杂菌即可使用。

②醋酸发酵

酒精发酵结束以后，在火焰保护下，发酵罐的接种口，按原料的10%接种量加入三角瓶扩大培养的醋酸种子液。并开动搅拌(200 r/min)，控制温度30～34℃，最高温度不超过36℃，发酵24 h内按0.2VVM通入无菌空气，24 h到48 h内按0.4VVM通入无菌空气，48 h后按0.2VVM通入无菌空气，50～72 h内醋酸酸度不再上升结束发酵。

(5)后熟、压榨

①黑曲霉麸曲的制备

将冰箱保藏菌种在超净工作台中接种于黑曲霉试管斜面培养基中，置于30℃下恒温培养箱中恒温培养3～5 d，至出现大量的黑色孢子。三角瓶麸皮培养基灭菌后，趁热摇散培养基，冬天冷却至40℃下，夏天冷却至30℃左右，在无菌操作条件下，用接种环挑取已培养好的试管原种中的黑曲霉孢子，接入三角瓶麸皮培养基中，摇匀，30℃下置于恒温培养箱中进行恒温培养。当瓶内曲料稍微结块时，摇瓶将结块摇碎。继续培养，待孢子由黄色变成黑褐色即可使用。

②在醋酸发酵液升温至50～55℃，按1.5%(*w*/*V*)比例投入成品麸曲，分别恒温静置培养48 h后冷却，通过小型板框压榨机进行压榨，收集流出的清液。

(6)勾兑

调整酸度(以乙酸计)为3.5%，并在醋液中加入1.7%～2.0%的食盐以及1.2%～1.5%的蔗糖，以使米醋的酸味柔和，口味纯正、协调。并依据需要适当添加食用级焦糖色素来进行米醋的勾兑。

(7)灭菌

灭菌温度控制在80℃以上,时间10 min。

(五)实验结果与分析

1. 糖化过程中DE的变化

表1-5-6 糖化过程中DE的测定结果

DE值	时间(h)				
	1.0	2.0	2.5	3.0	3.5

2. 酒精发酵过程中酒精度、残糖的变化

表1-5-7 酒精发酵过程中酒精度、残糖的测定结果

测定指标	发酵时间(h)					
	12	24	36	48	56	72
酒精度						
残糖						

3. 醋酸发酵过程中总酸(以乙酸计)、酒精度、pH值、溶氧等变化

表1-5-8 醋酸发酵过程中的总酸、酒精度、pH值、溶氧测定结果

测定指标	发酵时间(h)					
	12	24	36	48	56	72
酒精度						
总　酸						
pH值						
溶　氧						

4. 计算原料出醋率

5. 成品醋酸主要理化指标及微生物指标

表1-5-9 成品醋中理化及微生物指标

项目	指　　标
总酸(g/100 mL,以乙酸计)	
不挥发酵(g/100 mL,以乳酸计)	
可溶性无盐固形物(g/100 mL)	
微生物总数(个/mL)	

(六)实验注意事项

1. 液态深层发酵法生产的米醋因为较短周期与纯种发酵,在风味上较传统固态发酵制备的米醋要显单薄。近年来,用添加麸曲后酵方法来增强、改善米醋风味,丰富口感的工艺得到了一定范围内的应用。其机理大致有两点:①麸曲中黑曲霉合成的酸性蛋白酶能水解醋醪米渣中的蛋白质使氨基态氮增加,从而使口感更柔和、丰富;②麸曲的特殊香味大大增加了米醋的醇厚风味,使成品带有醇厚曲香。

2. 液化与糖化及酒精发酵的彻底与否对醋酸发酵影响很大,若液化、糖化阶段未彻底,残留的糊精较多,将不被酵母菌及醋酸杆菌利用,不仅影响原料的转化率,同时会使醋酸发酵产生大量的泡沫,造成溢罐。酒精发酵若未彻底,即残糖值高时就进行醋酸发酵,也会有大量的泡沫产生,造成溢罐。且残糖可能会在后酵阶段的高温下与蛋白质、多酚等物质反应生成不良气味,影响成品风味。因而,酒精发酵一定要在残糖接近 0 时才能进行醋酸发酵。

3. 酵母菌为兼性厌氧菌,在有氧的情况下,酵母菌可进行有氧呼吸(也是主要的细胞呼吸类型),并且繁殖;在缺氧的情况下,酵母菌可进行无氧呼吸,产生酒精。因此,在前期通入无菌空气有利于酵母的快速繁殖,在酒精发酵过程中应停止搅拌及通气。

4. 醋酸菌是好气性细菌,因此液态深层培养时必须供给足够的氧气。通风量一般为理论计算需氧量的 2.8～3.0 倍,发酵前、中、后期可根据发酵实际情况进行调节,但绝不能中断供氧,否则会导致菌体死亡。

5. 醋酸发酵过程中产生泡沫是正常现象,主要是由死亡的醋酸杆菌菌体蛋白造成的,如泡沫过多造成溢罐,可使用少量植物油进行消泡。因食醋是直接食品故不允许用化学消泡剂。

参考文献

[1] 贾士儒.生物工程专业实验(第 2 版)[M].北京:中国轻工业出版社,2010.
[2] 王博彦,金其荣.发酵有机酸生产与应用手册[M].北京:中国轻工业出版社,2000.
[3] 陈騊声.食醋生产[M].北京:化学工业出版社,1988.
[4] 程长平,陈蔚青,沈明.液态深层发酵法生产米醋的研究[J].江苏食品与发酵,2003,113(2).
[5] 徐少萍.刘兆东.液态醋酸深层发酵通气量的探讨[J].食品工业科技,1996(2).
[6] 吴晓明,曹岚.我国食醋行业发展现状及趋势[J].中国调味品,2012,37(9).
[7] 戴明辉.论液态深层发酵制醋的研究及发展方向[J].江苏调味副食品,2003,79(2).
[8] 戴明辉.液态深层发酵制醋新工艺的探索[J].中国酿造,2005(10).
[9] 林森.浙江玫瑰醋纯种发酵技术的研究[D].杭州:浙江工商大学,2009.

(编者:戴德慧)

综合实验六
味精制备技术

一、背景知识

(一)味精简介

味精[Sodium (2S)-2-amino-5-hydroxy-5-oxo-pentanoate]又称味素,是调味料的一种,主要成分为谷氨酸钠。成品为白色柱状结晶体或结晶性粉末,是国内外广泛使用的增鲜调味品之一。

味精是采用微生物发酵的方法由粮食制成的现代调味品。

(二)主要成分

谷氨酸钠是一种氨基酸谷氨酸的钠盐,是一种无色无味的晶体,在 232℃时解体熔化。谷氨酸钠的水溶性很好,在 100 mL 水中可以溶解 74 g 谷氨酸钠。

味精于 1909 年被日本味之素(味の素)公司所发现并申请专利。纯的味精外观为一种白色晶体状粉末。当味精溶于水(或唾液)时,它会迅速电离为自由的钠离子和谷氨酸盐离子(谷氨酸盐离子是谷氨酸的阴离子,谷氨酸则是一种天然氨基酸)。

(三)鲜味

味精通过刺激舌头味蕾上特定的味觉受体,比如说氨基酸受体 T1R1/T1R3 或谷氨酸受体,如:代谢性谷氨酸受体(mGluR4 和 mGluR1)以带给人味觉感受。这种味觉被日本人定义为鲜味,但是这种日式的鲜味和中国人熟知的五味中的鲜味有明显的区别。

(四)营养成分

营养素含量(每 100 g)热量(大卡) 268.00,碳水化合物(g) 26.50,脂肪(g) 0.20,蛋白质(g) 40.10,硫胺素(mg) 0.08,烟酸(mg)0.30,镁(mg) 7.00,钙(mg) 100.00,铁(mg) 1.20,锌(mg) 0.31,铜(mg) 0.12,锰(mg) 0.67,钾(mg) 4.00,磷(mg) 4.00,钠(mg) 8160.00(因味精为谷氨酸钠,所以钠含量最高),硒(μg) 0.98。

二、实验简介

本实验选用谷氨酸发酵作为实验内容，主要考虑谷氨酸发酵为典型的代谢调控发酵，对其代谢途径和机制研究得较为透彻，可以让学生们用掌握的微生物和生物化学知识来理解、解释、预测发酵后的现象；其次，32 h 的发酵周期比较便于教学安排；同时，从培养基配制到味精原粉制备，是一个完整的综合性实训实验体系，通过这部分内容的学习和实践，使学生充分了解味精生产的完整工艺过程，可为学生今后从事氨基酸生产奠定理论和实践基础。

实验 6-1　谷氨酸发酵技术

(一)实验目的

谷氨酸是最先成功地利用发酵法进行生产的氨基酸。谷氨酸发酵是典型的代谢调控发酵，其代谢途径相对研究得比较清楚。因此，了解谷氨酸发酵机制，掌握其发酵工艺，将有助于对代谢调控发酵的理解，有助于对其他通风发酵的理解和掌握，也有助于对已掌握的生化、微生物知识的融会贯通。

通过本次实验，掌握通风发酵的一般工艺，熟练掌握通用机械搅拌罐的设备使用。增强学生对谷氨酸生产的感性认识，培养学生的实践动手能力。

(二)实验原理

目前工业上应用的谷氨酸产生菌有谷氨酸棒状杆菌、乳糖发酵短杆菌、散枝短杆菌、黄色短杆菌、噬氨短杆菌等。我国常用的菌种有北京棒状杆菌、纯齿棒状杆菌等。谷氨酸的生物合成途径大致是：葡萄糖经糖酵解(EMP 途径)和己糖磷酸支路(HMP 途径)生成丙酮酸，再氧化成乙酰辅酶 A(乙酰 CoA)，然后进入三羧酸循环，生成 α-酮戊二酸。α-酮戊二酸在谷氨酸脱氢酶的催化及有 NH_4^+ 存在的条件下，生成谷氨酸。当生物素缺乏时，菌种生长十分缓慢；当生物素过量时，则转为乳酸发酵。因此，一般将生物素控制在亚适量条件下，才能得到高产量的谷氨酸。

谷氨酸的生物合成受机体内复杂机制的调控。影响谷氨酸发酵过程的参数有很多，谷氨酸发酵过程主要受种子质量、培养基组成、温度、pH 值以及供氧速率等因素控制。提取谷氨酸常用的工艺为等电点法和离子交换法。

(三)实验材料

1. 菌种

谷氨酸生产菌可通过微生物研究所或发酵研究所选购。

2. 主要设备

试管、角瓶、空培养皿、抽滤瓶、高压灭菌锅、摇床、培养箱、显微镜、10 L 发酵罐及控制系统、螺杆式空压机(500t/M5n)、蠕动泵、水环式真空泵、恒温摇床、净化工作台、蒸汽发生器(45kW)、配料桶(10L)、搅拌机(50 r/min)、旋转式蒸发器、生化培养箱等。

3. 主要材料

淀粉、葡萄糖、蛋白胨、牛肉膏、琼脂、尿素、玉米浆、糖蜜、氯化钠、硫酸镁、磷酸氢二钾、硫酸亚铁、硫酸锰、消泡剂等。

(四)实验方法与步骤

1. 工艺流程

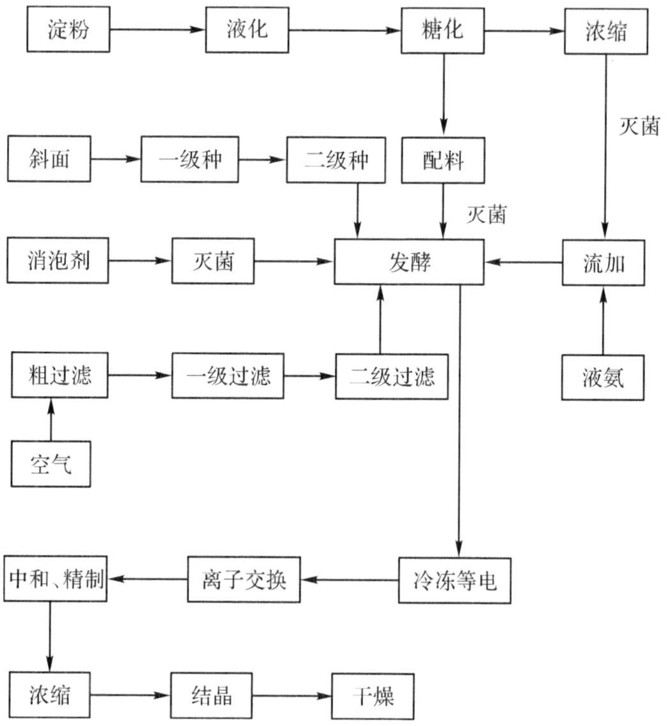

图 1-6-1 味精生产工艺流程示意图

2. 实验步骤

(1)菌种制备

菌种扩培顺序:斜面菌种→一级种子→二级种子。

①斜面种子的制备。

斜面培养基配方:葡萄糖 0.1%,蛋白胨 1%,牛肉膏 1.0%,氯化钠 0.5%,琼脂 2.0%,pH 7.0。

操作:按上述配方配制斜面培养基,加热,将融化的培养基分装到已消毒的空试管中,装量约为 1/5,0.1 MPa,30 min 灭菌,冷却至 45℃摊成斜面。

检查:将制备好的斜面培养基 37℃恒温培养 24 h,检查无菌后备用。

接种:将试管原种上的菌苔接种到新制斜面培养基上,37℃恒温培养 24 h,制成斜面菌种。

②一级种子制备。

培养基配方:葡萄糖 2.5%,尿素 0.5%,硫酸镁 0.04%,磷酸氢二钾 0.1%,玉米浆 2.5%～3.3%,硫酸亚铁、硫酸锰各 2×10^{-6}(0.000 2%),pH 7.0。

操作:用 1 000 mL 三角瓶装 200 mL 培养基,8 层纱布封口,0.1 MPa 灭菌 30 min,冷却后接入 1/3 支斜面菌苔,置摇床上 30～32℃,转速 170～190 r/min 培养 12 h。

一级种子质量标准:种龄 12 h,A(560 nm 吸光度净增值)>0.5,RG(残糖)0.5%以下,pH 6.4±0.1。

③二级种子的制备。

培养基配方:葡萄糖 2.5%,尿素 0.34%,磷酸氢二钾 0.16%,糖蜜 1.16%,硫酸镁 0.043%,消泡剂 0.086 mL/L,硫酸亚铁、硫酸锰各 2×10^{-6}(0.000 2%),pH 7.0。

操作:配制方法同一级种子,0.1 MPa 灭菌 10 min,冷却后接种,接种量为 10%(200 mL 培养基中接入一级菌种 20 mL),摇床培养 7～8 h;

二级种子的质量标准:种龄 7～8 h,pH 7.2,$A_{560}\geqslant0.6$,无菌检查:阴性,噬菌体检查:阴性。

④合并种子。

将每 5 瓶二级种子在无菌条件下合并在 1 000 mL 的抽滤瓶内(抽滤瓶先经 0.1 MPa 30 min,空消),放入冰箱待用。

(2)噬菌体的检测

用试验样和敏感菌浇双层平板,在菌体生长过程中,如样品中有噬菌体,由于噬菌体的溶菌作用,会在平皿上留下透明的斑点(噬菌斑),通过噬菌斑的计数,即可评估噬菌体的污染程度。

①培养基配制。

底层平板培养基：葡萄糖 0.1%，蛋白胨 1%，牛肉膏 1.0%，氯化钠 0.5%，琼脂 2.0%，pH 7.0。

上层平板培养基：葡萄糖 0.1%，蛋白胨 1%，牛肉膏 1.0%，氯化钠 0.5%，琼脂 0.7%，pH 7.0。

底层平板培养基和上层平板培养基分装 2 个三角瓶，纱布牛皮纸封口后 0.1 MPa 灭菌 30 min。

②倒平板。

底层培养基溶解后倒平板，冷却凝固备用。

样品采集：如要测定无菌空气中的噬菌体样，可将上述底层平皿暴露在排气口 30 min。如测定液体样，则在上述底层平皿中加入适当稀释的样品 1 mL（无菌操作）。

取 0.1 mL 谷氨酸生产菌菌液，加入上述已加样的底层平板上，后加 5 mL 融化后冷却到 45℃左右的上层培养基，混合均匀。待上层培养基冷却凝固后，放入培养箱 37℃培养 24 h。

③计数。

观察并计数平板培养基上的噬菌斑，按照样品的稀释度（液体样品）或空气流量及暴露时间（气体样）计算污染的噬菌体浓度。

④计算。

$$\text{噬菌体浓度(个/mL)}=\frac{\text{噬菌斑数量}\times\text{稀释倍数}}{\text{样品毫升数}}$$

(3) 大肠杆菌（谷氨酸脱羧酶）酶粉的制备

谷氨酸脱羧酶是目前测定谷氨酸所必需的工具酶，酶法测定具有专一性高、反应灵敏等特点，较少受其他因素的干扰。

①菌种的培养。

先将菌种 *E. coli*-TS 在传代培养基上接种培养 24 h。

斜面培养基配方：牛肉膏 1.0%，蛋白胨 1.0%，NaCl 0.5%，琼脂 1.7%，用 50%氨水调 pH 7.2，0.1 MPa 灭菌 30 min，摆成斜面。

②一级种子培养。

培养基配方：牛肉膏 5.0%，蛋白胨 1.0%，磷酸二氢钾 0.25%（分消），用 50%氨水调 pH 7.1，用 1 000 mL 三角瓶装 200 mL，0.1 MPa 灭菌 20 min。

冷却后接种，1 支斜面接一瓶一级种。接种后在摇床上 36℃培养 24 h。摇床转速为 170 r/min。

③发酵培养基。

培养基配方：牛肉膏 2.0%，蛋白胨 1.5%，葡萄糖 0.1%，玉米浆粉 0.1%，磷酸二氢钾 0.25%（分消），用 50%氨水调 pH 7.1。1 000 mL 三角瓶装 200 mL，0.1 MPa 灭菌 20 min。冷却后接种，接种量 5%，培养方式同上。

④收集菌体。

将摇瓶中的发酵液收集后，用冷却离心机离心，收集菌体，菌体用蒸馏水洗两次。

⑤制备冷冻干粉。

将菌体用少量蒸馏水制成菌悬液，加入 10 倍体积的冷冻丙酮(－18℃)，搅拌均匀，真空抽滤，将滤下的菌体再用 5 倍冷冻丙酮搅拌均匀，真空抽滤。

将菌体加入 5 倍体积的冷冻乙醚(－18℃)脱水，抽滤后将菌粉放在干燥器内，放入冰箱，2 d 后将菌粉过筛，测定酶活性。

(4)谷氨酸发酵培养基的配制

按工艺要求配制发酵培养基，10L 发酵罐定容 7L，50L 发酵罐定容 35L，实际配料时，定容到预定体积的 75%左右(即 10L 发酵罐定容 7.5L)，另 25%容积为蒸汽冷凝水和种子液预留。

①发酵培养基配方：葡萄糖 13%，硫酸镁 0.06%，磷酸氢二钾 0.1%，糖蜜 0.3%，$MnSO_4$ 和 $FeSO_4$ 各 2×10^{-6}，氢氧化钾 0.04%，玉米浆粉 0.125%，消泡剂 0.01%，pH 7.0。实罐灭菌温度为 115℃，30 min。

②流加液制备：尿素配成质量分数为 40%的溶液，装在 1 000 mL 的三角瓶中，每一瓶装 800 mL。分消备用。

③装料：打开罐盖上的加料口，将培养基原液加入发酵罐内。拧紧加料口螺母(注意：不要拧得太紧，否则会损坏密封圈)。

(5)实消

为了减少冷凝水的产生，实消开始时，先打开进夹套的蒸汽阀和夹套排水阀，并开启搅拌。当温度升到 90℃时，关闭夹套进气阀，开启进发酵罐内的蒸汽阀进行直接加热，继续升温至工艺要求；升温过程需匀速搅动培养基，使培养基均匀升温，同时有利于降低灭菌时的噪音；灭菌过程中，应时刻注意罐压，并控制在 0.08 MPa 之内，严禁超压。罐压的控制通过调节排气阀来实现。

注意在升温过程中不要开温控仪开关，否则当上、下限设定值设定在培养温度时，冷却水管中会自动通冷却水，不仅会影响升温速度、浪费蒸汽，更重要的是会引起蒸汽冷凝水过多，产生培养液浓度变化。实消时间一般为 5 min。实消结束后，关闭进气阀，用冷却水进行冷却。

当蒸汽阀门关闭以及通冷却水后，发酵罐的罐压将迅速下降，当罐内压力降至 0.03 MPa 时，必须开启空气进气阀，使无菌空气进入发酵罐内，使罐压保持在 0.03～0.05 MPa；当罐温降至 70℃以下时，调节搅拌电机的调速器，慢速搅拌培养基，加快冷却速度；同时可稍开空气进气阀，调节排气阀，使罐压保持在(0.03～0.05) MPa。

加初尿素：发酵液冷却至 40℃左右时，通过蠕动泵加第一次尿素，添加量为

0.6%～1.0%(添加量按菌种的脲酶活性大小和菌体同化能力的大小而定)。

(6)接种

①火焰封口法。先缓慢将罐压降低到0.01 MPa,关小进、排气阀,在接种口上绕上酒精棉点燃,用钳子逐步打开罐顶接种口,并将盖放置在有75%酒精的培养皿内,防止污染。将二级种子液在火焰封口下倒入发酵罐内,盖上接种阀,旋紧。

②压差接种法。操作步骤:第一步,将罐顶流加口在火焰封口下连接到装有菌种的抽滤瓶侧口管道上;第二步,将发酵罐压力加大到0.1 MPa,打开流加口阀,使发酵罐和菌种瓶的压力平衡后,关闭流加阀;第三步,打开发酵罐排气阀,使发酵罐压力下降到(0.01～0.02) MPa(不能降为0),关闭排气阀,使发酵罐和菌种瓶间形成压力差;第四步,打开流加口阀,依靠压力差将菌种液压入发酵罐;第五步,重复第二步到第四步的操作,直到将所有菌种都压入发酵罐为止。注意:由于抽滤瓶带压作业,为安全起见,要选用优质的抽滤瓶,并在瓶外加上帆布瓶套,防止意外砸瓶伤人。

③流加接种法。操作步骤:实罐消毒时在流加口上套上相应口径的80～100 cm长的蠕动泵专用硅胶管,并在另一头用8层纱布包扎。在实消时一起消毒;接种时,将纱布解除,迅速将硅胶管插入菌种瓶中,瓶口仍用纱布封口;用蠕动泵将菌种液压入发酵罐。

(7)发酵过程的控制

①发酵过程的温度控制。谷氨酸发酵0～12 h为长菌期,最适温度在30～32℃,发酵12 h后,进入产酸期,控制温度为34～36℃。由于发酵期代谢活跃,发酵罐要注意冷却,防止温度过高引起发酵迟缓。

②发酵过程中的pH控制。发酵过程中产物的积累导致pH下降,而氮源的流加(氨水、尿素)导致pH升高,发酵中,当pH降到7.0～7.1时,应及时流加氮源。

长菌期(0～12 h)控制pH≤8.2(由尿素流加量、风量和搅拌转速来调节)。

产酸期(12 h以后)控制pH在7.1～7.2。

控制pH的手段主要有:控制风量和控制流加氮源。

放罐:达到放罐标准后,及时放罐。

放罐标准:残糖在1%以下且糖耗缓慢(<0.15%/h)或残糖<0.5%。

(8)发酵过程的分析

发酵过程中,按表1-6-1频次测定、记录下列指标:pH,通风量,还原糖,A_{560}、温度(1次/h);谷氨酸(1次/4 h),发酵12 h起。

表 1-6-1 谷氨酸发酵实验操作记录

记录人：　　　　日期：

时间(h)	0	1	2	3	4	5	6	7	8	9	10	11	12	13	14	15	16	17	18	19
温度																				
风量																				
残糖																				
A_{560}																				
尿素																				
pH																				
加糖																				
谷氨酸																				
时间(h)	20	21	22	23	24	25	26	27	28	29	30	31	32	33	34	35	36	37	38	39
温度																				
风量																				
残糖																				
A_{560}																				
尿素																				
pH																				
加糖																				
谷氨酸																				

(9)谷氨酸提取与精制

①谷氨酸等电提取流程。

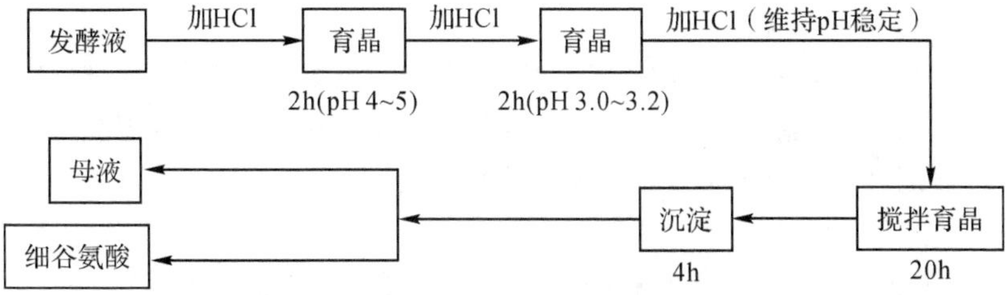

图 1-6-2 谷氨酸等电提取流程

②等电操作。

将放罐的发酵液先测定放罐体积、pH、谷氨酸含量和温度，开始搅拌。若放罐的发酵液温度高，应先将发酵液冷却到 25～30℃，消除泡沫后开始调 pH。用盐酸

调 pH 5.0(视发酵液的谷氨酸含量高低而定);

当 pH 达到 4.5 时,应放慢加酸速度,在此期间应注意观察晶核形成的情况,若观察到有晶核形成,应停止加酸,搅拌育晶 2～4 h。若发酵不正常,产酸低于 4%,虽调 pH 到 4.0,仍无晶核出现,遇到这种情况,可适当将 pH 降至 3.5～3.8;

搅拌 2 h,以利于晶核形成,或者适当加一点晶种刺激起晶;

搅拌育晶 2 h 后,继续缓慢加酸,耗时 4～6 h,调 pH 至 3.0～3.2,停酸复查 pH,搅拌 2 h 后开大冷却水降温,使温度尽可能低;

达到等电点 pH 后,继续搅拌 16 h 以上,停止搅拌静置沉淀 4 h,关闭冷却水,吸去上层菌液,至近谷氨酸层面时,用真空将谷氨酸表层之菌体和细谷氨酸抽到另一容器里回收。取出底部谷氨酸,离心甩干。

③谷氨酸钠的精制流程。(图 1-6-3)

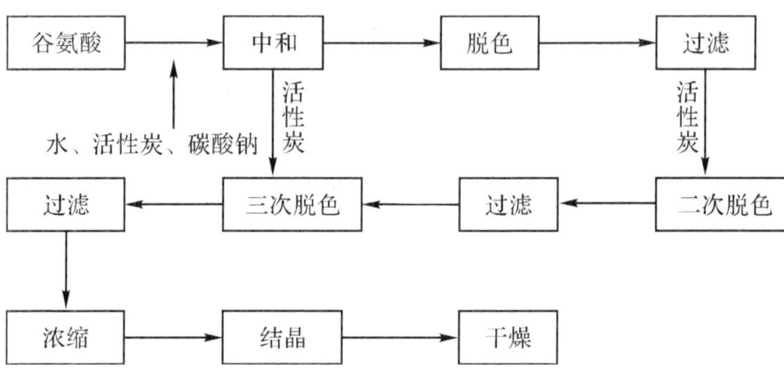

图 1-6-3 谷氨酸钠的精制流程

④谷氨酸钠的精制操作。

湿谷氨酸:水:纯碱:活性炭=1:2:(0.3～0.34):0.01,$T=60℃$,pH=6.4(用试纸测);在不锈钢桶内加入清水及活性炭升温到 65℃,开动搅拌(60 r/min);投入谷氨酸;缓慢、逐步加入碳酸钠中和到 pH 6.4(试纸),调整中和液浓度至 21～23Be;加热至 65℃,继续搅拌。

⑤谷氨酸钠的浓缩结晶。

将澄清的脱色液(18～20Be/35℃)加入旋转式蒸发器(加料小于 1/2),真空度要求在 80kPa 以上,温度小于 70℃,浓缩至 34～34.5Be/80℃,升温到 80℃放料。放料后冷却,搅拌 2～3 h 后开冷却水温度,降温到比室温高 15℃。

分离:抽滤(工业滤布作介质)。

烘干:鼓风干燥箱(温度小于 60℃)干燥,即可得到味精原粉。

(五)实验注意事项

1. 菌种的污染,势必导致发酵的失败,轻者产酸量下降,严重的不积累产物,因此,在菌种制备的整个过程中,都要树立牢固的无菌概念,工作力求细致、到位。

2. 空消允许蒸汽直接进入发酵罐，但同时必须注意要将夹套接通大气，防止高温产生的高压将夹套挤破。蒸汽温度高，当心烫伤。

参考文献

[1] 陈卓贤，沈春明，陈国良. 味精生产工艺学[M]. 北京：中国轻工业出版社，1990.
[2] 吴根福. 发酵工程实验指导[M]. 北京：高等教育出版社，2006.
[3] 陈坚. 发酵工程实验技术[M]. 北京：化学工业出版社，2009.
[4] 李艳. 发酵工业概论[M]. 北京：中国轻工业出版社，1999.
[5] 孙俊良. 发酵工艺[M]. 北京：中国农业出版社，2008.

（编者：蒋新龙）

综合实验七
酸奶发酵技术

一、背景知识

(一)酸奶简介

酸奶(Yogurt)是以牛奶为主要原料,利用保加利亚乳杆菌(*Lactobacillus bulgaricus*)和嗜热链球菌(*Streptococcus thermophilus*)等微生物,通过乳酸发酵作用而得到的一种发酵型乳制品,其中含有大量的活性乳酸菌。酸奶的营养和保健价值颇高,可增强肠胃的消化功能,促进人体对钙和磷的有效利用,增加肠道有益菌的数量,降低血清中胆固醇含量,预防心血管疾病和抗癌活性。酸奶还可以为乳糖不耐症人群提供消费牛奶的机会。

我国从 20 世纪 80 年代初才开始商业化生产酸奶,虽然起步较晚,但我国的酸奶工业发展迅速,目前在大中城市及农村,酸奶的消费已相当普遍,是我国液态奶中发展最快的乳制品之一。酸奶主要分为普通型酸奶、功能型酸奶和风味型酸奶。普通型酸奶在发酵过程中除加入糖外,不再添加任何成分,以保持酸奶的清香味。风味酸奶分为凝固型和搅拌型两种:凝固型风味酸奶是在原料奶中预先添加风味物质,如花生乳、绿豆浆、松仁、玉米乳等,经巴氏杀菌后发酵而成;搅拌型风味酸奶是在乳酸菌发酵原料奶凝固之后,再加入风味物质,如蜂蜜、果酱、果肉、果菜、胡萝卜汁、枸杞子、香料等调制而成。如果添加的天然风味物质具有保健功能,此类酸奶也可称为保健型酸奶或功能型酸奶。

(二)酸奶风味的来源

相比于原料奶,酸奶具有独特的风味和口感,不同类型酸奶中的风味物质的成分及含量因加工工艺和方法的不同而各有特色。酸奶中的风味物质主要来源于原料奶中的组成成分、微生物代谢产物及添加的风味物质。新鲜的牛乳(原料乳)有一股淡淡的奶香味,已确定的香味成分主要有丙酮、乙酸、油酸及其他的游离脂肪酸和挥发性的二甲硫醚等。发酵过程中标准化、均质、加热、杀菌等流程均可引起乳制品风味的变化。链球菌嗜热亚种(*Streptococcus thermophilus* S. t)和德氏乳杆菌保加利亚亚种(*Lactobacillus delbrueckii* subsp. *bulgaricus* L. b)产生的乳酸及各种挥发性的有机香气物质赋予酸奶典型风味(Mounchili,2005)。酸奶的风味由挥发性和非挥发性风味物质共同组成，挥发性的成分起主要的作用，挥发性成分的浓度决定了最终风味的组成。筛选发酵剂主要测定二丁酮、双乙酰、乙醇、乙醇、丙酮等作为风味的标志性物质，可采用化学计量学结合感官评价的方法对风味物质进行分析和研究，既能对风味物质进行定量分析，又可防止测定结果对感官评价的偏离。酸奶风味的散发不仅与风味的分布及浓度有关，还与温度、搅拌参数及脂肪含量相关。

二、实验简介

本实验分为两部分，第一部分为酸奶的制作工艺，第二部分为酸奶中乳酸菌种类与含量分析，涵盖了目前市场上以牛奶为原料乳的酸奶的主要生产工艺技术，通过这两部分内容的学习和实践，可为今后从事酸奶的工业发酵生产奠定理论和实践基础。

实验 7-1　酸奶的制作

(一)实验目的

1. 掌握酸奶的制作原理。
2. 学会酸奶的制作方法。

(二)实验原理

酸奶具有清新爽口的味觉，倍受广大消费者欢迎。酸奶中含有乳酸菌的菌体及代谢产物，对肠道内的致病菌有一定的压抑作用，对人体的肠道消化道疾病有良好的治疗效果。

酸奶是以牛乳为主要原料，接入一定量的乳酸菌，经发酵后而制成的一种乳制品，当乳酸菌在牛乳中生长繁殖和产酸至一定程度时，pH 下降，使乳酪蛋白在其等电点附近发生凝集而呈凝乳状，这种凝乳状酸奶称为凝固型酸奶。

(三)主要材料及设备

鲜牛奶、奶粉、蔗糖、菌种(或市售酸奶)、天平、烧杯、玻璃棒、牛奶瓶、恒温水浴锅、恒温培养箱、冰箱、不锈钢锅。

(四)实验方法

1. 凝固型酸奶制作

在原料乳中添加发酵剂后立即进行包装，并在包装容器中发酵而成，成品呈凝乳状。

(1)工艺流程

蔗糖、脱脂奶粉
↓
原料鲜奶→净化→脂肪含量标准化→配料→过滤→预热→均质→杀菌→冷却→接种→分装→发酵→冷却→后熟

(2)操作步骤

①牛奶瓶消毒。

将牛奶瓶在不锈钢锅里用沸水煮 15 min。

②牛乳的净化。

利用特别设计的离心机，除去牛乳中的白血球和其他肉眼可见的异物。

③脂肪含量标准化。

鲜奶中脂肪含量比较高，为了避免酸奶中有脂肪析出，需要对鲜奶的脂肪含量进行调整使其达到所要求的标准。可以在脂肪含量高的牛乳中加入一定量的脱脂乳，或通过分离机从牛乳中分离出稀奶油，然后在得到的脱脂乳中再掺入一定量稀奶油，使调制乳的脂肪含量达到要求。

④配料。

奶粉的添加。经脂肪含量标准化处理的调制乳(或按 1∶7 的比例加水把奶粉配制成复原牛奶)，为了使其非脂干物质含量达到要求，一般往调制乳中添加脱脂奶粉，经如此处理的酸奶有一定的硬度，脱脂奶粉的添加量一般为 1%～3%。

蔗糖的添加。为了缓和酸奶的酸味，改善酸奶的口味，一般在调制乳中加入 4%～8%的蔗糖。如果蔗糖量加入过多，会因调制乳渗透压的增加而阻碍乳酸菌生长。一般是先将原料乳加热到 60℃左右，然后加入蔗糖，待糖溶解后，过滤除杂，过滤的奶液再进行均质处理。

⑤均质。

用于制作酸奶的原料乳一般都要进行均质处理。经过均质处理，乳脂肪被充分分散，酸奶不会发生脂肪上浮现象，酸奶的硬度和黏度都有所提高，而且酸奶口感细腻，更易被消化吸收。将加热和均质两种方法适当结合起来处理的效果会更好。一般是先将原料乳调至 60℃左右，然后在均质机中，于 8～10 MPa 压力对乳进行均质处理。

⑥灭菌。

均质后的原料乳的灭菌方法大致有两种：将乳加热至 90℃，保温 5 min，或置于 80℃恒温水浴锅中灭菌 15 min；也可用超高温瞬时灭菌法（在 135℃下保温 2～3s）。

灭菌目的：杀灭原料乳中的微生物，特别是致病菌；形成乳酸菌生长促进物质，破坏乳中存在的阻碍乳酸菌生长的物质；除去原料乳中的氧及由于乳清蛋白的变性而增加的—SH，从而使氧化还原电位下降，有助乳酸菌的生长；使乳清蛋白变性膨润，从而改善酸奶的硬度和黏度，并阻止水分从变性脂蛋白凝聚成的网状结构中分离出来；灭菌后，使乳中原本存在的酶失活，使发酵过程成为单一乳酸菌的作用过程，易于控制生产；经灭菌处理后的原料乳迅速冷却到 43～45℃待接种。

⑦接种。

在 43～45℃灭过菌的原料乳中加入发酵剂，接种量为 2%～3%，通常是嗜热链球菌和保加利亚乳杆菌的混合菌，两种菌的比例为 1∶1 或 2∶1。球菌的接种量稍多些，可弥补由于杆菌生长产酸而阻碍球菌生长所造成的球菌数量不足的缺点。经实验证明，当接种量超 3%时，发酵所需时间并不因种量加大而缩短，而酸奶的风味由于发酵前期酸度上升太快反而变差。所以，任意加大接种量是无益的，反之，若接种量过小，发酵所需时间延长，酸奶的酸味会显得不够。

⑧分装。

酸奶受到振动，凝乳状态易被破坏，因此，不能在发酵罐中先发酵然后再进行分装。分装必须是将含有乳酸菌的牛乳培养基先分装到销售用的玻璃瓶或塑料小容器中，加盖后送入恒温室培养，在容器中发酵制成酸奶，为了避免杂菌的侵入，分装操作应在无菌室中进行。牛乳分装后，容器上部留出的空隙要尽可能小，这样容器中的内容物晃动幅度小，酸奶的形态易保持完整。另外，减少空气也有利于乳酸菌的生长。整个分装操作的时间要短，使乳液温度下降少，这样乳液温度与所设定的发酵温度接近，整个发酵时间就不会被延长。

⑨发酵。

将装有含乳酸菌的牛乳的容器置于恒温箱中进行发酵，恒温箱的温度保持在 40～43℃，时间为 3～4 h；或 30℃培养 18～20 h。

发酵终点的确定有两种方法：发酵奶的酸度已达到 65～70°T [用 0.1moL/L NaOH 标准溶液滴定 10 mL 样品，每消耗掉 1 mLNaOH 溶液称为 1 滴定酸度(°T)]，或 pH=4～5；发酵奶的流动性变差，基本凝固。

⑩冷却。

发酵结束，在将酸奶移放进冷藏室进行贮存和后熟处理之前，应将酸奶从发酵室中取出，用冷风迅速将其冷却到 10℃以下，使酸奶中的乳酸菌停止生长，防止酸奶酸度过高而影响口感。

⑪后熟。

酸奶在形成凝块后应在4～7℃下保持24 h以上，以获得酸奶特有风味和较好口感。

⑫冷藏。

经冷却处理的酸奶贮藏在2～5℃，最好是－1～0℃的冷藏室保存。

低温保存有以下优点：保存期间酸奶的酸度上升极少；牛乳凝固时会产生收缩力，导致乳清析出，在低温时这种收缩力比较弱，所以乳清不易从酸奶中分离出来；低温下酸奶逐渐形成白玉般的组织状态，结构非常细腻；低温保存过程中，香味物质逐渐形成，使酸奶具有较浓香味。

⑬品味。

酸奶应有凝块，质地细腻、酸甜适中、清新爽口，若有不良异味，则很可能是酸奶污染了杂菌。

(五)实验注意事项

选择优质、新鲜的牛奶和酸奶(作为菌种)。

严格无菌操作，尽量避免杂菌污染。

酸奶制好后，应在0～5℃下保藏，保质期为5 d。

附：原料奶质量要求

1. 来源于健康牛所产的乳，色泽呈乳白色或微黄色，气味芳香、无异味。初乳、末乳、细菌污染乳均不得使用。

2. 乳牛注射抗生素后所产出乳，4 d内不得使用。生产前应做小样试验。

3. 总乳固体不低于11.5%，非脂乳固体大于8.5%。

4. 原料中不得含碱及菌剂等杂质。

5. 奶温不高于10℃，70度酒精试验无絮状物沉淀。

酸奶卫生标准

1. 感官指标

呈乳白色或稍带淡黄色，具有清香纯净的乳酸味，凝块稠密、结实、均匀，无气泡，允许少量乳清析出。

2. 理化指标

项　目	指　标
脂肪含量(%)	≥3.0
酸度(以乳酸计)(%)	0.63～0.99
汞含量(以Hg计)(mg/kg)	≤0.01

3. 细菌指标

项　目	指　标
大肠杆菌群(个/100 mL^{-1})	≤90
致病菌(指肠道致病菌及致病性球菌)	不得检出

实验 7-2　酸奶中乳酸菌种类与含量分析

益生菌是一种通过改善肠道微生物平衡,从而对宿主施加有益作用的微生物,它们对人体机体有其他多种菌群无法起到的生理调节作用。其主要功效有:调节人体肠道菌群平衡,促进胃肠蠕动,防止便秘,帮助消化;改善和提高自然免疫功能(抑制癌症细胞);抗过敏;处理乳糖不耐症;供应人体健康所必需的氨基酸及维生素 B;抑制致癌物质及其他有害微生物的形成;促进体内有益菌的生长;降低血脂和高血压;延缓老化。在我国市场上生产销售的各种酸奶制品中,作为益生菌添加的乳酸菌,通常为保加利亚乳杆菌和嗜热乳酸链球菌,近年来双歧杆菌和嗜酸乳杆菌等也被广泛使用。乳酸菌活菌体需达到一定数量,才有可能到达并定植在人体肠道内,抑制有害菌的增殖和活动,维持肠道的微生态平衡,增进人体的健康。对这类产品质量检测时进行活菌计数,即用乳酸菌数量来评价活性乳酸菌制品的质量显得尤为重要。食品安全国家标准(GB 19302－2010)对发酵乳亦做出相关规定,乳酸菌数不得低于 1×10^6 CFU/mL。可见,酸奶中乳酸菌数量已正式成为评价酸奶质量的一项重要指标。

目前市场上销售的酵奶制品,主要是由双歧杆菌、保加利亚乳杆菌和嗜热链球菌等菌群共同发酵而成的,酸度与风味和质量变化是息息相关的。

由于乳酸菌对营养有复杂的要求,生长需要碳水化合物、氨基酸、肽类、脂肪酸、酯类、核酸衍生物、维生素和矿物质等,一般的肉汤培养基难以满足其要求。测定乳酸菌时必须尽量将试样中所有活的乳酸菌检测出来。要提高检出率,关键是选用特定良好的培养基。采用稀释平板菌落计数法,检测酸奶中的各种乳酸菌可获得满意的结果。

(一)试剂材料

1. 培养基

MRS 培养基和 MC 培养基。

2. 主要试剂

葡萄糖、蛋白胨、牛肉膏、酵母膏、柠檬酸钠、磷酸氢二钾、乙酸钠、$MgSO_4 \cdot 7H_2O$、$MnSO_4 \cdot 4H_2O$、吐温—80、琼脂粉、氯化钠、革兰氏染色液、甲基红试剂、3%过氧化氢、吲哚试剂、固体石蜡、氢氧化钠等。

3. 仪器和器具

无菌移液管(25 mL,1 mL),无菌水(225 mL 带玻璃珠三角瓶,9 mL 试管),无菌培养皿,旋涡均匀器,恒温培养箱。

(二)实验方法

1. 酸奶中不同益生菌的分离、鉴定

将酸奶画线接种于 MRS 琼脂平板和 MC 琼脂平板中,37℃下厌氧培养。48 h 后挑取不同特征的代表性菌落,革兰氏染色镜检,观察染色反应及形态特征。对两种培养基中不同特征的菌落接种与乳酸菌微量生化管,24~48 h 内观察生化反应结果。根据形态、染色结果及生化反应结果判定益生菌的类型。

2. 活性乳酸菌菌落计数

参考食品安全国家标准《食品微生物学检验 双歧杆菌的鉴定》(GB4789.34—2012,见附录 4)和《食品微生物学检验 乳酸菌检验》(GB 4789.35—2010,见附录 5)的方法进行检测。

将酸奶用无菌生理盐水稀释成不同梯度,取 1 mL 倾注平板法接种于 MRS 琼脂平板和 MC 琼脂平板中,37℃下厌氧培养 48 h,实验取 3 个连续浓度,3 个平行,以加 1 mL 无菌生理盐水为空白对照。根据表 1-7-1 的结果,对不同益生菌种类进行计数。

3. 酸奶的 pH 值及酸度测定

参考国家标准《乳与乳制品卫生标准的分析方法》(GB/T 5009.46—2003)。

用 211 型 pH 计直接测定待测酸奶的 pH 值,用标定后的 0.1 mol/L 的 NaOH 溶液滴定,测定出酸奶的酸度值,酸度(°T)度数是以酚酞作指示剂,中和 100 mL 酸奶所需氢氧化钠标准滴定溶液(0.1 mol/L)的毫升数。

吸取 10 mL 酸奶,置于 250 mL 的三角瓶中,加入 20 mL 水,再加入 0.5 mL 的 0.5%酚酞乙醇溶液,小心摇匀,用氢氧化钠标准溶液滴定到微红色,在 1 min 内不消失为测定终点(终点用 0.005%碱性品红溶液作对照)。

$$\text{酸度}(^\circ\text{T}) = (V_{\text{NaOH}} - V_1) \times c_{\text{NaOH}} \times 10 \times 10$$

式中:V_{NaOH}—消耗的氢氧化钠标准溶液的毫升数,mL;

V_1—空白溶液消耗的氢氧化钠标准溶液的毫升数,mL;

c_{NaOH}—标准氢氧化钠溶液的浓度,mol/L。

(三)实验结果

1. 乳酸菌分离结果

表 1-7-1　酸奶中乳酸菌的菌落特征及菌体形态

	革兰氏染色(均为 G^+)	菌落形态	镜检形态	乳酸菌类型推测
①				
②				
③				

2. 生理生化实验结果

将表 1-7-1 中的不同菌落分别接种不同的微量生化管,实验设 3 个重复。

表 1-7-2　生化实验结果

	菊糖	乳糖	甘露醇	水杨苷	山梨醇	马尿酸	七叶苷	乳酸菌类型鉴定
	七叶苷	纤维二糖	麦芽糖	甘露糖	水杨苷	山梨醇	蔗糖	
①								
②								
③								

3. 不同工艺酸奶的口感、酸度等结果

分析接种量、培养时间、加糖量对酸奶口感、酸度、风味和品质的影响

(四)讨论

1. 综合评价制作酸奶的品质,说说你的体会。
2. 分离和鉴定酸奶乳酸菌过程中的注意事项。

参考文献

[1] Mounchili A, Wichtel J J, Bosset J O, et al. HS-SPME gas chromatographic characterization of volatile [J]. International Dairy Journal, 2005(12).

(编者:高永生)

综合实验八
抗生素发酵技术

一、背景知识

(一)抗生素的历史

抗生素(Antibiotic)是20世纪的重要发明之一。由于早期发现的抗生素(如青霉素、链霉素等)均来自微生物的生命活动,而且主要应用于细菌感染的疾病防治,因此它一度被认为是微生物在新陈代谢过程中产生,具有抑制他种微生物生长及活动,甚至杀死他种微生物的一种化学物质。但随着抗生素工业的发展,抗生素的来源从微生物拓展到植物及动物,如从植物中提取的黄连素等。抗生素的应用也远远超出了抗菌范围,它们被应用于抗肿瘤、抗虫等。因此,目前比较确切的抗生素定义应为:“抗生素是生物,包括微生物、植物和动物在内,在其生命活动过程中所产生的(或由其他方法获得的),能在低微浓度下有选择地抑制或影响他种生物功能的有机物质。”

抗生素学科的发展是劳动人民长期以来与疾病进行斗争的结果,也是随着人类对自然界中微生物的相互作用,尤其是对微生物之间的拮抗现象的研究而发展起来的。早在《左传》中就有记载说:“叔展曰:有麦曲乎?曰:无。……河豚腹疾奈何?”该记载表明,用麦曲可以治疗消化系统的疾病。欧洲、南美洲等地,在数世纪前也曾用发霉的面包、旧鞋、玉蜀黍等来治疗溃疡、肠道感染、化脓疮伤等疾病。因此用微生物产物治疗疾病很早就有记载,只是那时不知其原理。到了19世纪70年代,法国的Pasteur发现某些微生物对炭疽杆菌有抑制作用。他提出了利用一种微生物抑制另一种微生物的原理来治疗一些由于感染而产生的疾病,并报道了微生物之间的拮抗现象。1928年,英国细菌学家Fleming发现,在培养葡萄球菌的双碟上感染了一株霉菌,它能杀死周围的葡萄球菌。他将此霉菌分离纯化后,经鉴定为点青霉,并将该菌产生的物质命名为青霉素。但因为受到当时科学思想的阻碍,即认为动物试验结果不能反映人体内发生的情况,或者说以动物试验结果来指导人的医学实践是不可靠的。Fleming发现的青霉素被埋没了10年。在这10年中,青霉素的应用仅作为一种选择培养基的组分来培养百日咳杆菌。

进一步推动抗生素发展的是英国的Florey和Chain。1940年,他们进一步研究此菌,从该菌培养液中获得了青霉素的提取物,并对它的某些特性进行了报告,由此开创了抗生素时代。经实验和临床试验证明，青霉素毒性很小，并对一些革兰氏阳性菌引起的一些疾病有较好的疗效。青霉素的发现，使感染性疾病的治疗发生了巨大的变革。青霉素成为第一个作为治疗药物应用于临床的抗生素。在此基础上，新兴抗生素工业开始发展，链霉素(1941)、金霉素(1947)、氯霉素(1948)、土霉素(1950)、制霉菌素(1950)等品种相继被发现并投产。

20世纪50年代起，许多国家开始致力于农用抗生素的研究。如杀稻瘟素(Blasticidin A)、春日霉素(kasugamycin)、灭瘟素S、井冈霉素等高效低毒的农用抗生素相继出现。20世纪70年代以来，抗生素品种飞跃发展。到目前为止，从自然界发现和分离了4 300多种抗生素。通过化学结构的改造，共制备了约三万余种半合成抗生素。目前世界各国实际生产和应用于医疗的抗生素约120多种，连同各种半合成抗生素衍生物及盐类约350余种。其中以青霉素类、头孢菌素类、四环素类、氨基糖苷类及大环内酯类为最常用。

(二)抗生素的发酵工艺与种类

1. 抗生素的发酵工艺

菌种→孢子制备→种子制备→发酵→发酵液预处理→提取及精制→成品包装

(1) 菌种

从土壤等自然环境中筛选获得能产生抗生素的微生物，经过纯化、选育后得到菌种。以放线菌为例，菌种保存可采用砂土管法或冻干法处理孢子，长期保存。一般生产用菌株经多次移植往往会发生变异而退化，故必须经常进行菌种选育和纯化以提高其生产能力。

(2)孢子制备

生产用的菌株须经纯化和生产能力的检验，若符合规定，才能用来制备种子。制备孢子时，将保藏的处于休眠状态的孢子接种到灭菌过的固体斜面培养基上，在一定温度下培养5～7 d或7 d以上。为获得更多数量的孢子以供生产需要，必要时可在固体培养基上扩大培养。

(3)种子制备

其目的是使孢子萌发、生长繁殖以获得足够数量的菌丝，后再逐级扩大培养。种子扩大培养级数的多少，决定于菌种的性质、生产规模的大小和生产工艺的特点。扩大培养级数通常为二级。摇瓶培养是在锥形瓶内装入一定数量的液体培养基，灭菌后以无菌操作接入孢子，放在摇床上恒温培养。在一级种子罐中培养时，接种材料为孢子悬浮液或摇瓶的菌丝，接种量一般为1%～5%。从一级种子罐接入二级种子罐接种量一般为5%～20%。在罐内培养过程中，需要搅拌和通入无菌空气，控制罐温、罐压，并定时取样作无菌试验，观察菌丝形态，测定发酵单位和进行生化分析等，并观察是否有杂菌情况。

(4)培养基的配制

在抗生素发酵生产中，各菌种的特性不一样，采用的工艺不同，所需的培养基组成亦有差异。同一菌种，在不同发酵阶段，其营养要求也不完全一样。因此需根据要求来调整培养基的成分与配比。其主要成分包括碳源、氮源、无机盐类和前体等。

①碳源。

主要用以供给菌种生命活动所需的能量，构成菌体细胞及代谢产物。常用碳源包括淀粉、葡萄糖和油脂类。使用葡萄糖为碳源时，可采用流加工工艺，有利于提高抗生素产量。

②氮源。

主要用以构成菌体细胞物质(包括氨基酸、蛋白质、核酸)和含氮代谢物。常见的有机氮源有黄豆饼粉、花生饼粉、棉籽饼粉、玉米浆、蛋白胨、尿素、酵母粉、鱼粉、蚕蛹粉。常见的无机氮源包括氨水、硫酸铵、硝酸盐和磷酸氢二氨等。放线菌在含有机氮源的培养基中菌丝生长速度较快，菌丝量也较多。

③无机盐和微量元素。

抗生素产生菌和其他微生物一样，在生长、繁殖和产生生物产品的过程中，需要某些无机盐类和微量元素。如硫、磷、镁、铁、钾、钠、锌、铜、钴、锰等，其浓度对菌种的生理活性有一定影响。因此，应选择合适的配比和浓度。此外，在发酵过程中可加入碳酸钙作为缓冲剂以调节 pH。

④前体。

在抗生素生物合成中，抗生素生产菌可利用前体物质构成抗生素分子中的一部分而其本身又没有显著改变。前体除直接参与抗生素生物合成外，在一定条件下还能控制菌体合成抗生素的方向并增加抗生素的产量。如苯乙酸、成苯乙酰胺可作为青霉素发酵的前体。丙醇或丙酸可作为红毒素发酵的前体。此外，有时还需根据抗生素的合成途径加入某种促进剂或抑制剂，如在四环素发酵中加入 M-促进剂和抑制剂溴化钠，以抑制金霉素的生物合成并增加四环素的产量。

⑤培养基的质量。

培养基的质量应予严格控制，以保证发酵水平。可以通过化学分析，并在必要时作摇瓶试验以控制其质量。同时需注意培养基的灭菌温度和时间，若温度过高、受热时间过长亦能引起培养基成分的降解或变质。

(5)发酵

发酵的目的是使微生物大量增殖并分泌所需的抗生素。发酵接种量一般为10% 或 10%以上。在整个发酵过程中，需不断通无菌空气并搅拌，以维持一定罐压或溶氧，在罐的夹层或蛇形管中需通冷却水以维持一定罐温。同时，要加入消泡剂或安装消泡装置以控制泡沫，加入酸、碱以调节发酵液的 pH。有的品种在发酵过程中还需加入葡萄糖、铵盐或前体，以促进抗生素的产生。

(6)发酵液的预处理和过滤

发酵液的过滤和预处理的目的不仅在于分离菌丝，还需将一些杂质除去。

①发酵液的预处理。

发酵液中的杂质如高价无机离子(Ca^{2+}、Mg^{2+}、Fe^{3+})和蛋白质会对抗生素的分离纯化影响较大，如离子交换的过程中不利于树脂对抗生素的吸附。

对高价离子的去除，可采用草酸或磷酸。如加草酸，则它与钙离子生成的草酸钙还能促使蛋白质凝固以提高发酵滤液的质量；如加磷酸(或磷酸盐)，则既能降低钙离子浓度，也易于去除镁离子。

对于蛋白质，可利用等电点沉淀的方法将其去除。蛋白质一般以胶体状态存在于发酵液中，属于两性物质，在酸性溶液中带正电荷，在碱性溶液中带负电荷，而在某一 pH 下，净电荷为零，溶解度最小。利用蛋白质这一特性，将其从发酵液中去除。

对热稳定的抗生素发酵液还可用加热法预处理。使蛋白质变性、发酵液黏度降低、加快滤速。

②发酵液的过滤。

含有抗生素产生菌的发酵液一般为非牛顿型液体、很难过滤。一般采用鼓式真空过滤机实现连续过滤操作。为加强过滤效果，可在转鼓表层涂以助滤剂硅藻土。当转鼓旋转到卸渣区时，过滤机上的刮刀会将助滤剂及菌体层刮去，以使过滤面不断更新，达到连续过滤的目的。

(7)抗生素的提取

提取的目的是制取高纯度的符合药典规定的抗生素成品。由于多数抗生素不稳定，故整个提取过程要求时间短、温度低、pH 宜选择对抗生素较稳定的范围。

常用的抗生素提取方法包括溶媒萃取法、离子交换法和沉淀法等。

(8)抗生素的精制

这是抗生素生产的最后工序。对产品进行精制、烘干和包装的阶段要符合《药品生产质量管理规范》(GMP)的规定。

2. 抗生素的种类

自 1940 年以来，已发现的抗生素种类达几千种，但在临床上能应用的仅几百种。随着新抗生素的不断涌现，需要将抗生素进行分类，以便于研究。现将常见的分类方法列述如下。

(1)根据抗生素的生物来源分类

微生物是产生抗生素的主要来源，其中以放线菌产生的为最多，真菌次之，细菌再次之，而来源于动植物的较少。

①放线菌产生的抗生素。

在所有已发现的抗生素中，由它产生的抗生素占一半以上。其中又以链霉菌属产生的抗生素为最多，诺卡氏菌属、小单孢菌属次之。放线菌产生的抗生素主要有氨基糖苷类(如链霉素)、四环类(如四环素)、大环内酯类(如红霉素)、多烯类(如制霉菌素)、放线菌素类(如放线菌素 D)等。

②真菌产生的抗生素。

在真菌的四个纲中，不完全菌纲的青霉菌属和头孢菌属的微生物能分泌一些重要的抗生素，如青霉素、头孢菌素。其次为担子菌纲，藻菌纲和子囊菌纲产生的抗生素种类很少。

③细菌产生的抗生素。

能产生抗生素的细菌主要有多黏杆菌、枯草杆菌、芽孢杆菌等。如由多黏杆菌产生的多黏菌素等。

④植物或动物产生的抗生素。

由植物或动物产生的抗生素较少，如从大蒜中可提取得到蒜素，从动物脏器中能提取得到鱼素等。

(2)根据抗生素的作用分类

按照抗生素的作用，可以分为 6 个类别：

①广谱抗生素。如氨苄青霉素，它既能抑制革兰氏阳性菌，又能抑制革兰氏阴性菌。

②抗革兰氏阳性菌的抗生素。如青霉素等。

③抗革兰氏阴性菌的抗生素。如链霉素等。

④抗真菌抗生素。如制霉菌素等。

⑤抗病毒抗生素。如四环类抗生素，它对立克次体及较大病毒有一定作用。

⑥抗癌抗生素。如阿霉素等。

(3)根据抗生素的化学结构分类

由于化学结构决定抗生素的理化性质、作用机制和疗效，故按此法分类具有重大意义。但是，许多抗生素的结构复杂，而且有些抗生素的分子中还含有几种结构。故按此法分类时，不仅应考虑其整个化学结构，还应着重考虑其活性部分的化学构造，现按习惯法分类如下：

①β-内酰胺类抗生素。包括青霉素类、头孢菌素类等，它们都包含一个四元内酰胺环。

②氨基糖苷类抗生素。包括链霉素、庆大霉素等，它们既含有氨基糖苷，也含有氨基环醇的结构。

③大环内酯类抗生素。如红霉素、麦迪霉素(Medicamycin)，它们含有一个大环内酯作配糖体，以苷健和 1～3 个分子的糖相连。

④四环类抗生素。如四环素、土霉素等，它们以四并苯为母核。

⑤多肽类抗生素。如多黏菌素、杆菌肽等，它们多由细菌特别是由产孢子的杆菌产生，并含有多种氨基酸，经肽键缩合成线状、环状或带侧链的环状多肽。

(4)根据抗生素的作用机制分类

根据抗生素对致病菌作用的机制，可分成五类：

①抑制细胞壁合成的抗生素。如青霉素、头孢菌素。

②影响细胞膜功能的抗生素。如多烯类抗生素。

③抑制蛋白质合成的抗生素。如四环素。

④抑制核酸合成的抗生素。如影响DNA结构和功能的丝裂霉素C。

⑤抑制生物能作用的抗生素。如抑制电子转移的抗霉素。

(5)根据抗生素的生物合成途径分类

①氨基酸、肽类衍生物。如青霉素、头孢菌素等寡肽抗生素。

②糖类衍生物。如链霉素糖苷类抗生素。

③乙酸、丙酸衍生物。如红霉素等丙酸衍生物。

(三)抗生素的作用机理

抗生素等抗菌剂的抑菌或杀菌作用，主要是针对“细菌有而人(或其他高等动植物)没有”的机制进行杀伤。主要有4大类作用机理，分别是抑制核酸合成、蛋白质合成、改变细胞膜的透性和干扰细胞壁的合成。此外，还可以通过作用于细胞内阳离子、抑制能量代谢等机制达到抗菌的效果。

(四)抗生素的应用

1. 抗生素在医疗上的应用

抗生素在临床治疗中占有重要地位。自发现抗生素并将其应用于临床上以来，很多感染性疾病的死亡率大幅度下降。但抗生素如使用不当，会带来许多不良后果，例如细菌耐药性逐渐普遍、产生过敏反应和由于体内菌群失调而引起的双重感染等。因此，应严防滥用，要严格掌握抗生素的适应症和剂量，并注意用药时的配伍禁忌。

2. 抗生素在农牧业中的应用

不少农用抗生素作用强、剂量小，且不易引起环境污染，故受到欢迎。如春日霉素(Kasugamycin)对防治稻瘟病很有效。在畜牧业中可用以治疗和预防牲畜的疾病，以及作为幼畜、幼禽的生长刺激剂。在兽医临床上已使用的抗生素有四环类、杆菌肽等。

(五)抗生素的发展

1. 我国抗生素的发展

我国抗生素类药物应用极其广泛，抗生素原料药企业的产能和产量已达世界第一。在2007年，我国抗生素原料药销售收入超过350亿元人民币，出口约为22亿美元，占所有原料药出口总额的25%。其中，半合成和头孢类抗生素占全球市场份额的50%以上。6-氨苄青霉素、烷酸(APA)、土霉素、阿莫西林和头孢类中间体与原料药等总量过万吨，青霉素工业盐潜在产能接近10万吨，市场集中度达80%。

国内抗生素生产企业积极参与国外高端规范市场的认证。认证范围涵盖产品质量、环保、职业健康安全等。企业仿中有创，在工艺创新上有长足发展，原料药生产从低端价值向高端价值攀升，不断提高企业的综合竞争优势。同时我国企业还积极在技术、工艺、管理和市场营销等方面与知名跨国药企展开合作。

2. 国际抗生素的发展现状

现在，抗生素类药物应用越来越广泛，抗生素进入了全盛时代。国际抗生素市场的平均年增长率在8%左右，抗生素市场份额为250～260亿美元。各种药企业纷纷投入巨资进行抗生素药物的研发，使抗生素新品不断涌现。国外通过抗生素生物合成基因的克隆来提高抗生素产量，也是近年来研究领域的热点。

二、实验简介

本实验分为两部分，第一部分为利用细菌发酵生产抗生素实验，第二部分为利用放线菌发酵生产抗生素实验。通过这两部分内容的学习和实践，可为今后从事抗生素的工业发酵生产奠定理论和实践基础。

实验8-1　多黏菌素E的发酵

(一)实验目的

学习细菌的微生物学特性及培养方法，熟悉和掌握细菌种子扩培方法和机械搅拌通风发酵罐的使用，熟悉和掌握多黏菌素E发酵工艺过程及活性测定方法，熟悉和掌握多黏菌素E发酵过程中代谢参数的测定方法。

（二）实验原理

多黏菌素是（*Polymyxin*）最早是 1946 年由日本小山康夫发现的一株多黏类芽孢杆菌（*Paenibacillus polymyxa* Var *koyama*）产生的一组多肽类抗生素。1947 年，美国实验室将其从发酵液中分离并鉴定。随着对多黏菌素研究的深入，根据其结构上的差异，将其分为 A、B、C、D、E、K、M、P 等组分。在多黏菌素的各个组分中，由于 A、C、D、M 等组分存在较大的毒性，而多黏菌素 B 和 E 的毒性最小，疗效最高，因此真正商品化生产的是多黏菌素 B 和多黏菌素 E。多黏菌素 B 为人用药，多黏菌素 E 为禽畜用药。含有多黏菌素 E 的产品的商品名为硫粘菌素（*Colistin*），也有的称之为黏杆菌素、抗敌素。多黏菌素 E 的毒性小、残留低。大鼠和小鼠的口服 LD50，均大于 12 g/kg，而且口服后有 60%～80%从粪便中排出，故脏器中分布极少，属于低残留药物。同时，多黏菌素 E 在土壤中极易分解，不易造成环境污染。

多黏菌素 E 的结构是环状多肽，由 10 个氨基酸和 1 个具有 9 个碳原子的脂肪酸连接而成，各种多黏菌素 E 的结构差别不大，仅氨基酸的组成和排列略有不同而已，它们的碱性有所区别。多黏菌素 E1 和 E2 的结构见图 1-8-1，两组分的基团差异主要在 R 基团及第 3、6、7 位上的氨基酸组成上：

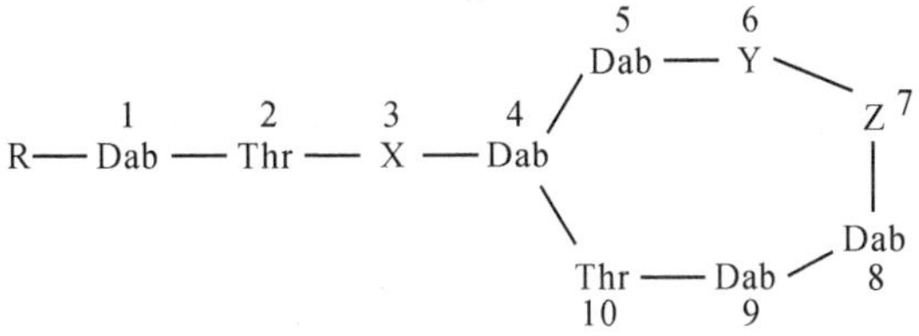

图 1-8-1　多黏菌素 E1 和 E2 的化学结构

多黏菌素 E1：R-MOA（b－甲基辛酸）；X-Dab（二氨基丁酸）；Y-D-leu；Z-leu。

多黏菌素 E2：R-IOA（异辛酸）；X-Dab（二氨基丁酸）；Y-D-leu；Z-leu。

多黏菌素 E 对革兰氏阴性杆菌有很强的杀菌作用，无论生长期还是静止期的细胞均能很快被杀死。它可以治疗由志贺氏痢疾杆菌（*Shigella dysenteriae*）、大肠杆菌（*Escherichia coli*）、绿脓杆菌（*Pseudomonas aaeruginosa*）、沙门氏菌（*Salmonella*）和普通变形杆菌（*Proteus vulgaris*）引起的感染。并对霍乱弧菌（*Vibro cholerae*）、鼠疫杆菌（*Yersinia pestis*）等也有良好的作用，但对革兰氏阴性球菌和革兰氏阳性球菌无作用。它与杆菌肽一同使用时，较少剂量就可以获得相同的杀菌效果，即具有良好的协同作用。由于多黏菌素 E 具有良好的抗菌效果和低毒、残留少的特性，可用于饲料添加剂，促使禽畜生长和提高饲料利用率，并且可以防止饲料大规模生产中常出现的由大肠埃希氏菌和沙门氏菌污染引起的疾病。临床上常用其硫酸盐或磺酸盐，多黏菌素 E 硫酸盐用得较多，而其磺酸盐多用于非肠道给药途径，在组织中水解出多黏菌素 E 起作用。

多黏菌素E的生产菌株——多黏芽孢杆菌，属于类芽孢杆菌属。菌体大小为(0.6～0.8) μm×(2.0～5.0) μm，革兰氏阳性、阴性或可变，兼性厌氧，杆状，产芽孢。芽孢端生，产荚膜，周生或侧生鞭毛。多黏芽孢杆菌的菌落为白色，圆形，表面湿润光滑。

多黏菌素E是多黏芽孢杆菌的次级代谢产物，它的生物合成和多黏芽孢杆菌的生长受到许多发酵条件的影响：温度、发酵pH值、溶氧、黏度等。同时还受到一些代谢调控机制的控制：磷酸盐的调节作用、分解代谢产物调节和产生菌生长速率的调节等。

(三)实验材料

1. 菌种

(1)多黏类芽孢杆菌(*Paenibacillus polymyxa* 1.548)，购自中国普通微生物菌种保藏管理中心(CGMCCC)。

(2)大肠埃希氏杆菌[*Escherichia coli* CMCC(B)44103]。

2. 主要设备

三角瓶、恒温培养箱、摇床、灭菌设备、超净工作台、恒温水浴锅、电子分析天平、电炉、移液枪、试管、温度计、不锈钢锅、干燥箱、冷冻离心机、pH计、磁力搅拌器、滴定管、显微镜、10L发酵罐、多功能微生物自动测量分析仪。

3. 主要试剂

NaCl、葡萄糖、碳酸钙、磷酸氢二钾、磷酸二氢钾、氢氧化钠，AR级；
牛肉膏、琼脂、蛋白胨，BR级；
玉米浆干粉、黄豆粉、泡敌，市售。

4. 培养基及其制备

(1)斜面试管培养基

①LBG培养基。蛋白胨1.0%，牛肉膏0.3%，葡萄糖0.5%，NaCl 0.5%，pH 7.0，在0.1 MPa压力下灭菌20 min。

②LB培养基。蛋白胨1.0%，牛肉膏0.5%，NaCl 0.5%，pH 7.0，在0.1 MPa压力下灭菌20 min。

(2)种子培养基

葡萄糖3.0%，蛋白胨1.5%，NaCl 0.3%，$CaCO_3$ 0.4%，pH 7.0，在0.1 MPa压力下灭菌20 min。

(3)发酵培养基

葡萄糖5.0%，玉米浆干粉2.0%，氯化钠0.5%，碳酸钙1.0%，$(NH_4)_2SO_4$ 2.0%，黄豆粉2.0%，泡敌0.3%，pH 6.8，在0.1 MPa压力下灭菌20 min。

(四)实验方法

1. 发酵液 pH 的测定方法

发酵液经离心后取上清液,pH 计直接读取发酵液的 pH 值。

2. 发酵液中还原糖含量测定

发酵液中还原糖含量方法见附录 2-4。

3. 总糖测定方法

总糖测定方法见附录 2-8。

4. 发酵液中氨态氮含量的测定方法

(1)测定原理

采用甲醛滴定法测定。利用氨基酸的两性作用,加入甲醛以固定氨基的碱性,使羧基显示出酸性,用氢氧化钠标准溶液滴定后定量,以酸度计测定终点。

(2)测定步骤

吸取 5 mL 样品,置于 100 mL 容量瓶中,加水至 100 mL 刻度,混匀后吸取 20.0 mL,置于 200 mL 烧杯中,加 60 mL 水,开动磁力搅拌器,用氢氧化钠标准溶液[$c(NaOH)=0.05$ mol/L]滴定至酸度计指示 pH=8.2,记下消耗体积 V_1,加入 10 mL 甲醛溶液,混匀。再用氢氧化钠标准滴定溶液滴定至 pH=9.2,记下消耗体积为 V_2,同时做试剂空白试验,记消耗体积为 V_0。

(3)计算公式

$$X=\frac{(V_2-V_1-V_0)\times c_1\times 0.014\times 100}{(5\times V_3/1\,000)}$$

式中:X—样品中氨基酸态氮的含量,g/L;

V_1—测定用样品稀释液加入甲醛前消耗氢氧化钠标准滴定溶液的体积,mL;

V_2—测定用样品稀释液加入甲醛后消耗氢氧化钠标准滴定溶液的体积,mL;

V_0—试剂空白试验加入甲醛后消耗氢氧化钠标准滴定溶液的体积,mL;

V_3—样品稀释液取用量,mL;

c_1—氢氧化钠标准滴定溶液的浓度,mol/L;

0.014—与 1 mL NaOH 标准滴定液[$c(NaOH)=1$ mol/L]相当的氮的质量,g;

$c(NaOH)=0.05$ mol/L,使用前需要标定。

5. 发酵液菌重变化估测方法(湿菌比,%)

取一定体积的发酵液经 8 000 r/min 离心 5 min 后,量取上清液体积。

湿菌比%=(总体积—上清液体积)×100/总体积

6. 菌丝体干重的测定方法

取发酵液经 8 000 r/min 离心 5 min 后，倾去上清液。底部菌体用去离子水在布氏漏斗中洗涤1次。洗涤后装入称量瓶中，在 80℃烘箱中烘干至恒重，分析天平称重。计算菌丝干重(g/100 mL)。

7. 发酵液中磷的测定方法

微量磷的测定一般皆用钼蓝比色。将磷酸或磷酸盐在酸性溶液中，加入钼酸铵使生成黄色磷钼酸，再加入还原剂，使磷钼酸还原成钼酸。与标准磷溶液的显色作比较，测定含量。

发酵液中主要含磷原材料，除磷酸二氢钾为无机磷外，其他如花生饼粉、蛋白胨等，均由动植物有机体组成，以有机化合物的状态存在。在测定无机磷时，为避免有机磷的干扰，先以正丁醇萃取，再以对二苯酚作还原剂，使显蓝色。

将发酵液经过湿法氧化处理，发酵液中的有机磷被氧化成为磷酸，同样以钼酸铵和对二苯酚使显蓝色，直接测定。由全磷中减去无机磷，即为有机磷。

(1) 所需试剂

钼酸铵溶液 5%，H_2O_2 溶液 30%，H_2SO_4 溶液 6mol/L，正丁醇 0.2 mol/L，对苯二酚，2%水溶液，使用前配制。

混合还原液：95 mL 亚硫酸氢钠溶液(15%) 和 5 mL 亚硫酸溶液(5%) 相混合。

标准磷基准溶液：准确称取分析纯磷酸二氢钾 1.096 7 g，加水溶解，加入氯仿数滴，用水稀释至 250 mL，置冰箱中，在 0℃下可保存较长时间。

标准磷工作溶液：将上述标准磷基准溶液用水稀释 100 倍，当日配制。

(2)测定方法

①无机磷。量取发酵液 10 mL 于刻度离心管中，滴加硫酸溶液(6 mol/L)至呈酸性，加水至准确 20 mL，混匀后，离心分离。待上层清澈，量取 10 mL(相当于原发酵液 5 mL)加水稀释成 50 mL，作为试液。[如无离心机，可将发酵液以硫酸溶液(6 mol/L)酸化后，用快速滤纸过滤，取滤液稀释后作试液。]

由试液中量取 10～20 mL (相当于原发酵液 1～2 mL)置小型分液漏斗中，加入 5 mLH_2SO_4 溶液(0.2 mol/L)及 2 mL 钼酸铵溶液，充分混合数秒钟，在室温下放置 1 min 后，加入 8 mL 正丁醇，摇约 1 min，待分层清晰后，将水层放出弃去。再加 15 mL 水和 1 mL 对苯二酚溶液，混合后放置 5～6 min，继续加入 1 mL 混合还原液，摇匀至正丁醇无色，再放置 5～6 min，将蓝色水溶液移入量筒，加水稀释成 25 mL，在 720 nm 处测定吸收度。同时作空白试验。

②有机磷。量取发酵液 5～10 mL 于小型凯氏瓶中，加入 15～30 mL H_2SO_4 溶液(6 mol/L)，置石棉铁丝网上小心用小火加热蒸发，不使剧烈沸腾。待泡沫消失后，改用直接火加热，至溶液呈褐色时，放冷，加入 30%过氧化氢 1～2 滴，继续加

热，若溶液仍为黄色，再滴加过氧化氢。如此反复处理至发生浓白烟，冷却后溶液清晰无色为止。加水溶解，移入量瓶并稀释至 100 mL，作为试液（如溶液浑浊，可用干燥滤纸过滤）。

量取 5～10 mL 试液于量筒中，加水至约 15 mL，再加 2 mL 钼酸铵溶液及 1 mL 对苯二酚溶液，混合后，在室温下放置约 20 min，再加 1 mL 混合还原液，加水稀释至 25 mL，同样在 720 nm 处测定吸收度。同时作空白试验。由此法测得的为全磷量，减去无机磷，即为有机磷量。

注：发酵液经湿法氧化后，已有相当的酸度，不必再加硫酸，若系标准磷溶液，须加入 5 mL 硫酸铵溶液（0.2 mol/L）。

（3）标准曲线绘制

取标准磷工作溶液，分别量取使含磷量为 10，20，…，120 μg，按照上述操作，用正丁醇萃取和直接用钼蓝比色，于 720 nm 处测定吸收度，绘制两种标准曲线。

8. 多黏菌素 E 效价的测定方法

微生物检定法（管碟法）测多黏菌素 E 效价单位。

（1）样品处理

取样，将发酵液在 4℃，8 000 r/min 条件下离心 5 min 后，取上清液。将上清液用磷酸缓冲液适当稀释后，用管碟法测得其发酵单位。

（2）管碟的制作

将大肠杆菌[CMCC(B)44103]接种于 LB 液体培养基中，37℃，200 r/min 培养 24 h 后备用。取灭菌并冷却到 50～60℃的 LB 固体培养基，加入培养皿中，凝固后形成下层培养基。再取 1 mL 大肠杆菌[CMCC(B)44103]菌悬液加到 9 mL 灭菌并冷却到 50～60℃的 LB 固体培养基中，混匀后倒入培养皿中下层培养基上，凝固。在超净工作台中，向双层平板中以等距离均匀放置牛津杯（不锈钢，内径 6.0±0.1 mm，外径 8.0±0.1 mm，高 1.0±0.1 mm）五个。向每个杯中准确加入 250μL（此时液面与牛津杯高度持平，符合测量要求）左右、用磷酸盐缓冲液配制的不同浓度的多黏菌素 E 的标准溶液。在 4℃冰箱中放置 4 h 扩散，37℃恒温培养箱中培养 18 h。

（3）标准曲线的制作

使用 ZY－300IV 多功能微生物自动检测分析仪或游标卡尺测得抑菌圈的直径，工作站自动生成以效价单位的对数为横坐标，以抑菌圈直径的平方为纵坐标的标准曲线。（或用游标卡尺测量，以效价单位的对数为横坐标，以抑菌圈直径的平方为纵坐标的标准曲线。）

根据《中华人民共和国药典》规定，利用管碟法测定粘杆菌素效价，利用 *E. coli* [CMCC(B)44103]为指示菌时，其浓度应该控制在 614～2 344 U/mL。

(五)实验步骤

1. 实验流程

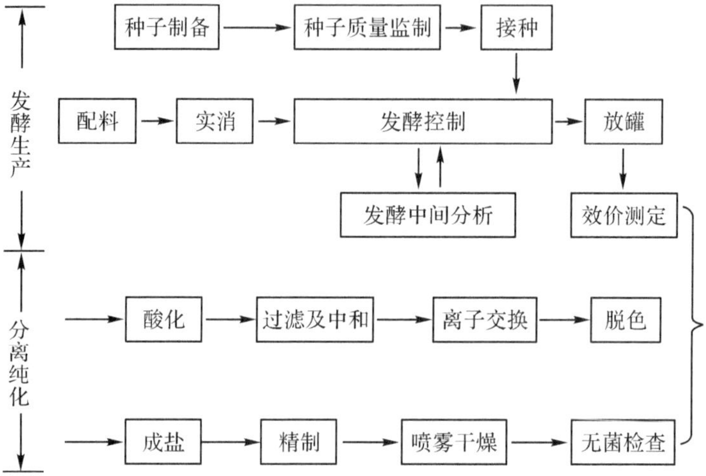

图 1-8-2 多黏菌素 E 硫酸盐生产流程

2. 实验步骤

(1)菌种试管活化

将菌种接于液体 LBG 试管培养基中,37℃,200 r/min 培养 24 h。

(2)种子扩培

摇瓶种子培养基的配制:按种子培养基成分配比,配制培养基,包装灭菌。

接种:在超净工作台上,将试管菌种扩培后的菌种,以 10% 的接种量接到种子培养基中。

培养:将接种好的种子摇瓶放于 30℃ 恒温摇床上,在转速 200 r/min,37℃ 条件下发酵 36 h。当种子培养液呈稠厚状,菌体形态粗壮,即可接入发酵液。

(3)上罐发酵(以装液系数 70%)

发酵培养基的配制:以发酵培养基配方为基础,将除 $CaCO_3$ 和泡敌之外的物料加入罐中,用 NaOH 调节 pH 至 6.8,加入 $CaCO_3$ 和泡敌,121℃灭菌 20 min。

火焰保护接种:将培养 36 h 的摇瓶种子按 10%的接种量接种于发酵罐中。

培养:将接种后的发酵罐于 30℃ 恒温培养 60 h,转速为 250 r/min。

发酵样的测定:接种完毕后,取样进行初始测定。之后每隔 6 h,取样测定发酵液中代谢参数及上清液效价。

发酵过程可能出现泡沫,需准备灭过菌的泡敌,适时补加泡敌防止逃液。

发酵过程可分为三个不同的代谢期:

①菌体繁殖期。菌体粗壮,繁殖旺盛,菌量迅速增加,培养液外观转变成黏度

很大的糊状物。

②分泌期。菌体繁殖趋于减弱，培养基中碳源被利用的速度显著下降，pH 下降，多黏菌素 E 产量迅速上升。

③芽孢形成期。菌体渐老，芽孢数量逐渐增加，培养液外观转稀，多黏菌素 E 的积累量下降，此时应收获发酵液。

（六）实验结果与分析

表 1-8-1　多黏菌素 E 发酵实验结果记录

时间（d）	取样时间	还原糖（g/L）	总糖（g/L）	湿菌比（%）/干重（g/L）	全磷/无机磷（μg/L）	多黏菌素E效价（U/mL）	pH	氨态氮（g/L）
灭菌结束						—		
						—		
6						—		
						—		
12						—		
						—		
18						—		
						—		
24								
30								
36								
42								
48								
54								
60								

（七）实验注意事项

1. 在投料前，气路、料路、发酵罐必须用蒸汽进行灭菌，消除所有死角的杂菌，保证系统处于无菌状态。

2. 培养基在进罐之前，应先糊化。一般培养基的配制量以罐体全容积的 70% 左右计算（泡沫多的培养基为 65% 左右，泡沫少的培养基可达 75%～80%），考虑到在位灭菌过程会出现冷凝水，首次向培养基中补水至配制体积的 50% 左右，不足部分灭菌结束后补入。

3. 灭菌初期应只打开夹套蒸汽阀对罐内培养基预热，以避免产生过多冷凝水。当罐内温度升到 90℃时，打开罐上其他进气阀，通入蒸汽，使罐内温度迅速上升到 121℃左右。

4. 当罐压升至 0.1 MPa，温度升到 121～123℃时，控制蒸汽阀门开度，保持罐压不变，20 min 后停止供汽。

5. 发酵过程中取样时应对取样管路进行蒸汽消毒，取样时先将发酵液排出一部分，防止发酵液与前次的混合，影响测量结果。

6. 发酵过程中对发酵液的各项指标进行准确的测定，密切关注发酵条件的变化，注意环境卫生及无菌操作，防止发酵过程染菌。

实验 8-2 链霉素的发酵

（一）实验目的

学习放线菌的微生物学特性及培养方法，熟悉和掌握种子扩培方法和机械搅拌通风发酵罐的使用，熟悉和掌握链霉素发酵工艺过程及抗菌活性测定方法，熟悉和掌握链霉素发酵过程中代谢参数的测定方法，熟悉和掌握链霉素的测定方法。

（二）实验原理

氨基糖苷类抗生素是由氨基环醇和氨基糖类以糖苷键形式结合而成的一族碱性水溶性广谱抗生素，主要有链霉素、卡那霉素、庆大霉素、新霉素、巴龙霉素等。近年来还出现了一些新品种，如丁胺菌霉素、妥布霉素、核糖霉素、青紫霉素等。

链霉素（*Streptomycin*）是一种氨基葡萄糖型抗生素，分子式 $C_{21}H_{39}N_7O_{12}$，分子量 581.59。它由灰色链霉菌（*Streptomyces griseus*）产生，能有效地抑制许多细菌，如结核杆菌、鼠疫杆菌、大肠杆菌等。目前主要用其盐治疗结核病、鼠疫、百日咳、细菌性痢疾、泌尿道感染和主要由革兰氏阴性细菌引起的其他传染病。

链霉素是由链霉胍、链霉糖和 N-甲基-L-葡萄糖胺通过糖苷键装配而成的化合物。链霉素的化学结构式如图 1-8-3。

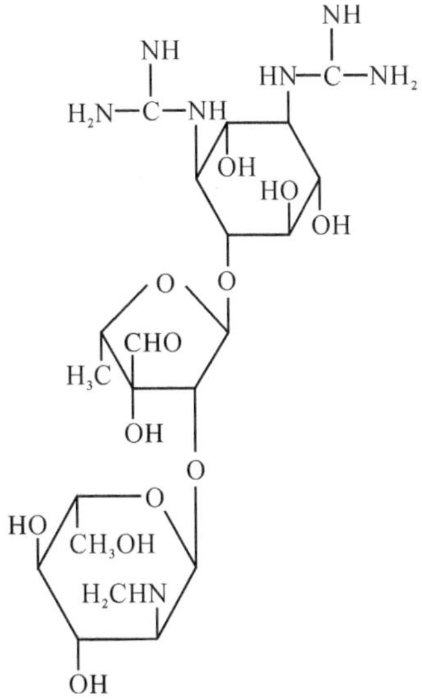

图 1-8-3 链霉素化学结构式

链霉素游离碱为白色粉末，大多数盐类也是白色粉末或结晶，无臭，味微苦。链霉素分子中有 3 个碱基基团，其中 2 个是链霉胍上的强碱性胍基，第三个是葡萄糖胺上的弱碱性甲氨基。因此，链霉素在水溶液中随着 pH 降低可能依次以 4 种不同的形式存在：链霉素游离碱、一价阳离子、二价阳离子和三价阳离子。链霉素分子中含有较多亲水性基团，易溶于水，难溶于有机溶剂。链霉素盐酸盐易溶于甲醇，难溶于乙醇，而硫酸盐即使在甲醇中也很难溶解。链霉素比较稳定，空气和阳光对干燥粉末的影响不大。但链霉素的游离碱或盐均易吸收空气中的水分而潮解，潮解后含水量增加，易分解，稳定性下降。链霉素的水溶液比较稳定，但稳定性受 pH 和温度的影响较大。

链霉素的生产菌株——灰色链霉菌具有发育良好的菌丝体，菌丝体分支，无隔膜，直径 0.4～1.0 μm，长短不一，多核。菌丝体有营养菌丝、气生菌丝和孢子丝之分。孢子丝中的分生孢子灰白色，柱形。灰色链霉菌的菌落灰白色，后期生褶皱，成辐射状。

链霉素是典型的次级代谢产物，其发酵过程分为菌体的生长期、产物合成期和菌体自溶期三个阶段。灰色链霉菌的生长和链霉素的生物合成受到许多发酵条件的影响：温度、发酵 pH 值、溶氧、接种量、泡沫等。同时还受到一些代谢调控机制的控制：磷酸盐的调节作用、分解代谢产物调节和产生菌生长速率的调节等。

(三)实验材料

1. 菌种

灰色链霉菌(*Streptomyces griseus*，CICC 11002)，从中国工业微生物菌种保

藏管理中心(CCICC)购得。

2. 主要设备

三角瓶、恒温培养箱、摇床、灭菌设备、超净工作台、恒温水浴锅、电子分析天平、电炉、移液枪、试管、温度计、不锈钢锅、干燥箱、冷冻离心机、pH 计、磁力搅拌器、滴定管、显微镜、10L 发酵罐、HPLC 色谱仪。

3. 主要试剂

硫酸镁、葡萄糖、碳酸钙、氢氧化钠、碘化钾、盐酸、磷酸氢二钾、磷酸二氢钾,AR 级;

酵母膏、琼脂,BR 级;

黄豆饼粉、玉米浆干粉、α-淀粉酶,市售。

4. 培养基及其制备

(1)斜面试管培养基

酵母膏 2.0%,葡萄糖 2.0%,K_2HPO_4 0.05%, $MgSO_4$ 0.05%,琼脂 2.0%,pH 7.8,在 0.1 MPa 压力下灭菌 20min。

(2)种子培养基

酵母膏 6.0%,葡萄糖 4.0%,K_2HPO_4 1.0%,$MgSO_4$ 1.0%,pH 7.8,在 0.1 MPa 压力下灭菌 20min。

(3)发酵培养基

葡萄糖 4.0%,黄豆饼粉 0.8%,玉米浆 1.5%,$(NH_4)_2SO_4$ 0.5%,泡敌 0.05%,pH 7.2~7.4,在 0.1 MPa 压力下灭菌 20min。

(四)实验方法

1. 发酵液 pH 的测定方法

发酵液经离心后取上清液,pH 计直接读取发酵液的 pH 值。

2. 发酵液中还原糖含量测定

发酵液中还原糖含量方法见附录 2-4。

3. 总糖测定方法

总糖测定方法见附录 2-8。

4. 发酵液中氨态氮含量的测定方法

参见实验 8-1“多黏菌素 E 的发酵”部分发酵液中氨态氮含量的测定方法。

5. 发酵液菌重变化估测方法(湿菌比%)

取一定体积的发酵液经 8 000 r/min 离心 5 min 后,量取上清液体积 。

湿菌比%=(总体积—上清液体积)×100/总体积

6. 菌丝体干重的测定方法

取发酵液经 8 000 r/min 离心 5 min 后，倾去上清液。底部菌体用去离子水在布氏漏斗中洗涤 1 次，洗涤后装入称量瓶中，在 80℃烘箱中烘干至恒重，分析天平称重。计算菌丝干重(g/100 mL)。

7. 发酵液中磷的测定方法

参见实验 8-1“多黏菌素 E 的发酵”部分发酵液中磷的测定方法。

8. 发酵液中链霉素效价的测定方法

(1)样品处理

取样，用草酸将发酵液酸化至 pH 3 左右，加热至(70～75℃)，维持 2 min，使蛋白凝固。之后迅速冷却、过滤或离心分离。过滤后，所得的酸性滤液进行碱液处理，用 NaOH 调 pH 至 7.0，备用。

(2)紫外分光光度法

①链霉素标准曲线的制作。链霉素标准贮备液(5 mg/mL)：准确称取链霉素标准品 500 mg，加入少量的酸性甲醇溶液溶解，定容至 100 mL 棕色容量瓶中，摇匀储存在冰箱中。准确移取链霉素标准贮备液 1、2、3、4、5、6 mL，分别置于 100 mL 棕色容量瓶中，用水溶液稀释至刻度，摇匀。系列中链霉素浓度分别为 0.05、0.1、0.15、0.2、0.25、0.3 mg/mL，在波长 525 nm 处读取吸光度，以水为空白。以标准溶液浓度为横坐标，吸光度为纵坐标，建立标准曲线。

②样品测定。取样品处理液 5 mL，加 0.2mol/L 氢氧化钠 5 mL，置水浴加热 10 min。再置冰浴中冷却 5 min，加入 3 mL 的 1.5%铁试剂(1.5%铁试剂的配制：称取 15 g 硫酸高铁铵，用 0.25 mol/L 硫酸溶液溶解，并稀释至 1 000 mL，摇匀即得)摇匀，再加水定容至 25 mL，放置 20 min 后测定，检测波长 λ 525 nm。根据稀释倍数，将所测吸光度值查标准曲线，即得样品效价。

(3)高效液相色谱法

①色谱柱：C18 柱；流动相：甲醇∶乙腈：0.1 mol/L 草酸(1∶1∶6)：检测器：UV 检测器；检测波长：365 nm；流速：1.0 mL/min；进样量：10 μL。

②链霉素标准贮备液(8.0 μg/mL)。准确称取 8.0 mg 链霉素标样，加入少量的酸性甲醇溶液溶解，定容至 1 000 mL 棕色容量瓶中，摇匀，储存在冰箱中。

③链霉素标准曲线的制作。准确移取链霉素标准贮备液 2.5、5.0、10.0、15.0、20.0、25.0 mL，分别置于 100 mL 棕色容量瓶中，用酸性甲醇溶液稀释至刻度，摇匀。系列中链霉素的浓度分别为 0.2、0.4、0.8、1.2、1.6、2.0 pg/mL 的稀释液，经 0.45 μm 滤膜过滤，进行 HPLC 分析，以标准溶液浓度为横坐标、相应峰面积为纵坐标，绘制标准曲线。

④将样品处理液经 0.45 μm 滤膜过滤，进行 HPLC 分析，根据峰面积，查标准

曲线，获得效价。

(五)实验方法与步骤

1. 实验流程

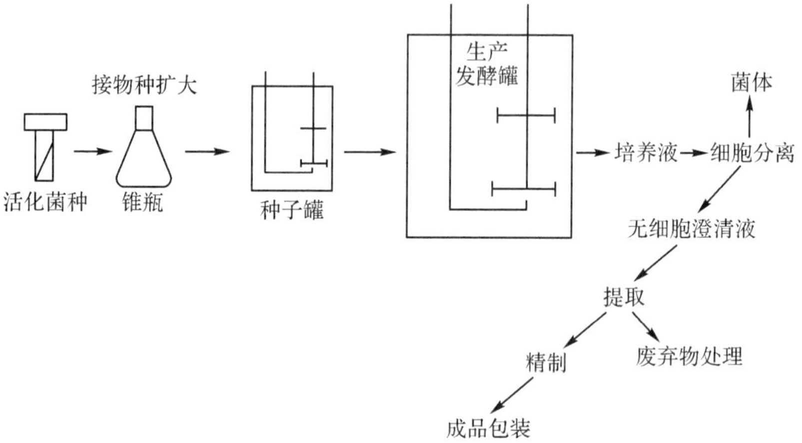

图 1-8-4　链霉素生产流程

2. 实验步骤

(1)菌种活化

无菌条件下，从甘油冻存管中取适量灰色链霉菌孢子涂布在孢子活化固体培养基上，然后置 28℃，恒温培养 7～10 d。

(2)种子制备

摇瓶种子培养基的配制：按种子培养基成分配比，配制培养基，包装灭菌。

接种：在超净工作台上，刮取适量孢子于灭过菌的摇瓶种子培养基中。

培养：将接种好的种子摇瓶于 28℃恒温摇床上，转速为 230 r/min，培养 48 h 左右。

(3)上罐发酵(以 10 L 罐为例，装液系数 70%)

①发酵培养基的配制。

以发酵培养基配方为基础，将除 $CaCO_3$ 和泡敌之外的物料加入罐中，用 NaOH 调节 pH 至 7.0～7.2。121℃灭菌 20 min。

②火焰保护接种。

在发酵罐接种口，将摇瓶种子以 10%的接种量接种于发酵罐中。

③培养。

将接种后的发酵罐于 28℃恒温培养 10 d，转速为 200 r/min。

④发酵样的测定。

每天需取样测定 pH、总糖、菌浓等指标。

发酵 72 h 后开始每天取样测发酵液中链霉素的含量。

发酵过程可能出现泡沫,需准备灭过菌的泡敌,适时补加泡敌防止逃液。

⑤第 10 d 放罐。

发酵结束,用草酸将发酵液酸化至 pH 3 左右。然后通入蒸汽加热至 70～75℃,维持 2min,迅速冷却、过滤或离心分离。过滤后,用 NaOH 调滤液 pH 值至 6.7～7.2,以备后续分离纯化使用。

⑥发酵罐空消。

发酵罐彻底清洗后,打开排水阀,排尽夹套中的水。同时排尽蒸汽管中冷凝水后,先对空气过滤器进行灭菌,让蒸汽徐徐进入发酵罐;对发酵罐进行空消。在灭菌过程中,应时刻注意罐压,并控制在(0.11～0.12) MPa,请勿超压。罐压的控制通过调节进气阀和排气阀来实现。空消时间一般为 30～50 min。到规定时间后,关闭进气阀和排气阀。当罐温降至 80℃以下时排尽发酵罐内的冷凝水。为防止发酵罐内产生负压,必须通入无菌空气,使罐压保持在(0.03～0.05) MPa。

(六)实验结果与分析

表 1-8-2　链霉素发酵实验结果记录

时间(d)	取样时间	还原糖(g/L)	总糖(g/L)	湿菌比(%)/干重(g/L)	全磷/无机磷(μg/L)	链霉素效价(U/mL)	pH	氨态氮(g/L)
灭菌						—		
						—		
1						—		
						—		
2						—		
						—		
3						—		
						—		
4								
5								
6								

续 表

时间(d)	取样时间	还原糖(g/L)	总糖(g/L)	湿菌比(%)/干重(g/L)	全磷/无机磷(μg/L)	链霉素效价(U/mL)	pH	氨态氮(g/L)
7								
8								
9								
10								

(七)实验注意事项

1. 在投料前，气路、料路、发酵罐必须用蒸汽进行灭菌，消除所有死角的杂菌，保证系统处于无菌状态。

2. 培养基在进罐之前，应先糊化。一般培养基的配制量以罐体全容积的 70% 左右计算(泡沫多的培养基为 65%左右，泡沫少的培养基可达 75%～80%)，考虑到在位灭菌过程会出现冷凝水，首次向培养基中补水至配制体积的 50%左右，不足部分灭菌结束后补入。

3. 灭菌初期应只打开夹套蒸汽阀对罐内培养基预热，以避免产生过多冷凝水。当罐内温度升到 90℃时，打开罐上其他进汽阀，通入蒸汽，使罐内温度迅速上升到 121℃左右。

4. 当罐压升至 0.1 MPa，温度升到 121～123℃时，控制蒸汽阀门开度，保持罐压不变，20 min 后停止供汽。

5. 发酵过程中取样时应对取样管路进行蒸汽消毒，取样时先将发酵液排出一部分，防止发酵液与前次的混合，影响测量结果。

6. 发酵过程中对各项发酵液的各项指标进行准确的测定，密切关注发酵条件的变化，注意环境卫生及无菌操作，防止发酵过程染菌。

7. 链霉菌是好氧性微生物，因此液态深层培养时必须供给足够的氧气。通风量一般为理论计算需氧量的 2.8～3.0 倍，发酵前、中、后期可根据发酵实际情况进行调节，但绝不能中断供氧，以免导致菌体死亡。

8. 链霉素发酵过程中产生泡沫是正常现象，或泡沫过多，造成溢罐。可使用少量植物油或消泡剂进行消泡。

参考文献

[1] 亀田邦明，八木泽守正.抗生素生产的科学[M].北京：中国医药科技出版社，1994.
[2] 陈钧鸿，徐玲娣.抗生素工业分析[M].北京：中国医药科技出版社，1988.
[3] 邹月利.高效液相色谱测定蜂蜜中链霉素含量[J].食品科学，2006，27(5).
[4] 韩艳霞，占桂荣.灰色链霉菌产链霉素培养基的优化[J].中国酿造，2008，3(18).
[5] 刘祺，蒋忠科，郭连宏，等.链霉菌2754发酵产物的分离提取及结构鉴定[J].中国抗生素杂志，2011，36(6).
[6] 耿予欢，李国基，姚汝华.链霉素发酵的代谢调控育种及研究进展[J].现代食品科技，2006，22(4).
[7] 王普，张亚庭，王进秋，等.链霉素发酵控制[J].北京工业大学学报，1993，19(3).
[8] 陈中碧，汤斌.提高多黏杆菌产硫酸粘杆菌素生物效价的研究[J].安徽工程科技学院学报，2007，22(3).
[9] 李德培.抗革兰氏阴性菌促长药物粘杆菌素[J].兽药与饲料添加剂，1999，4(1).
[10] 国家药典委员会.抗生素微生物检定法[S].北京：化学工业出版社，2000.
[11] 沈萍，范秀荣，李广武.微生物学实验[M].北京：高等教育出版社，1999.

（编者：陈　敏）

综合实验九
红曲色素发酵技术

一、背景知识

(一)红曲霉的应用历史

红曲是用红曲霉属真菌接种于大米上经发酵制备而成,在我国古代称为丹曲,是中华民族的一大发明。其主要用于红酒酿造、发酵食品、色素及中药等方面。利用微生物生产色素和医药,这在世界微生物学史上有着重要意义。红曲的应用已有近两千年的历史,早在汉魏时期就已问世,如汉代王粲所著《七释》中提到,"瓜州红曲,参糅相半,软滑膏润,入口流散。"说明红曲在当时已经得到广泛的应用。随着实践经验的积累,红曲的应用就更加广泛了。元代以后,红曲在医药上的应用就有较多的论述。如在性味方面,《饮膳正要》曰"味甘,平,无毒";《本草纲目》曰"甘,温,无毒";《本草逢源》曰"甘味,苦辛,平",等等。在归经方面,《本草经解》曰"入足蒴阳肝经,足太阳脾经"。在功用主治方面,《本草纲目》曰"治女人血气痛及产后恶血不尽,擂酒饮之良";《医林纂要》曰"解生冷物毒",等等。但红曲霉真正的理论研究还是从20世纪70年代开始的,Monacolim K等发现的红曲霉代谢产生的次级代谢产物使红曲霉成为研究热点。此外,随着现代生物科学技术的发展,各学科的交叉融合,在红曲霉的生物学特性、菌种选育、代谢产物生理功能、酶学性质、生产机械化、红曲产品等方面都进行了广泛的研究,并取得重大突破。

(二)红曲霉生物学特性

1. 红曲霉的形态及分类

红曲霉形态为不规则的分支菌丝,菌丝具有大型液泡及线粒体。有隔,多核,含橙红色颗粒,分生孢子单一或成串生长于菌丝顶端,属内生型分生孢子,并从上至下逐渐成熟。中国台湾东吴大学黄显宗教授认为,有性生殖时,细胞核的交换可能通过并排菌丝间沟通,或通过产精器透过受精丝进行,产囊体受精后膨大发育为产囊丝,不育菌丝自闭囊果柄的顶端长出将之包裹,产囊体中心内的细胞壁物质皆消化掉而形成圆形或不定型的产囊丝串和细胞。

刘波(1978)、戴芳澜(1987)均采用了Martin分类系统,将红曲霉归于真菌门

(The Fungi)子囊菌纲(Ascomycetes)真子囊菌亚纲(Euascomycetes),曲霉目即散囊菌目(Eurotiales),曲霉科即散囊菌科(Eurotiaceae);而俞大绂(1985)、张纪忠(1990)等采用了 Ainsworth 分类系统,这也是目前多数真菌学者趋向参照的分类系统,将红曲霉归属于真菌界(The Fungi)真菌门(Eumycota),子囊菌亚门(Ascomycotine)不整子囊菌纲(Plectomyhcetes)散囊菌目(Eurtotiales)红曲科(Monascaceae)。在此,于散囊菌目下建立红曲科,从而与散囊菌科分开,红曲科下仅有一属即为红曲霉属。

2. 红曲霉的培养特性

红曲霉是腐生真菌,通常出现在乳酸自然发酵的基质中。大曲、制曲作坊、酿酒醪、青贮饲料、泡菜、淀粉厂等都是适于它们繁殖的场所。红曲霉生长最适温度为 27～33℃,最适生长 pH 3.5～5.0,可耐 pH 2.5,尤嗜乳酸。能耐 10%的乙醇,能以糖类、有机酸、醇类为碳源,能利用硝态氮、氨态氮和有机氮,能合成多种维生素,可在无维生素的合成培养基中生长。培养红曲霉菌株多用麦芽汁琼脂培养基,红曲霉在此培养基上生长良好,菌丝初期为白色,成熟后变为淡红色、紫红色、橙红色、烟灰色等,因种而异。菌落的结构呈绒毛状或呈皮膜状。呈皮膜状的菌落少褶皱或具有辐射纹。红曲霉能产生红色素,常将色素分泌到培养基中,使培养基呈现红色。

(三)红曲霉的主要初级代谢产物

1. 酶

红曲霉能产生多种酶类,主要有淀粉酶、葡萄糖淀粉酶、糊精化酶、麦芽糖酶、蛋白酶、羧肽酶、果胶酶等,其中红曲霉葡萄糖淀粉酶有五种类型,主要成分为 E3 和 E4,不同种类的红曲霉菌株产酶的种类及产量有所差异,某些红曲霉菌株还能分泌直接催化已酸和乙醇合成已酸的胞外酶。吴衍庸教授认为,浓香型白酒的发酵过程中酯化酶对香味物质(芳香酯类)的形成起着重要的作用。我国很多地区(浙江、江苏、江西、福建等)及世界一些国家(日本及一些东南亚国家等)利用红曲酿制黄酒。此外,红曲还可以被用来酿制食醋、酱油、腐乳等。这些都是对红曲产生的酶类的应用的具体表现。

2. 脂肪酸

1909 年,日本学者的研究表明红曲霉培养物主要含有的脂肪酸是 C18:1、C18:2、C16:2、C16:0、C18:0、C16:1 等,认为不同红曲霉菌株产生的脂肪酸成分有很高的相似性。气相色谱分析结果表明不饱和脂肪酸含量达 64%～77%,多烯不饱和脂肪酸含量达 16%～27%,经过活性测定认为,它们可能有增强 Monacolins 分解甘油三酯、降低极低密度脂蛋白胆固醇的功能。

3. 有机酸

泰国研究者对收集到的 40 株红曲霉菌株进行了筛选。发现

Monascusaraneousus AHU9087 菌株在含有 10%葡萄糖、0.025%牛肉膏提取物的培养基中 L-苹果酸产量达到 28.1 g/L，随后又对菌株进行诱变处理，分离得到的白化突变株，其 L-苹果酸最大产量可达 48.7 g/L。

(四)红曲霉主要次级代谢产物

1. 红曲色素

红曲色素是红曲霉在生长代谢过程中产生的多种色素的混合物，1959 年至 1963 年间，研究弄清并确定红曲色素的结构式共有 6 种。但此后的 20 年间，对红曲色素的结构及其性质研究方面的进展不大，也未有新的色素发现。1993 年郭东川等人从红曲霉 AS3.4617 菌体中分离得到新结构的色素，经分析其分子式可能为 $C_{23}H_{27}O_5N$ 和 $C_{25}H_{31}O_5N$，该分子的核磁共振与红曲玉红素（Monascorubin）相似。1998 年有研究证明，红曲色素是红曲霉的一种能量贮存物质，又是一种氮源捕获剂。在这些红曲色素中以红斑素和红曲红素为主要成分。

红曲色素是一种安全性极高的天然色素，可通过多种方法提高其水溶性，并且稳定性好，且已证明不含黄曲霉毒素，经急性毒性试验、亚急性毒性试验、慢性毒性试验以及致突变性试验都无毒性，也无致突变作用，故可广泛应用于食品、化妆品、医药、化工等工业。

2. Monacolin 类物质

1979 年，日本远藤章教授从红曲霉属（*Monascus*）发现了能强力抑制胆固醇合成的活性物质，命名为 Monacolin K。1985 年又从红色红曲霉（*M. ruber*）中分离出与 Monaclin K 结构相似的其他活性成分，分别命名为 Monaclin L、Monacolin X、Monacolin J 、Dihydromonacolin L 和 Dihydromevindin 等，其中以 Monacolin K 活力最高，现已制成商品出售。1986 年，远藤章教授又发现了 Monacolin M。目前已从红曲霉属中分离检出 8 种 Monacolin 类物质。

3. 麦角固醇

麦角固醇是人体必需维生素 D 的前体物质之一，经紫外线照射后即转化为维生素 D。维生素 D 是一种重要的药品，能防治婴幼儿佝偻病，促进孕妇和老年人钙磷的吸收。普通食品中维生素 D 的含量有限。因此，需要适当补充，目前国内外麦角固醇的生产仅限于酵母菌。红曲霉属（*Monascus*）中的许多菌株都能不同程度地产生麦角固醇。所产生的麦角固醇主要存在于菌体内，可采用碱性甲醇回流皂化，然后用乙醚振荡抽提。麦角固醇量与色素生成量成正比，且有的红曲霉菌株麦角固醇产生量高达 2%以上。因此，在食品中添加红曲，对人类防治维生素 D 缺乏症将有重要意义。

4. 橘霉素

橘霉素是一种真菌毒素，具有肾毒性，也称为肾毒素。毒性比较明显，可引起实验动物的肾脏肿大、尿量增多、肾小管扩张和上皮细胞变性坏死等症状。橘霉素同时有致畸性，据 Ciegler 等人的研究报告显示，在给发育 4 d 的鸡胚胎注射橘霉素后，胚胎的脚发生了变形。橘霉素含有一个羧基，其分子式为 $C_{13}H_{14}O_5$，分子量250，在无水乙醇或苯-环己烷中结晶，呈柠檬黄针状结晶。橘霉素的生成与否与菌种、培养方式等方面有关，并非所有的红曲霉菌株都会产生橘霉素，例如日本用从毛红曲霉、红色红曲霉、淡色红曲霉可以生产出不含橘霉素的红曲产品。因此控制橘霉素可以从菌种、培养条件、方式等几个方面入手。首先应当筛选不产橘霉素或橘霉素生成量很低的菌种用于生产，其次是通过发酵工艺的改良减少橘霉素的生成，其中筛选不产或低产橘霉素的菌种更为重要。

二、实验简介

本实验主要由两部分组成，第一部分为红曲色素高产菌株的原生质体育种，第二部分为红曲色素的固态发酵生产技术。涉及红曲色素生产的上、中、下游完整实验路线。综合了原生质体制备、菌种选育、固态发酵及红曲色素提取与制备等过程。通过这两部分内容的学习和实践，可为今后从事相关产品的工业生产奠定理论和实践基础。

实验 9-1　红曲色素高产菌株原生质体育种

（一）实验目的

学习和了解红曲霉原生质体制备的原理，理解影响原生质体形成的因素及同工酶技术在菌株鉴定上的应用，掌握原生质体制备、育种及计数的方法。

（二）实验原理

原生质体是指微生物细胞在一定酶的作用下，脱去细胞壁后所剩下的那部分结构，由于原生质体失去细胞壁的保护而成球形，只能在高渗透压的环境中存活，并在合适的培养基中恢复细胞壁而再生，对环境、诱变剂等更为敏感，因此利用原生质体作为诱变材料，诱变效果较传统方法更为理想，此外，原生质体也是细胞杂交、基因工程等育种方法的材料。

产量高、质量好、活性强是原生质体育种成功的基础。影响原生质体产量和质量的因素很多，主要是基因型、菌龄、酶的种类与组合、酶液的浓度、酶液的 pH 值、酶解温度、菌体培养的方式、菌体细胞预处理方法、分离与纯化方法等。

要制备红曲霉的原生质体，先要培养出红曲霉的菌丝体，培养菌丝体的方式主要有两种。一种是通过液体振荡培养的方式得到；另一种采用玻璃纸平板培养。玻璃纸具有半透膜的性质，菌丝的直径比玻璃纸的孔隙大，不能透过玻璃纸进到培养基中，而培养基中的水分及营养物质可以透过玻璃纸提供菌体细胞的营养。通过玻璃纸平板培养可以得到纯净的菌丝体，且菌丝处理过程中不需经过洗涤、离心等步骤。减少实验的工作量及染菌的概率，是较为常用的方法。

红曲色素产量的提高离不开优良菌种的选育，菌种选育技术的进步是发酵工业发展的重要依托。紫外诱变过程较为简单，是一种最常用、最有效的诱变方法，由于它诱变频率高且不易发生回复突变，因此一直受到众多微生物工作者的青睐。目前工业上生产的高产菌株几乎都经过紫外诱变的育种过程。

（三）实验材料

1. 菌种

紫红曲霉(*Monascuspurpureus*)CICC40710，中国食品发酵工业研究院。

2. 主要设备

三角瓶、恒温培养箱、摇床、灭菌设备、显微镜、超净工作台、血球计数板、恒温水浴锅、注射器、细菌过滤器、电子分析天平、紫外灯、分光光度计、旋涡振荡器、电泳设备、离心机。

3. 主要试剂

酵母膏、琼脂、麦芽浸粉、蛋白胨、蜗牛酶、纤维素酶、硫酸镁、硝酸钠、磷酸二氢钾、七水硫酸镁、黄豆粉、玉米浆干粉。

(1)30%丙烯酰胺(Arc)—0.8%甲叉双丙烯酰胺(Bis)溶液

称取 30 g Arc 和 0.8 g Bis，用蒸馏水定容至 100 mL，于棕色瓶中 0～4℃低温避光保存。

(2)30%丙烯酰胺(Arc)—2.5%甲叉双丙烯酰胺(Bis)溶液

称取 10 g Arc 和 2.5 g Bis，用蒸馏水定容至 100 mL，于棕色瓶中 0～4℃低温避光保存。

(3)低离子强度电极缓冲液(pH 8.3)

称取 6 g Tris 和 28.8 g 甘氨酸，加蒸馏水溶解，定容至 1 000 mL，0～4℃低温保存，用时稀释 10 倍，pH 8.3。

(4)酯酶染色液

50 mg α-醋酸萘酯和 50 mg β-醋酸萘酯溶解于 2 mL 丙酮一水溶液(1∶1)中，再加 100 mg 坚固兰。用 0.1M pH 6.5 磷酸盐缓冲液稀释到 150 mL。

4. 培养基及其制备

(1)斜面试管培养基

麦芽浸粉 2 g,蛋白胨 2 g,琼脂 2 g,水 100 mL, pH 值自然。在 0.1 MPa 压力下灭菌 20 min。

(2)菌丝生长平板培养基

麦芽浸粉 2 g,蛋白胨 2 g,琼脂 2 g,水 100 mL, pH 值自然。在 0.1 MPa 压力下灭菌 20 min。

(3)原生质体再生培养基

采用双层平板法:麦芽浸粉 2 g,蛋白胨 2 g,上层琼脂 0.8%,下层琼脂 2%。均用 0.6M 的 $MgSO_4 \cdot 7H_2O$ 配制。

(4)种子培养基

淀粉 3.0 g,硝酸钠 2.5 g,磷酸二氢钾 2.5 g,硫酸镁 1.0 g,黄豆粉 1.0 g,玉米浆干粉 1.0 g,水 1 000 mL, pH 4.3(用乳酸调)。

(5)筛选培养基

葡萄糖 40.0 g,蛋白胨 5.0 g,硫酸镁 1.0 g,硝酸钠 3.0 g,磷酸二氢钾 1.5 g,水 1 000 mL, pH 4～4.5(用乳酸调)。

(四)实验方法与步骤

1. 实验流程

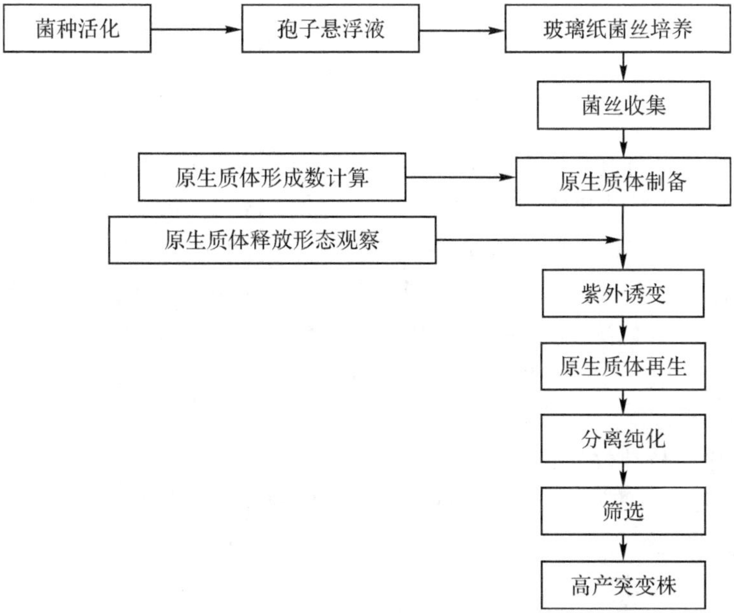

图 1-9-1 实验流程图

2. 实验方法与步骤

(1)菌种的活化

在超净工作台上,将冰箱斜面保存菌种用接种环挑取一环斜面孢子移接到新鲜的试管斜面培养基中,在恒温培养箱中,32℃培养 5～6 d。

(2)菌丝培养

①孢子悬浮液制备

将斜面活化好的菌种用 5 mL 无菌水洗下带有玻璃珠的试管中,振荡,使孢子分散均匀,备用。

②菌丝培养

将玻璃纸剪成略小于平皿的圆形纸片,置于空平皿内,灭菌后备用。将菌丝生长平板培养基灭菌冷却后倒平皿,每平皿约装培养基 30 mL。培养基凝固后,将无菌的玻璃纸在超净工作台,无菌的加入已凝固的平皿内,用无菌的涂布棒摊平玻璃纸。取 0.3 mL 的红曲霉孢子悬液,加入玻璃纸上,用无菌的涂布棒涂布均匀。置于 32℃的恒温培养箱内培养 48～72 d,至菌丝长出。

(3)菌丝收集

在超净工作台上,无菌条件下,从玻璃纸平板上用无菌镊子取出菌丝 0.6 g 置于灭过菌的试管中。

(4)原生质体制备

在装有收集的菌丝的试管中,加入 6 mL 由 0.6M 硫酸镁渗稳液配制并经灭菌后的微孔滤膜(0.2 μm)过滤除菌的混合酶溶液(蜗牛酶∶纤维素酶＝7∶3),置于 32℃下恒温酶解 2～3 h,定时振荡,使菌体悬浮,充分酶解,每隔 0.5 h 计算原生质体形成数一次,酶解完成后,终止水浴,计算原生质体形成数。

原生质体形成数计算方法:用无菌吸管,小心地向菌丝酶解液吹吸几次,促使原生质体从残余菌丝上释放。取洁净的血球计数板,将盖玻片放在计数室上,吸取少量酶解液于盖玻片边缘,使其自行渗入(多余菌液用滤纸吸去),静止 5 min 后,将血球计数板放在载物台上,低倍镜下找计数室,于高倍镜下找到清晰的计数室线条。如果血球计数板为 25 中方格,则取 5 个中方格中的原生质体数(即取 4 角 4 个中方格和中央 1 个中方格的原生质体数);如为 16 中方格,则取 4 个中方格中的原生质体数(即取 4 角 4 个中方格的原生质体数)。

计算公式为:

①25 中方格计数公式

1 mL 菌液中的原生质体数＝(5 个中方格的原生质体总数÷5)×25×10×1 000×稀释倍数

②16 中方格计数公式

1 mL 菌液中的原生质体数＝(5 个中方格的原生质体总数÷5)×16×10×

1 000×稀释倍数

(5)原生质体释放形态观察

取少量的洗涤过的菌丝，放入凹玻片中央，加入少量混合酶液，置于32℃温箱中酶解，定时取出观察。

(6)原生质体收集

在无菌操作的条件下，用灭菌过的四层擦镜纸过滤除去残存的菌丝碎片，滤液离心，洗涤后弃去上清液，沉淀悬液于2 mL的渗透压稳定剂。即得纯化的原生质体。

(7)原生质体紫外诱变

将纯化的原生质体用高渗液稀释至10^6个/mL，备用。紫外灯(266 nm，15W)预照1 h，取6 mL的原生质体悬液注入直径为6 cm的小培养皿中(内含无菌搅拌子)，置于磁力搅拌器上，距离为20 cm，搅拌照射2～5 min，致死率达90%以上，在红灯下，用高渗溶液梯度稀释后，取0.1 mL加于表面干燥的再生培养基平板上，随后加入上层培养基，迅速摊均匀。用黑布或报纸包裹培养皿，32℃培养4～5 d。

(8)高产突变菌株的筛选

待再生平板长出单菌落后，挑取菌落较大、颜色较深的单菌落(不少于50株)接入斜面保存，温度32℃，培养7 d，至斜面长满孢子。用接种铲挖取一铲，接种至装有50 mL种子培养基的500 mL三角瓶中，32℃、200 r/min振荡培养42 h。按照5%的接种量转接至装有50 mL发酵培养基的500 mL三角瓶中，至少3个平行，33℃、200 r/min发酵48 h，测定发酵液红曲色素的色价，筛选出红曲色素产量有较大增加的突变菌株。

色价测定：采用紫外分光光度计法吸取发酵液1 mL，加入装有9 mL 70%乙醇溶液(pH 6.0～7.0)的试管中，加塞，摇匀，静置15～20 min后，用快速滤纸过滤得清液，再适当稀释，70%乙醇溶液做空白对照，用1 cm比色皿在505 nm吸收波长处测定吸光度值。吸光度值乘以发酵液的稀释倍数，即得发酵液的色价(U/mL)。

发酵液色价(U/mL)＝OD_{λ}× 稀释倍数

(9)突变菌株酯酶同工酶谱分析

①酯酶液的制备

将红曲霉原菌株及与筛选的突变株在麦芽汁斜面上活化后，32℃斜面培养5 d，制成孢子悬液(10^7个/mL)接种麦芽汁培养液，30℃摇床培养7 d，抽滤收集菌丝，用蒸馏水及0.05MTris-HCl缓冲液(pH7.8)分别洗涤后离心，取300 mg菌体－20℃冷冻24 h备用，加1.5 mL样品缓冲液(0.012mol/L，Tris-Citric Acid)pH 8.3用时加0.5 g蔗糖，再加100 mg石英砂，冰浴研磨15 min，15 000 r/min、4℃离心 20 min,取上清液直接用于电泳。

②聚丙烯酰胺凝胶电泳

微量进样器吸取 25 μL 样品溶液,慢慢滴入试样槽底部,再小心加入 30 μL40%蔗糖溶液,然后沿试样槽顶加入几滴 0.25%溴酚蓝做指示剂。电泳槽置于冰箱中(0～4℃),接通电源开始电泳。开始时稳压 150V,待溴酚蓝进入分离胶后升至 200V。整个电泳过程中电压保持恒定。当指示剂移至距离凝胶下端 1 cm 左右停止电泳。小心取出凝胶用蒸馏水冲洗后,置于酯酶染色液中 40～60 min,直至区带显出。漂洗干净,保存于蒸馏水中。

(五)实验结果与分析

1. 比较不同酶解时间原生质体形成数的大小,并以时间为横坐标,原生质体形成数为纵坐标作图,说明不同时间原生质体形成数变化趋势。

表 1-9-1　不同酶解时间原生质体形成数

原生质体形成数(个/mL)	酶解时间(h)					
	0.5	1.0	1.5	2.0	2.5	3.0

2. 比较原生质体与分生孢子的形态差异。

表 1-9-2　原生质体与分生孢子的形态差异比较

	大　小	形　态
原生质体		
孢　子		

3. 描述原生质体释放过程。
4. 在平板中挑出的突变菌株红曲色素发酵产量。
5. 分析出发菌株与突变株酯酶同工酶谱之间的差异。

(六)实验注意事项

1. 原生质体从菌丝中释放出来的部位主要是菌丝体的尖端,小部分是从菌丝的侧面。因此,在制备原生质体时,尖端菌丝越多越有利于原生质体的制备,在菌丝的材料选择上,应选用幼龄的菌丝。

2. 紫外诱变必须在超净台中进行,因为在其他地方难以保证洁净和密闭。紫外线的穿透能力很弱,会被玻璃培养皿的盖子阻挡住一部分,所以诱变的时候应该不要用盖子。紫外线的照射时间不是固定的,照射时间与致死率和突变率有关,一般都是要追求一定的致死率,而这个致死率菌株不同,照射时间也不同。

3. 紫外诱变过程中采用红光灯作为光源是为了菌株的光修复，经过紫外诱变之后不能接触日光灯和自然光，所以要在红光灯下涂平板。紫外诱变的时候用紫外灯就行。诱变结束后开红光灯涂平板，完成之后应该避光培养。在紫外诱变的时候要避免接触日光灯和自然光，所以要用帘子来密闭。

4. 血球计数板要洗净，切勿磨损计数格，可用较大水流冲洗(均匀刷洗)自行晾干或用吹风机吹干。

5. 在原生质体计数时，会有小部分红曲霉的孢子进入血球计数板的小格中，在计算时应会区分原生质体与孢子之间的形态差别。

6. 再生培养基平板下层倒好凝固后，应放置32℃的培养箱中过夜，既可以检查平板有无被污染，又可以蒸发培养基表面的水分。若培养基表面有水分，可能会影响到涂布在上面的原生质体的环境，使渗透压降低，导致原生质体破裂。

实验 9-2　红曲色素的发酵与制备

(一)实验目的

学习和掌握红曲色素生产工艺，理解在红曲色素发酵、提取、制备工艺中各参数的选择及依据。

(二)实验原理

随着人们生活水平的提高和食品科学技术的发展，食品添加剂在食品加工中的应用越来越普及，作为安全着色剂的红曲色素也越来越受到人们的青睐。红曲色素是红曲霉属在生长代谢过程中产生的天然色素，也是世界上目前仅有的利用微生物生产的食用天然色素。在我国已有一千多年的生产和应用历史，长期以来广泛用作食品着色剂和调味剂等。相对合成色素和其他已知天然色素而言，其具有安全性高、热稳定性强、对蛋白质的染着力好、色调鲜艳、质量稳定和价格低廉等优点。

红曲色素是多种色素成分的混合物。目前已知结构的红曲色素有12种，呈现橙色、黄色、红色三种颜色。其中橙色的主要是红曲玉红素(Monascorubrine)和红斑红曲素(Rubropunctatine)；黄色的主要是安卡红曲黄素(Ankaflavine)和红曲素(Monascine)；红色的主要是红曲玉红胺(Monascorubramine)和红斑红曲胺(Rubropunetamine)。红曲色素按溶解性可分为水溶性和脂溶性色素两类。脂溶性色素可溶于乙醚、氯仿、乙醇、醋酸和正己烷等溶剂。水溶性色素的溶解度与水溶液的pH有关，在中性或碱性条件下极易溶解，而在pH4.0以下的酸性范围内或含

5.0%以上盐溶液中,其溶解度呈减弱倾向。与其他天然色素相比,红曲色素对 pH 较稳定,色调不像其他天然色素那样易随 pH 的改变而发生显著变化,它的乙醇溶液在 pH 为 11.0 时仍保持稳定的红色;红曲色素的热稳定性很好,在 120℃加热 1.5 h,色素的保存率在 84%以上,在 100℃加热 3 h 可达到同样的保存率。温度每降低 20℃,耐热时间可延长一倍;红曲色素也几乎不受食品中常见金属离子及氧化剂和还原剂的影响。但红曲色素对光敏感性较为敏感,易于褪色。光照时间越长,褪色程度越大。在自然光照射下,不到 14 d,色素的保存率就在 50%以下。

目前主要通过传统的固态发酵产品红曲米提取物和深层液态发酵红曲菌提取物红曲红来获得。与液体深层发酵(Submerged Fermentation)相比,固态发酵有其独特的优势,如能耗低,丝状真菌固态发酵过程中不易受到细菌污染,大规模发酵过程往往无须严格的消毒,培养基简单、多为便宜的天然物质,生产过程节水,操作简便易行等。如果发酵后的成熟醅中含水量低,可直接作为产品,提取成本低。特别是采用固态发酵工艺无废水废渣产生,因此不会造成二次污染。从生态学和仿生学的观点,固态发酵法更适宜于大多数丝状真菌的代谢、生长、繁殖过程及生态。

(三)实验材料

1. 菌种

紫红曲霉突变株(*Monascuspurpureus*),前期实验诱变得到。

2. 主要设备

三角瓶、恒温培养箱、摇床、灭菌设备、超净工作台、恒温水浴锅、电子分析天平、分光光度计、旋涡振荡器、离心机、循环水式真空泵、真空干燥箱、冷冻干燥机、旋转蒸发仪、粉碎机。

3. 主要试剂

酵母膏、琼脂、麦芽浸粉、蛋白胨、硫酸镁、硝酸钠、磷酸二氢钾、七水硫酸镁、籼米、黄豆粉、玉米浆干粉、无水乙醇、丙酮、盐酸、氢氧化钠等。

4. 培养基及其制备

(1)斜面试管培养基

麦芽浸粉 2 g,蛋白胨 2 g,琼脂 2 g,水 100 mL, pH 值自然。在 0.1 MPa 压力下灭菌 20 min。

(2)种子培养基

淀粉 3.0 g,硝酸钠 2.5 g,磷酸二氢钾 2.5 g,硫酸镁 1.0 g,黄豆粉 1.0 g,玉米浆干粉 1.0 g,水 1 000 mL, pH 4.3(用乳酸调),在 0.1 MPa 压力下灭菌 20 min。

(3)籼米培养基

籼米常温浸泡,沥干。称 150 g 装入 1 000 mL 的三角瓶中,加水 50 mL,葡萄糖 4 g，甘油 0.4 g。在 0.1 MPa 压力下灭菌 30 min。

（四）实验方法与步骤

1. 实验流程

实验流程如图 1-9-2。

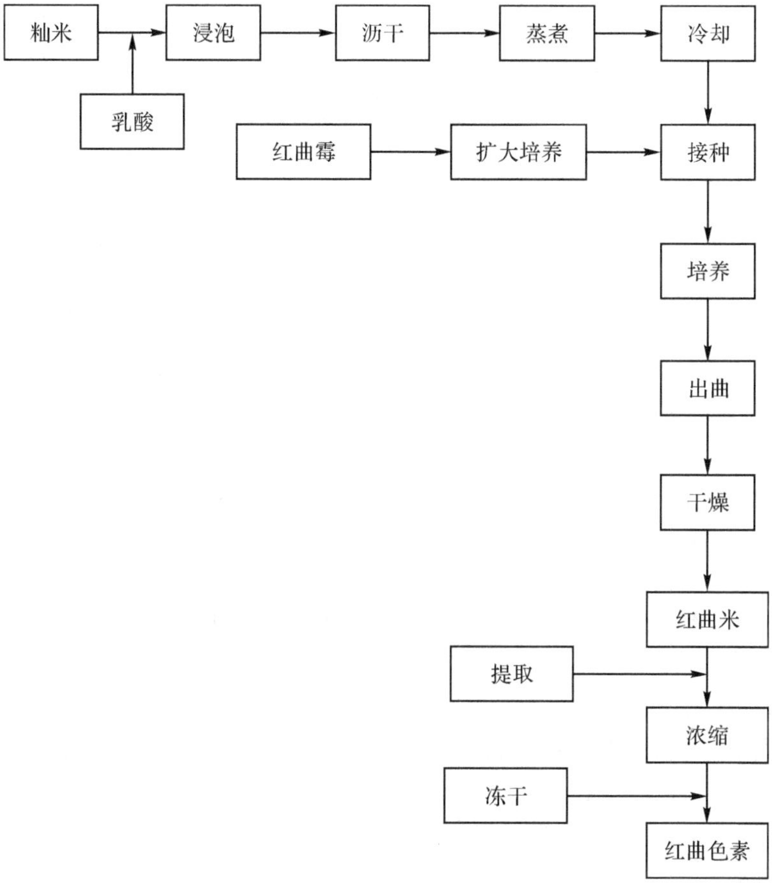

图 1-9-2　红曲色素工艺流程

2. 实验方法与步骤

（1）籼米浸水

籼米置于清水中，用乳酸调整 pH 值 3.0～4.0，浸泡 12～16 h，使籼米吸水，便于蒸煮糊化。

（2）沥干、蒸煮

将籼米用纱布沥干后，称取 150 g 置于 1 000 mL 的三角瓶中，加入葡萄糖 4 g，甘油 0.4 g，再加入 50 mL 水，搅拌均匀，121℃灭菌 30 min，趁热打散，冷却备用。

(3)接种

①菌种的活化

在超净工作台上，将冰箱保存红曲霉斜面菌种用接种环挑取一环斜面孢子移接到新鲜的试管斜面培养基中，在恒温培养箱中，32℃培养 5—6 d。

②种子扩大培养

以 10 mL 无菌水将培养好的斜面上的孢子洗下制成孢子悬液，将并将孢子液接种至装有 50 mL 种子培养基的 500 mL 三角瓶中，32℃、220 r/min 振荡培养 42 h。

③接种

在超净工作台中，用无菌移液器按照 5%的接种量，将红曲霉液体种子接入盛有冷却至 35～40℃的籼米培养基的三角瓶中。

(4)培养、干燥

30℃培养 10～12 d，记录红曲霉的生长情况及红曲色素的合成情况(色素的合成以培养基中的色价量为参考)，当培养基中米粒变红且无白心时，取出，45℃真空烘干得到红曲米。

色价测定：无菌操作条件下，从三角瓶中倒出 2～3 g 的培养基并置 45℃真空烘干，根据培养基中的色素合成量适量称取一定量的样品，放入带刻度的 100 mL 具磨口塞试管中，加入 70%乙醇至 50 mL，摇匀后放入 60℃水浴保温 2 h，取出冷却(必要时补充定容)，用普通定性滤纸过滤入具塞试管或三角瓶中，约滤出 10 mL 左右即可，吸取滤液 1 mL 放入 25 mL 试管或容量瓶中，加入 70%乙醇稀释定容至 25 mL。用 1 cm 比色皿以 70%乙醇作空白，在分光光度计上取波长 505 nm，测定样品萃取稀释液的吸光度，将测得的样品平均吸光度乘以 2 500(稀释倍数)，即为发酵样品的色价。

(5)红曲色素提取

将烘干的红曲米用粉碎机粉碎，过筛 40 目筛，称取 25 g 红曲米粉末加入 1 000 mL 的烧瓶中，再在烧瓶中加入 500 mL 浓度为 75%的乙醇(料液比为 1:20)，调整 pH 值为 8.0，接上冷凝管，控制提取温度为 40℃，回流提取 3 h 后，用滤纸抽滤除去红曲米渣。

(6)红曲色素样品制备

将红曲色素提取液用旋转蒸发仪进行浓缩，浓缩液用冻干机冻干后，得到红曲色素成品。

(7)红曲色素样品色价分析

称取 0.01 g 红曲色素制品用 70%乙醇定容至 50 mL，再适当稀释，70%乙醇溶液做空白对照，用 1 cm 比色皿在 505 nm 吸收波长处测定吸光度值。使吸光度值在 0.2～0.8，吸光度值乘以稀释倍数，即得红曲色素样品的色价(U/mL)。

(五)实验结果与分析

1. 红曲霉固态发酵过程中，菌体生长情况观察及色素合成测定结果。

表 1-9-3 菌体生长情况观察及色素合成测定结果

发酵时间(d)	1	2	3	4	5	6	7	8	9	10
生长情况										
色价										

2. 计算红曲色素提取率。

提取率=成品红曲色素质量(g)/红曲米原料质量(g)×100%

3. 红曲色素样品中的色价分析

(六)实验注意事项

1. 红曲色素主要通过固态发酵和液态发酵两种方式进行生产。在固体发酵中，首先生产红曲米，然后再从红曲米中提取色素，根据我国的食品添加剂标准，红曲米也可以作为色素直接使用。

2. 红曲色素是红曲菌代谢过程中产生的一系列聚酮化合物的混合物，组成较复杂。使用不同的红曲菌株、培养基、发酵条件所产生的红曲色素组成有较大差异，因为其生成途径也有不同。

3. 近年来由于红曲色素中有真菌毒素橘霉素的发现，其安全性也受到了广泛的重视。日本已在红曲色素标准中规定了橘霉素的限量要求，我国的国家标准与行业标准尚未涉及。橘霉素的生成与否与菌种、培养方式等方面有关，并非所有的红曲霉菌株都会产生橘霉素。因此控制橘霉素可以从菌种、培养条件、方式等几个方面入手。

4. 红曲色素对光较为敏感，在红曲色素的提取、保存过程中要注意避光。

参考文献

[1] 阮怀贵.红曲色素提取工艺[J].安徽机电学院学报，1998，13(4).
[2] 石文娟，谭俊，储炬，等.红曲色素高产菌株的高通量选育[J].中国酿造，2012，31(7).
[3] 郭宝禹，郝林.红曲霉产物的功能及研究进展[J].酿酒科技，2010(6).
[4] 屈炯.红曲色素组分分离及其功能的初步研究[D].武汉：华中农业大学，2008.
[5] 崔莉，张德权，张培正.红曲色素的研究现状分析[J].食品科技，2008(8).
[6] 刘颖，红曲色素的固态发酵法制取技术及其稳定性研究[D].长沙：湖南农业大学，2006.

(编者：戴德慧)

综合实验十
平菇多糖制备技术

一、背景知识

(一)食用菌的应用价值

食用菌具有低脂肪、低热量、多药效、口感滑腻和味道鲜美的特点,富含蛋白质、多种维生素、矿物质和膳食纤维,自古被视为"山珍"。中国的各大传统菜系中,都有用食用菌烹调的名馔佳肴。国外科学家对食用菌的营养和保健功效给予了很高的评价,认为菇类具备了食品的一切良好特性。食用菌生产过程很少喷施农药和使用化肥,是绿色有机食品的典范。在美国,食用菌被称为"上帝食品";在日本,食用菌被称为"植物性食品的顶峰";在欧洲,食用菌则有"蔬菜皇后""植物肉""素中之荤"之美誉。食用菌被营养学家认定为世界十大健康食品之一。中国为世界第一大食药用真菌生产国,食用菌产业地位仅次于粮、棉、油、果和蔬菜,位居第六。随着人们对食用菌营养价值和药用价值认识的提高以及食用菌生产所带来的经济效益的增加,人们对食用菌产业化技术的研发重视程度越来越高。国内大量栽培的品种只占我国已发现品种中的3%,90%多的野生品种还没有在生产中得到利用。因此,人工驯化培育优质高产、生长迅速、质嫩味美、经济价值高、具有特色的野生食用菌品种,是目前食用菌生产上急需解决的问题。随着科学的进步,逐步由野生驯化成为现代人工大量栽培的各种不同特色的食用菌,成为食用菌科技工作者关注的热点之一。

(二)平菇种质资源

目前我国引进和驯化栽培成功的食用菌品种已达80多种,由于平菇具有栽培方法简单、成本低和产量高等特点,又富含多种氨基酸、维生素和矿物质,是目前我国产量最高的食用菌种类,占我国食用菌总产量24%左右,是极具开发潜力和应用前景的药食两用真菌。平菇是隶属于担子菌门(*Basidiomycota*)层菌纲(*Hymenomycetes*)伞菌目(*Agaricales*)侧耳科(*Pleurotaceae*)侧耳属(*Pleurotus*)食用菌共用的商品名称。平菇与其他栽培食用菌不同,它不是分类学上的单一物种,而是由糙皮侧耳(*Pleurotus ostreatus*)、佛罗里达侧耳(*Pleurotus florida*)、肺形侧耳(*Pleurotus pulmonarius*)和白黄侧耳(*Pleurotus cornucopiae*)4个形态特征和栽培特性都十分相似的近缘种组成的族群。糙皮侧耳俗称冻菇、北风菇、蚝菇等，已有人将糙皮侧耳称为平菇，在我国分布广泛，该品种栽培种质丰富多样，子实体一般呈覆瓦状丛生，菌盖色泽上有深灰、浅灰、棕灰之别，质地上有疏松、脆嫩、紧实等不同，菌柄一般为侧生或偏生。由于多年的人工选择、引种和交流，目前栽培品种多达数十个。白黄侧耳栽培品种俗称姬菇、小平菇，子实体外观与糙皮侧耳相似，子实体密集丛生、菌盖较小，菌盖颜色为深灰色至浅灰色。肺形侧耳的栽培品种多指凤尾菇和秀珍菇，子实体形态呈单生或散生，菌盖成熟后期边缘常呈波状，菌柄多侧生。其中秀珍菇因其质地致密、口感滑爽、清香、耐储性好深受消费者喜爱。佛罗里达侧耳栽培品种俗称白平菇或高温白平菇，最早是由国外引进，该品种特点为子实体呈放射状丛散生，色泽为乳白色或深些。

平菇菌丝在2～40℃均可生长，环境温度在24～28℃最适宜其生长。子实体形成温度范围因品种的感温性差异而有所不同。平菇喜湿，好偏酸性生长环境，菌丝生长阶段的最适湿度为60％～70％，原基分化和子实体发育时最适空气湿度为85％～95％。平菇菌丝在pH值为4～8时均能生长，最适pH为5.8～6.2。当pH超过8时，菌丝生长速度明显下降并趋于停止。当pH降至4以下时，菌丝生长也会受到明显的抑制。子实体发育的最适pH值为5.5～6.0。平菇属于木腐性真菌，对营养的适应范围广，要求不太严格，许多富含纤维素的农副产品下脚料均可作为生长基质，生产上常以秸秆、玉米芯、棉籽壳、木屑等作为栽培原料。平菇栽培季节主要为春秋两季，目前一些新品种也可夏季种植，通过人工控制环境的温度、湿度，亦可全年工厂化种植。栽培基质可采用生料或发酵料，可利用床栽、畦栽、袋栽、瓶栽等方式进行种植。

（三）平菇多糖的保健作用

我国是最早将真菌应用于药用或养生保健领域的国家之一，春秋战国时代起就有多种文献和典籍记载真菌多糖的药用和保健功效。平菇在全世界约有50种，我国是平菇种类资源较为丰富的国家之一，目前野生和引种的栽培品种已达56种，我国平菇产量占世界总产量的25％左右。平菇是目前产量最高、人工栽培最广泛、与人类关系最为密切的食用真菌之一，是具有较高营养价值和药食兼用价值的真菌。平菇的优点主要体现在易于栽培、产量高、生产成本低、种植经济效益较高。平菇含丰富的多糖、氨基酸、微量元素、多种脂肪酸、三萜等营养生理活性成分，平菇多糖（*Pleurotus ostreatus* polysaccharide，POP）是从平菇中提取的一种重要成分，生理功能十分广泛，具有抗肿瘤、免疫调节、降血糖、降血压、降血脂、抗衰老、抗氧化、抗辐射等多种药理和保健功效。利用发酵技术可以在很短时间内获得大量富含活性多糖的平菇菌丝体，并从菌丝体中提取多糖。平菇多糖的研究也较为广泛，在保健食品和功能性食品开发方面应用广泛，可有效增强人体免疫力，提高机体抗病能力，并对疾病的治疗起到很好的辅助功效。近年来世界各国都开始重视真菌多糖的医疗和保健作用，将真菌多糖视为21世纪的食品。有专家预言："在生化和药物领域中，兴师动众的蛋白质时代即将过去，取而代之的将是多糖时代"。食药用真菌多糖在国际上被称为"生物反应调节物"（Biological Response Modifier，BRM）。

（四）平菇多糖的药理功效

1. 平菇多糖的抗肿瘤作用

大多数真菌多糖，如云芝多糖、灵芝多糖、香菇多糖、黑木耳多糖、金针菇多糖、猪苓多糖、茯苓多糖、黄蘑多糖等，都具有确切的抗肿瘤活性，临床上可用于治疗多种肿瘤，其治疗效果显著。真菌多糖抗肿瘤作用机理目前尚无定论，主要是通过增强和恢复患者的免疫功能来实现其抗肿瘤作用，并且对人体无毒副作用。真菌多糖的抗肿瘤机理主要包括以下方面：促进抗体形成，刺激或协助恢复T细胞，提高淋巴细胞转化率，激活巨噬细胞，诱生干扰素抑制肿瘤，增加细胞中cAMP浓度，提高血清或血浆蛋白含量，升高白细胞数等。平菇含有菌糖和甘露醇糖等多种生物活性物质，以发挥抗肿瘤、抗病毒的功效，抑制病毒素的合成和增殖。

2. 平菇多糖的免疫调节作用

平菇多糖的生物活性中最主要的是免疫调节活性，作为一种免疫调节剂的真菌多糖被广泛用于免疫性缺陷疾病、自身免疫疾病和肿瘤等的临床治疗，可通过多条途径、多个层面对免疫系统发挥调节作用。通过激活机体的T淋巴细胞、B淋巴细胞、巨噬细胞和自然杀伤细胞（NK）等免疫细胞，广泛刺激机体的特异性与非特异性免疫反应，改善机体免疫系统功能，提高机体免疫力，从而起到"扶正固本"的作用。近年来一些具有增强机体的免疫作用的真菌多糖相继被发现，如黄蘑多糖、银耳多糖、香菇多糖、灵芝多糖等。研究还显示，平菇多糖中的葡聚糖和虎奶多糖也具有提高人体免疫力的功能。

3. 平菇多糖的降血糖作用

真菌多糖能有效增强冠状动脉机能，扩大冠体流量，增强心肌供氧能力，降血脂，预防动脉硬化，改善血液循环，在降低血糖、血脂和血压等方面都有显著作用。当今国内外对平菇多糖的降血糖作用及其机制进行了深入研究，证实平菇多糖具有良好的降血糖功效，可通过不同途径发挥降血糖作用。真菌多糖降血糖的机制主要包括：促进胰岛素分泌，增加血清胰岛素含量，改善胰岛素抵抗，加速肝葡萄糖代谢，减少或减缓对葡萄糖的吸收。迄今已发现不少药用真菌多糖均有降血糖作用，如云芝、灵芝、虫草、银耳、白木耳、黑木耳、猴头、灰树花、蜜环菌和金耳等多糖，食用上述真菌多糖能通过增加胰岛素的分泌量、提高胰岛素的利用率而降低糖尿病患者的血糖水平，对糖尿病患者健康是有益的。

4．平菇多糖的降血脂作用

研究显示，平菇多糖能够通过防止机体脂质过氧化损伤而发挥其降血脂的功效，平菇中的糙皮侧耳具有降脂功效已被实验证实，糙皮侧耳中起降血脂作用的活性物质是Mevinolin。许多真菌中含有降血脂活性成分——洛伐他汀、齐放等，在侧耳属的长柄侧耳中发现了降血脂成分——洛伐他汀，金顶侧耳甲醇提取物具有显著的降血脂活性，研究证实金顶侧耳中也有洛伐他汀的存在。

5．平菇多糖其他药理作用

平菇多糖的药理作用还表现在抗氧化、抗衰老和清除自由基的生理作用。研究还发现，平菇真菌多糖具有抗病毒、抗凝血、抑菌和保肝护肝等生物功效，如虎奶菌多糖对动物的肝脏具有保护作用，对网状皮系统也有兴奋功能。平菇多糖还具调节自主神经功能，特别是对更年期综合征有明显调节作用，糙皮侧耳子实体壳聚糖具有较高的抑菌杀菌能力。平菇已成为食品和药品开发的重要资源之一，其表现出的广泛的营养价值、保健和抗病活性已成为食品工业和医药界关注的热点。

二、实验简介

随着食用菌液体菌种深层发酵技术的兴起，利用深层液体发酵技术对菌种进行培养，然后再进行人工或自动化接种进行固体栽培，或直接从菌丝体中提取具有生物活性的物质已经成为行业热点。与固体发酵生产食用菌子实体相比，食用菌的液体深层发酵进行菌种培养具有如下优势：

(1)生产周期大大缩短，生产管理更规范；

(2)利用液体种子代替固体种子，菌龄一致性更高，接种更方便，便于自动化生产；

(3)便于通过代谢调控，大量获得所需的次生代谢产物，产率和生产效率更高。一些尚不能人工栽培的野生菌(比如冬虫夏草)可通过液体深层发酵获得目的产品或特定活性物质，便于工业化量产，已有50余种食药用真菌可采用深层发酵技术进行培养。

利用深层液体发酵技术进行平菇的生产，生产效率更高，更容易进行工业化和规模化生产，也是平菇生产的发展趋势。如果利用液体深层发酵技术培养平菇是为了栽培获得子实体，则液体发酵结束后短时间内在无菌条件下接种并进行固体栽培即可。如为获得平菇多糖(或其他代谢物质)，可将深层发酵培养获得的平菇菌丝体，经过过滤、离心、真空蒸发、沉淀、吸附、干燥等处理工序，将多糖产物浓缩获得粗多糖，也可进一步纯化为商品。

本实验分为三部分，第一部分为平菇液态发酵培养条件的确定；第二部分为平菇液态培养的结果分析和测定；第三部分小型发酵罐中进行产品的分批发酵。这三部分的实验内容涵盖了平菇液体发酵工艺条件的确定方法、发酵产物——多糖的测定、小型发酵罐的使用方法及利用小型发酵罐对平菇进行分批发酵的工艺操作。通过这三部分内容的学习和实践，可为今后利用发酵罐对食用菌进行深层液体发酵工业化生产奠定理论和实践基础。

实验 10-1　平菇液态发酵培养条件的确定

平菇常规固体菌种培养生产周期长、菌龄不一致，容易带来菌种质量不高，且生产效率较低的问题。液体发酵培养技术可大大缩短原种或栽培种的制种时间，提高菌种的均一性和生产效率。在液体培养中，菌丝体新陈代谢旺盛，菌丝生长分裂迅速，能在短时间内产生大量的菌丝体（菌种），液体菌种接入固体培养料时，又具有流动快、易分散、萌发快、发菌点多等特点。菌种可进行自动化、工业化和规模化生产，生产周期短，菌龄整齐。平菇多糖等代谢物质亦可从液体发酵培养的菌丝体里面直接分离纯化。发展平菇液体培养技术前景广阔。

（一）实验目的

1. 掌握微生物斜面培养基、种子培养基及发酵培养基确定方法，学会对已知菌种确定实验室发酵工艺。

2. 筛选平菇最适生长及产物形成的营养条件和培养条件，确定特定产物发酵的最适工艺参数。

（二）实验材料

1. 菌种

平菇（*Pleurotus ostreatus*）。

2. 仪器设备

天平、电炉、烘箱、恒温振荡培养箱。

3. 玻璃仪器

三角瓶（棉塞）、接种铲、试管菌种、烧杯 500 mL、量筒 100 mL 等。

4. 培养基原料

土豆、葡萄糖、蛋白胨、酵母粉、玉米粉、琼脂、KH_2PO_4、$MgSO_4$、$CaCl_2$、维生素 B_1 等。

（三）实验方法与步骤

1. 培养基配置（正交试验设计——培养基成分）

2. 接种

3. 培养(正交试验设计——培养条件确定)

4. 结果观察、检测

菌丝球直径、菌丝体积、生物量——比浊法和直接称重法、总糖、还原糖的测定等。

表 1-10-1 培养基正交试验因子水平

因素水平	葡萄糖(%)	维生素 B(%)	$MgSO_4$(%)	KH_2PO_4(%)
1	1.0	0.0	0.05	0.3
2	2.0	0.05	0.10	0.5
3	3.0	0.1	0.15	0.8

表 1-10-2 正交试验方案与结果

编号	葡萄糖(%)	维生素 B(%)	$MgSO_4$(%)	KH_2PO_4(%)	菌丝球直径(cm)	生物量(g/L)	多糖含量(%)
1	(1)	(1)	(1)	(1)			
2	(1)	(2)	(2)	(2)			
3	(1)	(3)	(3)	(3)			
4	(2)	(1)	(2)	(3)			
5	(2)	(2)	(3)	(1)			
6	(2)	(3)	(1)	(2)			
7	(3)	(1)	(3)	(2)			
8	(3)	(2)	(1)	(3)			
9	(3)	(3)	(2)	(1)			

表 1-10-3 培养条件正交试验因子水平

因素水平	接种量(%)	装液量(mL)	温 度(℃)	振荡速度(rpm)
1	5	25	25	100
2	3	50	28	150
3	1	100	30	300

表 1-10-4 正交实验方案与结果

编　号	接种量（%）	装液量（mL）	温　度（℃）	振荡速度（rpm）	菌丝球直径（cm）	生物量（g/L）	多糖含量（%）
1	（1）	（1）	（1）	（1）			
2	（1）	（2）	（2）	（2）			
3	（1）	（3）	（3）	（3）			
4	（2）	（1）	（2）	（3）			
5	（2）	（2）	（3）	（1）			
6	（2）	（3）	（1）	（2）			
7	（3）	（1）	（3）	（2）			
8	（3）	（2）	（1）	（3）			
9	（3）	（3）	（2）	（1）			

（四）实验结果与分析

1. 如何通过设计正交试验确定食用菌液态发酵的培养条件。
2. 根据所查资料说明接种量、装液量、温度和振荡速度对培养结果的影响。

实验 10-2　平菇液态培养的结果分析和测定

（一）实验目的

1. 学习液态培养结果观察。
2. 掌握丝状真菌液态培养的生物量的测定和总糖、还原糖的测定方法。

（二）实验材料

1. 仪器设备

天平、电炉、烘箱、紫外分光光度计、离心机。

2. 玻璃仪器及其他

平菇培养摇瓶种子、接种铲、表面皿、洗瓶、刻度离心管、刻度尺等。

(三)实验方法与步骤

1. 菌丝球直径和菌丝体体积的测量

直径:由刻度尺直接测得;体积:用刻度离心管离心后测得。

2. 生物量的测定

(1)原理

生物量的测定方法有比浊法和直接称重法等。酵母在液体深层通气发酵过程中是以均一浑浊液的状态存在的,可以采用直接比色法进行测定。而丝状真菌则一般用直接称重法测定其生物量。

(2)实验步骤

取发酵液在 3 000 r/min 离心 10 min,弃上清液。水洗,离心 10 min,沉淀称湿重和干重。

(四)多糖的测定——苯酚－硫酸法

1. 原　理

此法通过制备显色溶液在紫外分光光度计上进行光度测定。苯酚－硫酸为此法中所用到的试剂,另外还包括葡萄糖溶液(作标液)、样品(作样品液)、乙醇(使多糖沉淀)。

食品中分子量＞10 000 的高分子物质(多糖)在 80％乙醇溶液中沉淀,与水溶性单糖和低聚糖分离,粗多糖在硫酸的作用下水解成单糖,并迅速脱水生成糖醛衍生物,与苯酚缩合成有色化合物,用分光光度法测定样品粗多糖含量。

2. 实验步骤

(1)标准曲线的制作

①标准液制备

精密吸取葡萄糖标准使用溶液(40 mg/L)0,0.2,0.4,0.6,0.8,1.0,1.5,2.0 mL 分别置于 0 号、1 号、2 号、3 号、4 号、5 号、6 号、7 号试管中,加蒸馏水到 2 mL,各加入苯酚溶液 1.0 mL,在旋转混匀器上混匀,在冰水浴中小心加入浓硫酸 5.0 mL,于旋转混匀器小心混匀,置沸水浴中煮沸 10 min,冷却后用分光光度计在 490 nm 波长处以试剂空白溶液为参比,1 cm 比色皿测定吸光度值。

②标准曲线的制作

以 0 号管为空白,在分光光度计上测定 1—7 号管的吸光度值。以吸光度值为纵坐标,葡萄糖毫克数为横坐标,绘制标准曲线。

表 1-10-5 苯酚一硫酸法标准曲线制作参考表

40 mg/L 葡萄糖溶液(mL)	蒸馏水(mL)	6%苯酚(mL)	浓硫酸(mL)	$OD_{490\ nm}$
2.0	0.0	1.0	5.0	
1.8	0.2	1.0	5.0	
1.6	0.4	1.0	5.0	
1.4	0.6	1.0	5.0	
1.2	0.8	1.0	5.0	
1.0	1.0	1.0	5.0	
0.8	1.2	1.0	5.0	
0.6	1.4	1.0	5.0	
0.4	1.6	1.0	5.0	
0.2	1.8	1.0	5.0	

(2)样品液制备

①提取

精密称取混合均匀的含粗多糖样品 4.0 g，置于 100 mL 容量瓶中，加水 80 mL 左右，于沸水浴上加热 2 h，冷却至室温后补加水至刻度，混匀、过滤，滤液供沉淀多糖。

②沉淀粗多糖

精密取液体样品 5.0 mL(即被测多糖是液体而不是固体样品)置于 50 mL 离心管中，加入无水乙醇至 90%，混匀后以 4 000 r/min 离心 10 min，弃去上清液。沉淀后用 80%乙醇溶液数毫升洗涤，离心后弃去上清液，反复 3~4 次操作。接下来沉淀，用水溶解并定容至 50 mL，混匀后供沉淀葡聚糖。

③测定

精密取样品测定液 2.0 mL 置于 25 mL 比色管中，加入苯酚溶液 1.0 mL，在旋转混合器上混匀后，在冰水浴中小心加入浓硫酸 5.0 mL 后于旋转混合器上混匀后，置于水浴中煮沸 10 min，冷却至室温，用分光光度计在 490 nm 波长处，以试剂空白为参比，1 cm 比色皿测定吸光度值。

以上步骤必须做 3 个重复。

(3)计算

取样品液中 3 个重复的平均吸光度值在标准曲线上查标准曲线，计算出相应的葡萄糖毫克数，可求出发酵液中总多糖的含量。

(五)实验结果与分析

1. 比较平菇静置培养和摇瓶培养的菌丝球直径和生物量的变化,试分析产生其变化的可能的原因。

2. 结合实验一,谈谈平菇液态培养的体会,分析实验成功或失败的原因和收获。

实验 10-3 小型发酵罐中平菇的分批发酵

发酵罐(生物反应器)是发酵工程的重要组成部分,是利用发酵技术将原料转化为产品的关键设备,在发酵工程中处于中心地位。机械搅拌式发酵罐,是进行液体发酵的特殊设备。实验室使用的小型发酵罐,其容积可从 1L 至数百升。一般来说,10 L 以下的发酵罐是用耐压玻璃制作的罐体,10L 以上用不锈钢板或钢板制作罐体。发酵罐配备有控制器和各种电极,可以自动调控试验所需的培养条件,是微生物学、遗传工程和医药工业等科学研究所必需的设备。

(一)实验目的

1. 认识发酵罐的结构与功能,反应前的安装和准备,反应后的拆卸和清洗等。

2. 分别了解 pH 电极和溶氧电极(DO)的结构和基本原理;掌握 pH 电极和溶氧电极的校正方法。

3. 掌握发酵罐培养基的在位灭菌与离位灭菌;认识反应器在位高压灭菌的方法和规程,学会对反应器培养液灭菌过程中的升温、保压、降温和培养温度的设定等的操作。

4. 掌握发酵罐接种的方法及操作流程,确保发酵液无杂菌污染;掌握 pH 调节剂和消泡剂的流加方法。

5. 学会从发酵罐中定时取出样液的方法。并掌握正确使用发酵罐发酵生产的方法,从而可对中试及中试以上的发酵生产研究有一个初步的概念和感性认识。

6. 根据微生物生长的基本特点,引导学生对从菌体萌发到衰亡的整个生长过程有一个全面实际的认识,并在此基础上测绘菌体的生长曲线,同时根据测绘结果,计算对数生长期的比生长速率。

7. 了解测定生物量的基本方法(细胞计数法、生物量湿重法和干重法、浊度测定法、离心压缩细胞体积法)。

(二)实验原理

各厂家生产的发酵罐会有所差别,但基本原理是相同的。现以上海理工大学出厂的5L罐为例,说明小型发酵罐的结构。发酵罐的结构可分为罐体和控制器两部分,如图1-10-1。

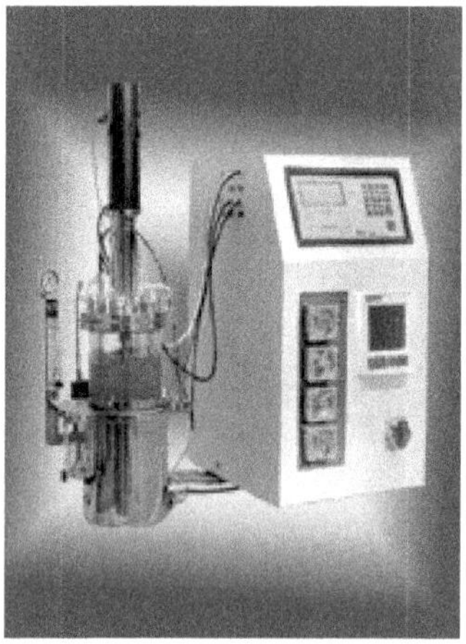

图 1-10-1 BIOF6010 微生物发酵罐

发酵实验的正常运行需要三部分结构,分别为:罐体和控制箱、空气压缩机(空压站)和蒸汽发生器(锅炉房),这里主要介绍罐体和控制箱。

罐体为一硬质玻璃圆筒,底和顶两端用不锈钢板及橡胶垫圈密封构成,容积为5L,顶盖上有几个孔口(如图1-10-2),分别是加料及接种口、放置温度计口、补料口、放置DO(溶解氧)氧电极口、放置温度电极口、放置pH电极口、放置消泡电极口、放置取样管口、放置搅拌器及冷凝管口。

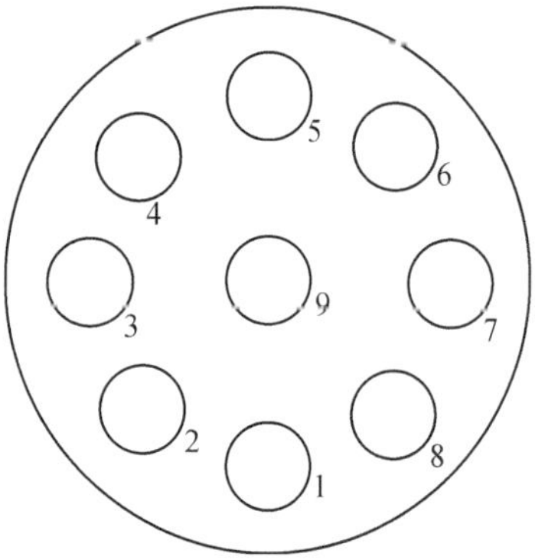

图 1-10-2 发酵罐顶盖及各孔口

1. 加料及接种口;2. 放置温度计口;3. 补料口;4. 放置DO(溶解氧)电极口;5. 放置温度电极口;6. 放置pH电极口;7. 放置消泡电极口;8. 放置取样管口;9. 放置搅拌器及冷凝管口

发酵罐放置在罐座上,罐座除支持发酵罐外,还有搅拌器转动装置、升温和冷却装置等。

控制器能够完成基本的控制功能,它由下列几部分构成:

(1) 参数输入及显示装置:用于输入控制发酵条件的各种参数及显示发酵过程中罐内培养液的温度、pH、DO(溶解氧)的测定数值。

(2)电极校正装置:用以校正pH电极和DO电极等。

(3)酸碱泵:用以向发酵罐加入酸液(或生理酸性物质)、碱液(或生理碱性物质)以调节培养液中的 pH。

(4)消泡剂加入泵:用于向发酵罐加入消泡剂,以消除发酵过程中产生的过多泡沫。

(5)报警及蜂音器按钮:当发酵过程中电路发生故障时,如显示屏上显示温度、转速或 DO 值超出本机的设定值,则显示屏上的相应值闪烁,并发出“嘟、嘟”声。按此按钮则“嘟、嘟”声可暂时消除,但只有当故障排除,蜂音器才能停止报警。

(6)自动或人工控制按钮:用以决定本控制器是处在自动控制或人工控制状态。

(7)电极电导连线:本机有 8 条连接导线,分别连接控制发酵罐的 DO、pH、温度、泡沫、转速、电机启动、加热和冷却。

(8)空气调节装置:控制器的空气调节装置由进气口、出气口、空气减压阀、空气压力表、空气流量调节阀和空气流量计组成,用以调节进入发酵罐的空气流量及压力。进气管与空气压缩机或氧气瓶相连;出气管与发酵罐之间接有空气过滤器,以滤除空气中的微生物,避免染菌。

(三)实验材料

1. 菌种

平菇(*Pleurotus ostreatus*)。

2. 培养基

(1) 斜面培养基

马铃薯葡萄糖培养基(PDA)(g/L),马铃薯 200 g,葡萄糖 20 g,琼脂 20 g,自然 pH 值。

(2) 种子培养基(g/L)

①马铃薯 200 g,葡萄糖 20 g,自然 pH 值。

②葡萄糖 15 g,蛋白胨 5 g,$MgSO_4 \cdot 7H_2O$ 0.5 g,KH_2PO_4 1 g,酵母粉 2 g,pH 5.0。

③马铃薯 20 g,葡萄糖 2 g,KH_2PO_4 0.3 g,$MgSO_4 \cdot 7H_2O$ 0.15 g,pH 5.5,V_B 0.05%~0.1%。

(3) 发酵培养基(%)

玉米粉 1 g,葡萄糖 2 g,酵母粉 0.5 g,$MgSO_4 \cdot 7H_2O$ 0.15 g,$KH_2PO_4 \cdot 3H_2O$ 0.15 g,pH 5.0~6.0。

(四)实验材料

BIOF6010 型发酵罐。

(五)实验方法与步骤

1. 菌种准备

配制 PDA 培养基 100 mL,分装试管,灭菌后摆成斜面。将平菇接种于斜面上,28℃培养 72 h。

2. 液体深层培养

选用菌种,经试管斜面活化培养,接种于含 100 mL 液体培养基的 250 mL 三角瓶,28℃培养 3 d。移接于含 200 mL 液体培养基的 500 mL 三角瓶,28℃培养 2 d。然后,按 10%的接种量移接于装有 3.5L 液体培养基的磁力搅拌发酵罐,连续通风搅拌培养 6 d。放罐后,离心分离得菌丝体和发酵液。

3. 发酵条件

以正交试验确定的培养基作为发酵培养基,装料系数为 0.7,接种量为 10%,培养温度为 28℃, pH 为 5.0~6.0,通气量为 1∶1,溶氧控制在饱和度的 10%以上。

(1)上罐前的准备

①发酵罐的清洗

洗净发酵罐及各个部件,洗净各连接胶管。发酵罐内(可进行清洗)任何部分都应认真清洗,否则都可能成为杂菌的滋生地。发酵前期引起染菌的主要原因是清洗不净。易被忽略而未能充分清洗的地方有轴封、罐顶、取样管和空气分布器等处。另外,还应充分注意发酵罐周围的附件设备,如加热电器、空气压缩机、电机的安全使用。

②上罐前的各项检查工作

检查空气源,排油;防油进空气过滤器造成堵塞。

检查管道阀门(加棉团吸油) 校检空气减压阀,pH 和 DO 电极,检查轴封。

③培养基灭菌

配制培养基 2 000 mL,置发酵罐内,调整 pH 为 6.0,加消泡剂豆油 0.2%~2% ,121℃ 30 min 灭菌。灭菌后取出置无菌室中。

(2)上罐时的操作步骤

①把发酵罐置罐座上,连接各电极导线。

②接通控制器、参数输入及显示装置、电极校正装置及罐座电源。

③按控制器、参数输入与显示装置上的 AUTO 键,使发酵罐处在自动控制状态。

④连接压缩空气管路,接通空气压缩机电源,调节贮气罐出气压力为 0.5~1.0 MPa,通入压缩空气,调节空气流量计旋钮,使浮子悬浮在 5~7 L/min 处。

⑤调节搅拌转速为 250 r/min。

⑥连接冷却水管路，打开自来水龙头，通入冷却水。

⑦输入各控制参数，本机自动控制发酵过程中的温度、pH 及显示 DO 值。控制参数的输入是通过参数输入及显示装置进行的。

⑧当发酵罐的温度达到 28～30℃时，进行接种。

将酒精置接种口环内，点燃，进行无菌接种，接入种子。密封接种口。接种后立即进行第一次取样。

⑨在搅拌转速 300 r/min 和空气流量在 7 mL/min 下校正 DO 至 100%。

(3)发酵过程各指标的测定

发酵 12 h 后，进行第二次取样。此后，每隔 6 h 进行一次取样。

每次取样检测的指标有生物量、还原糖、蛋白酶酶活、氨基态氮。

每 2 h 采样，作固定片结晶紫染色，镜检，观察是否染菌。早期染菌则提前放罐。

(4)放罐

经过发酵 48 h 后，发酵液基本澄清，菌量增长缓慢，便可放罐。发酵液经离心后，收集发酵液作进一步处理。

(5)清洗

①放罐后，向发酵罐内加入 2 500 mL 水。

②把取样管插入发酵罐内，固定。连同其他接触过微生物的容器和物品，置高压蒸汽灭菌锅中灭菌。

③灭菌后清洗干净，按要求存放。

(六)实验结果与分析

1. 画出培养液中菌体生物量(g/L)随流加培养时间变化的曲线。
2. 菌丝体平菇多糖的含量的测定。

附：发酵罐操作流程

1. 发酵准备工作与设备检查

检查罐体安装是否正确，罐盖各配件装置就位是否正确，密封是否良好，接口有否松动等，发酵前需做保压试验。

管阀系统需检查阀门开闭状态是否正确，避免接口有松动、泄露现象。

电气控制系统需检查各电极、传感器的连接是否正确，在进入运行前需先调好各测量参数、数据显示等才能打开电源开关。

观察空压机的工作压力、压力继电器、调压过滤器是否正常，蒸汽发生的水、电、安全阀、进出器阀以及接口是否正常。

2. 灭菌

准备工作:将排水硅胶软管装在排水排气口上,打开排水排气阀,关闭溢水阀和罐体上其他阀门,取出 pH、DO 电极校验,拔下泡沫电极、搅拌轴、顶盖接地线的连接插头,取出测温电极等,拧下冷凝器进出口接头,补料瓶上安装呼吸过滤器,拧下回水管堵头,打开蒸汽发生器提供蒸汽。

(1)空罐灭菌

装上 pH、DO 电极孔、三针补料口的堵头。

安装密封固定架,将进气口、取样口、补料口胶管用专用夹夹紧,尾气过滤瓶装上,并敞开尾气口。

打开控制面板,选择灭菌辅助程序,设置参数。

提供蒸汽源,打开进蒸汽阀,打开排水排气阀,使升温灭菌。

灭菌时间到,关闭进蒸汽阀和蒸汽源。可适当开大排水排气阀。等罐压降至常压,全开排水排气阀,放尽冷凝水,取下灭菌罩,灭菌完毕。

(2)实罐灭菌

空罐灭菌后,应尽快进行实罐灭菌。

装上校正好的 pH、DO 电极并旋上保护盖,按工艺要求放入培养液。其他操作同上述“空罐灭菌”。

3. 开机和培养

(1)开机运行准备工作

安装回水管堵头,关闭排水排气阀,打开溢流水阀和冷却水源。打开空压机,将压力调整为 0.1~0.15 MPa。进气过滤器与压力表连接。打开气路调节阀,松开进气、尾气口胶管夹头,调节气量至所需流量。安装好搅拌电机和顶盖接地线。插上测温电极,取下 pH、DO 电极保护盖,并连接。将补料瓶的输液胶管安装在对应蠕动泵上,松开补料口夹头。在非运行状态下,打开总电源开关,设置较低的温度,进入 RUN,使罐温迅速下降。

(2)控制参数设置与运行

按工艺要求设置搅拌转速、培养温度、pH、DO 参数、消泡加液量以及相应的报警上、下参数。在 1 h 内先进行低速运转(100 转以下),等顶盖温度降至常温时再设置到要求的速度。投入运行,观察各控制参数显示情况是否正常。按工艺要求调整罐压与空气流量。

(3)接种培养

当各测量参数显示正常稳定时,就可进行接种(接种时应确保实验室空气相对静止,如关掉电扇等)。

点燃酒精盘内无水酒精或酒精棉,适当加大通气量或减小尾气流量,接种合格的摇床菌种。接种完毕按工艺要求恢复罐压和通气量。

(4)取样与放料

夹紧尾气胶管(使罐内适当增压,但罐压不得大于 0.1 MPa)。

把无菌取样瓶置于酒精焰上,拔去瓶塞,对准取料口,调节点压板,从取料胶管取出所需样品后再夹紧点夹子,盖上取样瓶盖,夹紧取样管口的胶管。

放去胶管内的残料。

取样前后应用 75%酒精对取料口消毒。

放料方法与取料方法同。

4. 发酵罐的清洁保养方法

(1)清洗

清洗前应取出 pH、DO 电极,按要求进行保养。

清洗罐内可配合进水进气、电机搅拌、加温一起进行,如多次换水还不能清洗洁净,则要打开顶盖用软毛刷刷洗罐内部件。方法如下:

关闭控制开关与电源开关,取下顶盖电极、电机及其连线插头,拧下进气胶管、冷凝器接头。

拧松罐盖紧固螺丝,小心、垂直向上取出罐盖,横置于平整桌面,垫好,不要碰撞,刷洗干净罐内部件。

玻璃罐取出,小心清洗干净,轻轻放回原位,注意四周间隙对称。

清洗后安装要注意罐内密封圈、硅胶垫就位情况。

拧紧罐盖四个紧固螺丝,用力均匀平衡,并注意罐与罐座间隙均衡,螺丝不要拧得过紧以免损坏玻璃罐。

(2)试车

将电极、电机、电缆、进气胶管安装就位。

安装完毕后要对罐体内通气作密封性试验。

对系统进行 2～3 h 试运行,一切情况正常方可使用。

(3)发酵罐待用

如果短期内需再次培养发酵,应对其进行灭菌后通入无菌空气,保压待用。

如准备长期停用,需放去水箱与罐内存水,放松罐盖紧固螺丝,取出电极保养储存好,关闭电源及所有阀门,盖上防尘罩。

每次培养后应用干净抹布清除罐体上的脏物、水渍。

5. 检查维护

为了保证设备的正常运行,除了熟悉设备的工作原理与各部件的结构、功能作用外,还应该加强设备的维护与管理,只有做到精心维护才能保证设备处于最好状态,延长设备的使用年限。

参考文献

[1] 陈传红,金卫根,李荣同,等.真菌多糖药理作用研究进展[J].时珍国医国药,2006,17(6).
[2] 高明燕,罗霞,郑林用,等.侧耳属真菌的营养成分及药理作用研究进展[J].安徽农业科学,2010,38(29).
[3] 关景奎.小蘑菇成为我国创汇大产业[J].农产品加工(创新版),2011(2).
[4] 吕作舟.食用菌栽培学[M].北京:高等教育出版社,2006.
[5] 黄毅.食用菌栽培[M].北京:高等教育出版社,2008.
[6] 张金霞,谢宝贵,边银丙,等.食用菌菌种生产与管理手册[M].北京:中国农业出版社,2006.
[7] 刘贤铭.真菌多糖的抗肿瘤研究及临床应用评价[J].中国药房,2006,17(8).
[8] 逯海燕,郭顺星,林晨.真菌多糖等代谢产物的抗肿瘤药理研究[J].天然产物研究与开发,2000,12(6).
[9] 龚淑俐,邓放明.真菌多糖的生物活性研究进展[J].中国食物与营养,2006(12).
[10] 杜梅,张松.食用菌多糖降血糖机理研究[J].微生物学杂志,2007,27(2).
[11] Bobek P, Ginter E, Kuniak L, et al. Effect of mushroom Pleurotus ostreatus and isolated fungal polysaccharide on serum and liver lipids in Syrian hamsters with hyperlipoproteinemia [J]. Nutrition, 1991, 7(2).
[12] Bobek P, Ginter E, Juroviová M, et al. Cholesterol-lowering effect of the mushroom Pleurotus ostreatus in hereditary hypercholesterolemic rats [J]. Ann Nutr Metab, 1991, 35.
[13] 齐放,宋启印,王淑敏.HPLC 法测定长柄侧耳中的洛伐他汀含量[J].中国食用菌,2009,28(6).
[14] 杨海龙,林文燕.平菇多糖的分离纯化及其对超氧自由基的效应[J].食品科学,1999,(10).
[15] 刘祖同,罗信昌.食用蕈菌生物技术及应用[M].北京:清华大学出版社,2002.

（编者:高永生）

综合实验十一
淀粉酶发酵制备技术

一、背景知识

淀粉酶是具有水解淀粉和糖原能力酶类的统称，广泛存在于动植物和微生物中。淀粉酶可以将自然界中广泛存在的淀粉转化为单糖或低聚糖等可发酵性糖，是迄今为止用途最广、产量最大的酶制剂品种之一。淀粉酶按照水解糖苷键方式的不同可以分为五大类。

（一）α-淀粉酶

α-淀粉酶全称为 α-1,4-葡聚糖-4-葡聚糖水解酶，又叫淀粉-1,4-糊精酶，液化酶是一种内切酶，从淀粉分子内部随机切割 α-1,4-糖苷键，生成糊精和还原糖，从而使淀粉糊的黏度迅速下降，达到淀粉液化的作用，俗称液化酶。因产物的末端残基碳原子构型为 α-构型，学名为 α-淀粉酶。α-淀粉酶不能水解支链淀粉分支点的 α-1,6-糖苷键，也不能水解 α-1,6-糖苷键附近的 α-1,4-糖苷键。微生物来源的 α 淀粉酶主要来源于枯草芽孢杆菌（*Bacillus subtilis*）、地衣芽孢杆菌（*B. licheniformis*）、嗜热脂肪芽孢杆菌（*B. stearothermophilus*）、米曲霉（*Aspergillus oryzae*）、黑曲霉（*A. niger*）等。细菌来源的 α 淀粉酶一般热稳定性比较好，最适作用 pH 一般为 6.0～8.0 中性范围。在工业上 α-淀粉酶用途及其广泛，已经用于食品、发酵、谷物加工、纺织、造纸、医药、轻化工业、石油开采等各个领域，其中最大的用途是酶法生产葡萄糖、饴糖、棉布退浆、酒精发酵等。

（二）β-淀粉酶

β-淀粉酶又叫淀粉-1,4-麦芽糖苷酶，是一种外切型淀粉酶，从底物非还原性末端依次水解每间隔一个的 α-1,4-糖苷键，终产物是麦芽糖。其酶制剂的来源曾经长期依赖于麦芽、甘薯和大豆。随着研究的进一步发展，目前已经开发了很多微生物生产菌种，主要有芽孢杆菌属的蜡状芽孢杆菌（*B. cereus*）、巨大芽孢杆菌（*B. megaterium*）、凝结芽孢杆菌（*B. coaglans*）、多黏芽孢杆菌（*B. polymyxa*）等。β 淀粉酶主要用于淀粉糖的生产，如饴糖、高麦芽糖浆等。

(三)葡萄糖淀粉酶

葡萄糖淀粉酶又称糖化酶,是一种外切酶,水解方式是从淀粉或寡糖的非还原性末端开始,逐个切除葡萄糖分子。与β-淀粉酶相似,水解产生的游离半缩醛羟基发生转位作用,释放β-葡萄糖。它不仅能水解α-1,4-糖苷键,还能水解α-1,6-糖苷键和α-1,3-糖苷键,只是水解后两者的速度较前者要慢得多,因此葡萄糖淀粉酶作用于直链淀粉和支链淀粉时,其水解终产物全部为葡萄糖。许多微生物都可以产生葡萄糖淀粉酶,其中被研究较多的是真菌葡萄糖淀粉酶,工业上应用最多的是来自于黑曲霉(*A. niger*)和米根霉(*Rhizopus oryzae*)的葡萄糖淀粉酶。葡萄糖淀粉酶在工业上的主要用途是作为淀粉的糖化剂,是淀粉工业转化的主要水解酶。与α-淀粉酶一起广泛用于淀粉糖的生产和发酵生产领域。在酒精、白酒发酵生产中代替酒曲,可提高糖化率,提高出酒率。在啤酒加工中,可生产低糖干啤酒等。

(四)解枝酶(异淀粉酶)

解枝酶(异淀粉酶)又叫淀粉-1,6-葡萄糖苷酶,是能够专一地切开支链淀粉和糖原等分支点的α-1,6-糖苷键,从而形成长短不一的直链淀粉的一类淀粉酶。异淀粉酶的来源非常广泛,动植物和微生物中都发现了异淀粉酶。能够产生异淀粉酶的微生物主要包括产气杆菌(*Aerobacter aerogene*)、假单胞菌属(*Pseudomonas*)、芽孢杆菌属(*Bacillus*)、产酸克雷伯氏菌(*Klebsiella oxytoca*)等。

(五)环糊精转移酶

环糊精转移酶功能为切断淀粉、糖原、寡聚或多聚糖分子供体内部的α-1,4-糖苷键并将其转移到受体糖链上重新形成α-1,4-糖苷键。环糊精转移酶具有很低的水解活性,其转移活性体现在可使6～8个寡糖分子环化,并形成具有高度分支的糊精或环状极限糊精。

二、实验简介

本实验包括产淀粉酶芽孢杆菌的分离筛选、紫外诱变、深层发酵、黄曲霉固态发酵产糖化酶以及淀粉酶活力测定的几种不同方法等内容,学生学习后可全面掌握淀粉酶生产菌的获取、发酵等工艺技术,为今后从事酶制剂的生产奠定理论和实践基础。

实验 11-1　产淀粉酶芽孢杆菌的分离

(一)实验目的

使学生掌握从自然界中分离淀粉酶产生菌及淀粉酶活力测定的方法，培养学生自行设计实验流程、判断实验结果的能力，并对所学习过的微生物实验方法进行综合技能训练。

(二)实验原理

许多微生物都能产生淀粉酶，细菌中的芽孢杆菌是常见的淀粉酶产生菌。本实验将土壤样品悬液加热处理，杀死非芽孢细菌及其他微生物菌体，通过平板分离可获得细菌的单菌落，经芽孢染色可判断分离菌株是否为芽孢杆菌。将单菌落接种至淀粉平板，凡是具有产淀粉酶能力的芽孢杆菌，水解淀粉生成小分子糊精和葡萄糖，在淀粉平板上菌落周围会出现水解圈，但肉眼不易分辨，滴加碘液后，未水解的淀粉呈蓝色，水解圈无色，由此可分离得到产淀粉酶的菌株。

液化型淀粉酶能将淀粉水解成糊精以及少量麦芽糖和葡萄糖，使淀粉对碘呈蓝色的臭特异性逐渐消失，该颜色消失的速度可衡量酶的活力。

(三)实验材料与装置

1. 材料

自行分离产生淀粉酶的芽孢杆菌。

2. 培养基

(1)斜面培养基：牛肉膏蛋白胨琼脂培养基。

(2)平板分离培养基：牛肉膏蛋白胨琼脂培养基。

(3)淀粉培养基：牛肉膏 5 g，蛋白胨 10 g，NaCl 5 g，可溶性淀粉 2 g，琼脂 15～20 g，蒸馏水 1 000 mL，pH 7.2。

(4)产淀粉酶发酵培养基：玉米粉 8 g，豆饼粉 4 g，蛋白胨 0.5 g，KH_2PO_4 0.5 g，$(NH_4)_2SO_4$ 0.5 g，Na_2HPO_4 0.8 g，水 100 mL，pH 自然。

3. 试剂

(1)碘原液：称取 11.0 g 碘和 22.0 g 碘化钾，用少量水溶解，定容至 500 mL，储存于棕色瓶中。

(2)标准稀碘液：吸取 2.00 mL 原碘液，加 20.0 g 碘化钾，用水完全溶解后，定容至 500 mL，储存于棕色瓶中。

(3)2%可溶性淀粉溶液：称取 2.00 g 可溶性淀粉，用少量水调成浆状物，边搅拌边缓缓加入 70 mL 沸水中，用水分次冲洗装淀粉的烧杯，洗液倒入其中，搅拌加热到完全透明，冷却定容至 100 mL。此溶液当天配制当天使用。

(4)0.02mol/L、pH 6.0 磷酸氢二钠一柠檬酸缓冲液：称取 $Na_2HPO_4 \cdot 12H_2O$ 45.23 g，柠檬酸($C_6H_8O_7 \cdot H_2O$)8.07 g，用蒸馏水溶解定容至 1 000 mL，配好后用 pH 计校正 pH 为 6.0。

(5)标准糊精溶液：将 0.03 g 糊精加入 90 mL 煮沸的蒸馏水中，冷后定容至 100 mL，滴加甲苯 3～5 滴，冰箱保存。

(6)卢戈氏碘液：碘 1 g，碘化钾 2 g，蒸馏水 300 mL。

(7)芽孢染色液：

①50 g/L 孔雀绿溶液；②50 g/L 番红水溶液；③苯酚品红溶液：碱性品红 11 g，无水乙醇 100 mL。取上述溶液 10 mL 与 100 mL 50 g/L 苯酚溶液混合，过滤。

4. 仪器和其他装置

三角瓶、烧杯、量筒、容量瓶、试剂瓶、培养皿、试管、水浴锅、灭菌器、显微镜、摇床、白瓷板等。

(四)实验方法与步骤

1. 分离

(1)采集土样，用无菌水制备 1∶10 土壤悬液。

(2)取上述土壤悬液 5 mL，注入已灭菌的试管中，将此试管放入 80℃左右水浴中热处理 10 min，以杀死无芽孢杆菌及其他微生物，浓缩芽孢杆菌。

(3)用平板划线法分离单菌落，37℃培养 24～48 h。

(4)选取表面干燥、粗糙、不透明、污白色或微带黄色的单菌落进行编号。通过芽孢染色判断所选菌落是否为芽孢杆菌。

2. 筛选

(1)从已判断为芽孢杆菌的菌落处，分别挑取少许菌苔，先接种至含淀粉的斜面培养，再接种至淀粉平板。37℃培养 24～48 h，在淀粉平板上滴加卢戈氏碘液后测定菌苔的直径和水解圈的大小。

(2)选择水解圈直径与菌落直径比值大的菌落，接种至产酶培养基，37℃振荡培养 48 h，将发酵液过滤或离心，取上清液检测淀粉酶活力。

3. 淀粉酶活力检测(Wohlgemuth Hagihara 改良法)

(1)吸取 1 mL 标准糊精溶液，置于盛有 3 mL 标准稀碘液的试管中，混匀，作为比较颜色的标准管。

(2)于白瓷板空穴滴入 1.5 mL 稀碘液。在 25mm×200mm 试管中，加入 2% 可溶性淀粉 20 mL，pH 6.0 磷酸氢二钠一柠檬酸缓冲液 5 mL，在 60℃水浴中预热 4～5 min，加入稀释好的酶液 0.5 mL，充分混匀，立即计时，定时取 0.5 mL 反应液加入预先滴有稀碘液的白瓷板空穴中，当颜色反应由紫色变成红棕色，与标准比色管颜色相同时，即到达反应终点，记录反应总时间即为液化时间。酶反应全部时间控制在 2～2.5 min，测定时照明采用日光灯。

(3)酶活力计算

以 1 mL 酶液于 60℃、pH 6.0 的条件下，在 1 h 内液化可溶性淀粉的克数来表示[g 可溶性淀粉/(mL·h)]。

$$X=(\frac{60}{t}\times 20\times 2\%\times n)/0.5=\frac{48n}{t}$$

式中，n 为酶液稀释倍数，20 为可溶性淀粉溶液的毫升数，2% 为可溶性淀粉浓度，0.5 为测定时所用酶量，60 为分钟数，t 为测定时记录的液化时间。

实验 11-2　淀粉酶生产用枯草芽孢杆菌的紫外诱变

(一)实验目的

1. 观察紫外线对枯草芽孢杆菌产生淀粉酶的诱变效应。
2. 学习并掌握物理诱变育种的方法。

(二)实验原理

物理诱变因子中以紫外线辐射的使用最为普遍，其他物理诱变因子则受设备条件的限制，难以普及。一般用于诱变育种的物理因子有 ^{60}Co、γ-射线和高能电子流 β-射线等。紫外线作为物理诱变因子用于工业微生物菌种的诱变处理具有悠久的历史，尽管几十年来各种新的诱变剂不断出现并应用于诱变育种，但到目前为止，对于经诱变处理后得到的高单位抗生素产生菌种中，有 80%左右是通过紫外线诱变后经筛选而获得的，因此，对于微生物菌种选育工作者来说，紫外线作为诱变因子还是应该首先考虑的。

紫外线的波长在 200～300 nm，但对诱变最有效的波长仅仅是 253～265 nm，一般紫外线杀菌灯所发射的紫外线波长大约有 80%是 254 nm。紫外线诱变的主要生物学效应是由 DNA 变化造成的，DNA 对紫外线有强烈的吸收作用，尤其是碱基中的嘧啶，它比嘌呤更为敏感。紫外线引起 DNA 结构变化的形式很多，如 DNA

链的断裂、碱基破坏等，但其最主要的作用是使同链 DNA 的相邻嘧啶间形成胸腺嘧啶二聚体，阻碍碱基间的正常配对，从而引起微生物突变或死亡。

经紫外线损伤的 DNA 能被可见光照射而复活，因此，经诱变处理后的微生物菌种要避免长波紫外线和可见光的照射，故经紫外线照射后样品需要黑纸或黑布包裹。另外，照射处理后的孢子悬液不要储放太久，以免突变在黑暗中修复。

(三)实验材料

菌种：枯草芽孢杆菌(*Bacillus subtilis*)CICC 10033，中国工业微生物菌种保藏管理中心。

培养基：牛肉膏、蛋白胨、固体培养基、淀粉培养基。

药品：牛肉膏、蛋白胨、NaCl、可溶性淀粉、碘液。

仪器及其他用具：试管、移液管、三角瓶、量筒、烧杯、20 W 紫外灯、磁力搅拌器、离心机、灭菌器、超净工作台等。

(四)实验方法与步骤

1. 按要求配制培养基，并将培养基、生理盐水及所需器皿灭菌，备用

2. 诱变

取已培养 20 h 的活化枯草芽孢杆菌斜面一支，用 10 mL 生理盐水将菌苔洗下，并倒入盛有玻璃珠的三角瓶中，强烈振荡 10 min，以打碎菌块，离心(转速 3 000 r/min)15 min，弃去上清液，将菌体用无菌生理盐水洗涤 2 次，最后制成菌悬液，用血细胞计数板在显微镜下直接计数。调整细胞浓度为 10^8 cfu/mL。

将淀粉琼脂培养基熔化后，冷却至 45℃左右倒平板，凝固后待用。正式照射前开启紫外灯预热 10 min。取制备好的菌悬液 4 mL 移入直径 6 cm 的无菌培养皿中，放入无菌磁力搅拌棒，放在磁力搅拌器上、20 W 紫外灯下 30 cm 处，然后打开皿盖边搅拌边照射，照射时间分别为 1 min、2 min、3 min、5min。可以累积照射，也可以分别照射不同时间。

在红外灯下分别取未照射的菌悬液(作为对照)和照射过的菌悬液各 0.5 mL 进行不同程度的稀释，取最后三个稀释度的稀释液涂布于淀粉培养基平板上。每个稀释度涂 3 个平板，每个平板加稀释液 0.1 mL，用无菌玻璃涂布棒涂匀，37℃下培养 48 h(用黑布包好平板)。注意在每个平板背后要标明处理时间、稀释度、组别等信息。

3. 计算存活率及致死率

将培养 48 h 后的平板取出进行细胞计数。根据平板上的菌落数，计算出对照样品 1 mL 菌液中的活菌数。

$$存活率=\frac{处理后 1\ mL 菌液中活菌数}{对照 1\ mL 菌液中活菌数}\times 100\%$$

$$致死率=\left(对照 1\ mL 菌液中的活菌数-\frac{处理后 1\ mL 菌液中活菌数}{对照 1\ mL 菌液中活菌数}\right)\times 100\%$$

4. 观察诱变效应

在平板菌落计数后，分别向菌落数在 5～6 个的平板内加碘液数滴，在菌落周围将出现透明圈，分别测量透明圈直径与菌落直径并计算比值(HC 值)，与对照平板进行比较，根据结果说明紫外线对枯草芽孢杆菌产生淀粉酶诱变的效果，选取 HC 值大的菌落移接到新鲜牛肉膏斜面上培养。此斜面可作复筛用。

(五)实验结果与分析

将实验结果按表 1-11-1 要求如实填入，并分别计算出存活率、致死率。

表 1-11-1　紫外线处理对枯草芽孢杆菌的影响

处理时间(min)	透明圈直径(mm)	菌落数(个)	存活率(%)	致死率(%)
0				
1				
2				
3				
5				

(六)实验注意事项

紫外线操作应在暗室中或晚上进行，诱变后应避光保存菌种，避免回复突变。

实验 11-3　枯草芽孢杆菌发酵生产 α-淀粉酶

(一)实验目的

1. 学习掌握 α-淀粉酶发酵试验的基本原理、控制条件和操作方法。
2. 学习 α-淀粉酶酶活力测定的具体操作方法。

(二)实验原理

α-淀粉酶(α-amylase，EC3. 2. 1. 1)能分解淀粉(天然底物通常是 α-1，4-糖苷键），能以随机的方式切割淀粉分子内部的α-1，4-葡萄糖苷键，产物为糊精、低聚糖和单糖类，使淀粉的黏度迅速降低而还原力逐渐增加。α-淀粉酶作为安全高效的生物催化剂，广泛应用于食品、酿造、制药、纺织和石油开采等诸多领域。特别是广泛应用在食品与酿造的许多生产领域，如酶法生产葡萄糖及果葡糖浆、酒精及味精等生产中，是目前国内外应用最广、产量最大的酶制剂之一。α-淀粉酶的主要生产菌有枯草芽孢杆菌、地衣芽孢杆菌和淀粉液化芽孢杆菌等。

目前，工业上主要是利用深层发酵法，大规模生产α-淀粉酶。我国从1865年开始应用枯草芽孢杆菌（*Bacillus subtilis* ）BF－7658生产α-淀粉酶，当时仅无锡酶制剂厂独家生产。现在国内生产酶制剂的厂家已发展到上千个，其中约有近一半的工厂生产α-淀粉酶，总产量上万吨。目前工业化生产所使用的菌株大多是由野生菌株经多次诱变的突变株。

近几年来，耐高温α-淀粉酶的研究相当活跃，国外生产耐高温α-淀粉酶发展较快，已从嗜热真菌、高温放线菌，特别是从嗜热脂肪芽孢杆菌（*Bacillus stearothermophilust*）和地衣芽孢杆菌（*Bacillus licheniformus*）等中分离得到了耐高温的α-淀粉酶菌种。国内虽已开展了耐高温α-淀粉酶的研究工作，但目前仍以枯草杆菌菌株生产α-淀粉酶为主。

（三）实验材料

1. 微生物菌种

枯草芽孢杆菌（*Bacillus subtilis*）CICC 10080，中国工业微生物菌种保藏管理中心。

2. 培养基与试剂

（1）马铃薯培养基（PDA）、种子培养基、发酵培养基。

（2）马铃薯、蔗糖、琼脂、可溶性淀粉、豆饼粉、玉米粉、Na_2HPO_4、$(NH_4)_2SO_4$、NH_4Cl、$CaCl_2$。

（3）原碘液：称取11.0 g碘和22.0 g碘化钾，用少量水溶解，定容至500 mL，储存与棕色瓶中。

（4）稀碘液：吸取2.00 mL原碘液，加20.0 g碘化钾，用水完全溶解后，定容至500 mL，储存与棕色瓶中。

（5）2％可溶性淀粉溶液：称取2.00 g可溶性淀粉，用少量水调成浆状物，边搅拌边缓缓加入70 mL沸水中，用水分次冲洗装淀粉的烧杯，洗液倒入其中，搅拌加热到完全透明，冷却定容至100 mL。此溶液当天配制当天使用。

（6）磷酸缓冲液（pH 6.0）：称取$Na_2HPO_4\cdot 12H_2O$ 45.23 g，柠檬酸（$C_6H_8O_7\cdot H_2O$）8.07 g，用蒸馏水溶解定容至1000 mL，配好后用pH计校正pH为6.0。

（7）0.1mol/L盐酸。

3. 仪器设备

超净工作台、电热恒温振荡培养箱、恒温培养箱、分光光度计、酸度计、高压灭菌锅、电炉。

4. 其他材料

三角瓶、无菌吸管、精密 pH 试纸、比色用白瓷板。

(四)实验方法与步骤

1. 培养基的制备

(1)制备马铃薯培养基斜面

培养基组成:马铃薯 20 g,蔗糖 2 g,琼脂 2 g,水 100 mL,pH 自然。

配制方法:马铃薯去皮,切成块煮沸 30 min,然后用纱布过滤,再加糖及琼脂,熔化后补足水至 100 mL,分装于试管,于 121℃灭菌 20 min,摆成斜面。

(2)制备种子培养基

配制种子培养基:豆饼粉 3%,玉米粉 2 %, Na_2HPO_4 0.6%,$(NH_4)_2SO_4$ 0.3%,NH_4Cl 0.1 %,pH 6.5。

分装入 250 mL 三角瓶中(50 mL/瓶),于 121℃灭菌 20 min,冷却后备用。

(3)制备发酵培养基

配制发酵培养基:可溶性淀粉 8%,豆饼粉 4%,玉米浆 2%,Na_2HPO_4 0.4%,$(NH_4)_2SO_4$ 0.3%,NH_4Cl 0.1%,$CaCl_2$ 0.2%,pH 6.5。

分装入 500 mL 三角瓶中(50 mL/瓶),于 121℃灭菌 20 min,冷却后备用。

2. 液体种子的制备

(1)斜面菌种活化

取枯草芽孢杆菌菌苔 1 环,移接于马铃薯培养基斜面上。

置于 37℃恒温箱中培养 12~16 h,备用。

(2)制备液体种子

取经活化的枯草芽孢杆菌斜面菌种 2 环,移接于装有 50 mL 种子培养基的 250 mL 三角瓶中。

置于电热恒温振荡培养箱中于 37℃振荡培养 16 h,备用。

3. α-淀粉酶的发酵

(1)α-淀粉酶发酵

吸取液体种子培养物 5 mL,移接于装有 50 mL 发酵培养基的 500 mL 三角瓶中。

置于电热恒温振荡培养箱中于 37℃振荡发酵培养 36 h。

每隔 4 h 取样,测定发酵培养液的 pH,OD 和酶活性,并做记录。

(2)α-淀粉酶活性测定

吸取 20 mL 可溶性淀粉溶液，加入磷酸缓冲液 5.0 mL，摇匀后，置于 60℃ 恒温水浴中预热 8 min。

加入 1 mL 稀释好的酶液，立即计时，摇匀，反应 5 min。

立即用移液枪吸取 1.0 mL 反应液，加到预先盛有 0.5 mL 盐酸溶液和 5.0 mL 稀碘液的试管中，摇匀，并以 0.5 mL 盐酸溶液和 5.0 mL 稀碘液为空白，于 660 nm 波长下，用 10mm 比色皿迅速测定其吸光度(A)，根据吸光度从下表查得测试酶液的浓度。

酶活力计算：

$$X_1 = c \times n$$

式中：X_1—酶活力(U/mL)，c—测试酶样浓度(μ/mL)，n—样品的稀释倍数。

表 1-11-2　吸光度与测试 α—淀粉酶酶浓度对照表

吸光度(A)	酶浓度(U/mL)	吸光度(A)	酶浓度(U/mL)	吸光度(A)	酶浓度(U/mL)
0.100	4.694	0.105	4.669	0.110	4.644
0.115	4.619	0.120	4.584	0.125	4.560
0.130	4.544	0.135	4.518	0.140	4.492
0.145	4.467	0.150	4.442	0.155	4.418
0.160	4.394	0.165	4.370	0.170	4.347
0.175	4.324	0.180	4.301	0.185	4.279
0.190	4.257	0.195	4.235	0.200	4.214
0.205	4.193	0.210	4.172	0.215	4.152
0.220	4.132	0.225	4.112	0.230	4.093
0.235	4.074	0.240	4.056	0.245	4.037
0.250	4.019	0.255	4.002	0.260	3.984
0.265	3.968	0.270	3.951	0.275	3.935
0.280	3.919	0.285	3.915	0.290	3.900
0.295	3.885	0.300	3.869	0.305	3.854
0.310	3.839	0.315	3.824	0.320	3.809
0.325	3.794	0.330	3.779	0.335	3.765
0.340	3.750	0.345	3.736	0.350	3.721
0.355	3.707	0.360	3.693	0.365	3.679

续 表

吸光度(*A*)	酶浓度(U/mL)	吸光度(*A*)	酶浓度(U/mL)	吸光度(*A*)	酶浓度(U/mL)
0.370	3.665	0.375	3.651	0.380	3.637
0.385	3.623	0.390	3.610	0.395	3.596
0.400	3.583	0.405	3.569	0.410	3.554
0.415	3.541	0.420	3.528	0.425	3.515
0.430	3.502	0.435	3.489	0.440	3.477
0.445	3.464	0.450	3.452	0.455	3.440
0.460	3.427	0.465	3.415	0.470	3.404
0.475	3.392	0.480	3.380	0.485	3.369
0.490	3.357	0.495	3.346	0.500	3.335
0.505	3.324	0.510	3.313	0.515	3.302
0.520	3.291	0.525	3.280	0.530	3.270
0.535	3.260	0.540	3.249	0.545	3.239
0.550	3.229	0.555	3.219	0.560	3.209
0.565	3.200	0.570	3.190	0.575	3.181
0.580	3.171	0.585	3.162	0.590	3.153
0.595	3.144	0.600	3.135	0.605	3.126
0.610	3.118	0.615	3.109	0.620	3.101
0.625	3.094	0.630	3.084	0.635	3.076
0.640	3.068	0.645	3.060	0.650	3.052
0.655	3.045	0.660	3.037	0.665	3.030
0.670	3.022	0.675	3.015	0.680	3.008
0.685	3.001	0.690	2.994	0.695	2.988
0.700	2.981	0.705	2.975	0.710	2.968
0.715	2.962	0.720	2.956	0.725	2.950
0.730	0.944	0.735	2.938	0.740	2.932
0.745	2.927	0.750	2.921	0.755	2.916
0.760	2.911	0.765	2.906		

(五)实验结果与分析

1. 记录枯草芽孢杆菌发酵产生 α-淀粉酶的整个试验过程。

2. 记录所测定的发酵液 α-淀粉酶活性,并根据测定结果阐述枯草芽孢杆菌的产酶特点。

3. 将每隔 4 h 取样所测得的发酵培养液的 pH,OD 和酶活性结果,绘制成发酵过程曲线。

(六)实验注意事项

1. α-淀粉酶酶活力测定方法:根据国家标准局发布的方法进行(GB8275－2009)。

2. 酶活力定义:1 mL 酶液于 60℃,pH 6.0 条件下,1 h 液化 1 g 可溶性淀粉为 1 个酶活力单位。

3. 测定 α-淀粉酶活性的可溶性淀粉和标准糊精液,应做到当天使用当天配制,并注意防腐和冰箱低温保存。

实验 11-4　葡萄糖淀粉酶的发酵与活力测定

(一)实验目的

1. 学习淀粉酶的固态发酵方法。

2. 学习菲林试剂法测定葡萄糖淀粉酶活力的方法。

(二)实验原理

葡萄糖淀粉酶工业上常称为糖化酶。根霉、曲霉等霉菌中含有的糖化酶能将淀粉质水解为葡萄糖,进而被微生物利用。糖化酶活力的高低,往往决定着淀粉的利用率高低。

葡萄糖淀粉酶又称 γ-淀粉酶,作用于淀粉时,从非还原端开始逐次切下一个葡萄糖分子,它不仅能分解 α-1,4-糖苷键,而且能分解 α-1,6-糖苷键(但速度慢得多)。因此,葡萄糖淀粉酶能将直链淀粉和支链淀粉全部水解为葡萄糖。

(三)实验材料

1. 菌种:黄曲霉(*Aspergillus flavus*)CICC 2410,中国工业微生物菌种保藏管

理中心。

2. 原料：麸皮。

3. 主要设备：超净工作台、灭菌器、三角瓶、培养箱。

4. 试剂

(1)费林试剂：

甲液：称取 15 g 硫酸铜($CuSO_4 \cdot 5H_2O$)，0.05 g 次甲基蓝，用水溶解并稀释至 1 000 mL。

乙液：称取 50 g 酒石酸钾钠，54 g 氢氧化钠，4 g 亚铁氰化钾，用水溶解并稀释至 1 000 mL。

(2)0.1%标准葡萄糖溶液：准确称取 1 g 无水葡萄糖(预先于 100～105℃烘干)，用水溶解，加 5 mL 浓盐酸，用水定容至 1 000 mL。

(3)pH 4.6 乙酸-乙酸钠缓冲溶液

2M 乙酸溶液：量取 118 mL 冰乙酸，加水稀释至 1 000 mL。

2M 乙酸钠溶液：称取 272 g 乙酸钠($CH_3COONa \cdot 3H_2O$)，用水溶解并稀释至 1 000 mL。

pH4.6 乙酸-乙酸钠缓冲溶液：将 2M 乙酸溶液和 2M 乙酸钠溶液等体积混合。

(4)0.1N 氢氧化钠溶液：称取 4 g 氢氧化钠，用水溶解并稀释至 1 000 mL。

(5)2%可溶性淀粉溶液：准确称取 2 g 可溶性淀粉(预先于 100～105℃烘干)，加少量水调匀，倾入 80 mL 沸水中，继续煮沸至透明，冷却后用水定容至 100 mL。

(四)实验方法与步骤

1. 黄曲霉发酵

在 250 mL 三角瓶中加麸皮 5 g，水 10 mL，于 121℃灭菌 20 min，冷却后接入黄曲霉孢子，摇匀，使孢子分散。30℃培养 2 d，菌丝布满表面，将麸皮摇拌，接触空气，再培养 2～3 d。倾出，铺在纸上，置于鼓风干燥箱中低温干燥，得风干麸曲。

2. 待测酶液的制备

称取 5.0 g 酶粉(预先培养好的含葡萄糖淀粉酶的固体曲)(以绝干计)，置入 250 mL 烧杯中，加 90 mL 水和 10 mL pH 4.6 乙酸-乙酸钠缓冲溶液，搅匀，于 30℃水浴中保温浸取 0.5 h，每隔 15 min 搅拌一次。用脱脂棉过滤，滤液待测酶液。

3. 酶活力测定

(1)糖化液的制备：吸取 25 mL 2%可溶性淀粉溶液，置入 50 mL 容量瓶中，于 30℃水浴预热 10 min。准确加入 5 mL 待测酶液，摇匀，立即计下时间，于 30℃水浴准确保温糖化 1 h。迅速加入 15 mL 0.1N 氢氧化钠溶液，终止酶解反应。冷却至室温，用水定容至刻度。

同时做一空白液：吸取 25 mL 2%可溶性淀粉溶液，置入 50 mL 容量瓶中，先加入 15 mL 0.1N 氢氧化钠溶液，然后准确加入 5 mL 待测酶液，用水定容至刻度。

(2)定糖

空白液测定：吸取费林试剂甲、乙液各 5 mL，置入 100～150 mL 三角瓶中，准确加入 5 mL 空白液，并用滴定管预先加入适量的 0.1%标准葡萄糖溶液，使后滴定时消耗 0.1%葡萄糖溶液在 1 mL 以内，摇匀，于电炉上加热至沸，立即用 0.1%标准葡萄糖溶液滴定至蓝色消失，此滴定操作须在 1 min 内完成。

糖化液测定：准确吸取 5 mL 糖化液代替 5 mL 空白液，其余操作同上。

(3)酶活力计算

酶粉糖化酶活力定义：1 g 绝干酶粉，在 30℃，pH 4.6，1 h 内水解可溶性淀粉为葡萄糖的克数。

$$糖化酶活力=(V_0-V)\times C\times\frac{50}{5}\times\frac{100}{5}\times\frac{1}{W}\times 1\,000$$

式中：V_0—加 5 mL 空白液时 10 mL 菲林试剂消耗 0.1%标准葡萄糖溶液的体积，mL；

V—加 5 mL 糖化液时 10 mL 菲林试剂消耗 0.1%标准葡萄糖溶液的体积，mL；

C—标准葡萄糖溶液浓度，g/mL；

$\frac{50}{5}$—5 mL 糖化液换算成 50 mL 糖化液中的糖量，g；

$\frac{100}{5}$—5 mL 酶液换算成 100 mL 酶液中的糖量，g；

W—酶粉称取量，5.0 g，以绝干计；

1 000—g 换算成 mg。

(五)实验结果与分析

在不同的培养时间取样测定酶活力，记录糖化酶随发酵时间的变化情况。

(六)实验注意事项

1. 糖化温度对糖化酶活力影响很大，故糖化温度应严格控制。

2. 糖化酶活力与可溶性淀粉的质量有关，故活力表示时应予以注明可溶性淀粉的出厂。

参考文献

[1] 李彧娜. 微孢根霉华根霉变种 CICIM F0088 生淀粉酶系的研究[D]. 无锡:江南大学,2010.
[2] 李海峰. 海洋酵母普鲁兰类酵母一种新型生淀粉酶生产和特性研究[D]. 青岛:中国海洋大学,2007.
[3] 石鹤. 微生物学实验[M]. 武汉:华中科技大学出版社,2010.
[4] 杨汝德. 现代工业微生物学实验技术[M]. 北京:科学出版社,2009.
[5] 陈珊,刘东波,李凡. 微生物学实验指导[M]. 北京:高等教育出版社,2011.
[6] 黄秀梨. 微生物学实验指导[M]. 北京:高等教育出版社,1999.

（编者:杨海龙）

第二部分

开放性实验

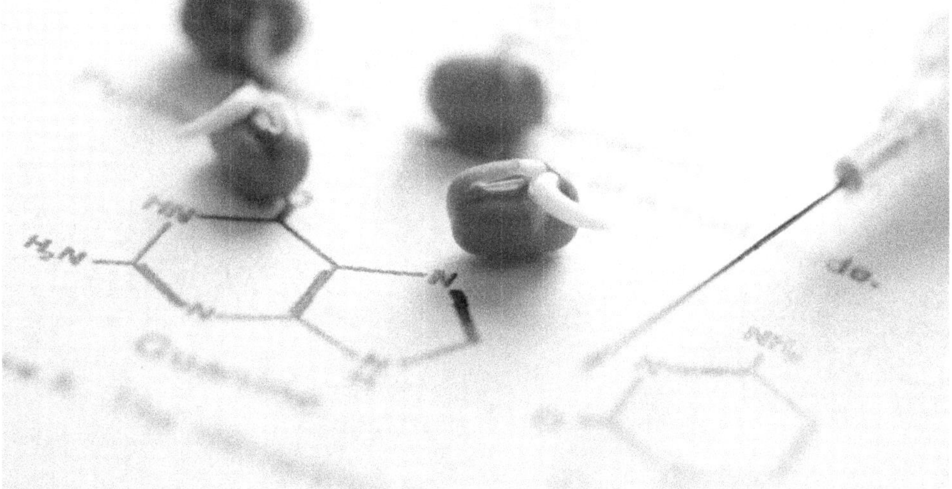

实验一

甜酒酿的制作

一、背景知识

(一)甜酒酿简介

甜酒酿(Sweet rice wine)简称酒酿,俗名米酒、伏汁酒、糯米酒、江米酒、甜米酒、酒酿儿等,是我国民间广泛食用的一种高糖和低酒精含量的传统发酵食品,经过蒸煮、加曲、糖化和发酵而成。生产甜酒酿所用微生物为根霉,根霉能产生淀粉酶和蛋白酶等酶类。甜酒酿是以糯米为原料,甜酒曲为糖化发酵剂,发酵所需的水分包含于蒸煮后的糯米中,进行固态发酵酿制而成。甜酒酿富含维生素和有机酸,还有多种易被人体吸收的糖类物质及人体必需的多种氨基酸,营养丰富,晶莹润滑,香甜可口,具有健胃和健脾等功效,是一种滋补品,以其低酒精度、高营养和独特的风味深受广大消费者青睐,是我国人民非常喜爱的传统发酵食品。甜酒酿的生产不需添加其他化学物质,除淘米水外,甜酒酿的生产过程无"三废"产生,发酵过程只需控制温度,生产工艺比较简单,家里即可制作,这是甜酒酿广为流行的重要原因之一。

(二)甜酒酿的营养价值

甜酒酿是一种纯天然的传统发酵饮品,我国江南人民有自立夏起吃甜酒酿的习惯。经现代科学检测发现,甜酒酿所含的氨基酸种类多达 16 种,其中人体必需氨基酸种类很全,它还含有 V_C、V_A、V_D、V_E、V_K 等多种维生素及糖类、有机酸、蛋白质、酞、矿物质、微量元素和呈香物等成分,易为人体消化吸收,营养价值极高,适量食用有助于提高免疫力,促进新陈代谢,并有补血养颜、舒筋活血、健身强体、延年益寿之功效,历来被当作滋补食品,深受人们喜爱。在我国中医药领域,常用甜酒酿来浸泡、炒煮、蒸炙各种中药材,借以提高药效。因此,甜酒酿是调制各种中成药的重要辅料。常吃甜酒酿不仅对健康有益,而且对一些慢性病有辅助治疗功能。如,患有慢性萎缩性胃炎及消化不良的人,常吃甜酒酿可以促进胃液分泌,增加食欲,帮助消化;患有高血脂、动脉粥样硬化的人,常吃甜酒酿可促进血液循环,减少脂类在血管内的沉积,提高高密度脂蛋白的含量;慢性关节炎病人常喝甜酒酿有活血通络的作用;产妇乳汁分泌不足时,吃甜酒酿可以促进乳汁分泌,增加奶量;大病初愈、身体虚弱、贫血、大手术恢复期的病人，常吃甜酒酿可起辅助恢复体力的作用。近年来，对甜酒酿生理功能的研究发现，甜酒酿对血管紧张素转化酶（ACE）活性有很强的抑制作用，并对乙酰胆碱酯酶（AChE）活性有一定的抑制作用，所以甜酒酿应该具有降高血压、温经活血、滋阴补肾和防治老年痴呆症的生理功能。

二、实验目的

1. 掌握甜酒酿制作的基本原理。
2. 学会甜酒酿的制作流程和方法。

三、实验原理

甜酒酿由优质糯米经小曲中的根霉和酵母的糖化和发酵而成，是我国的传统高糖和低酒精度发酵食品。我国酿酒工业中的小曲酒和黄酒生产中的淋饭酒在某种程度上就是由甜酒酿发展而来的。

甜酒酿是将糯米经过蒸煮糊化，利用酒药中的根霉和米曲霉等微生物分泌的淀粉酶将原料中糊化后的淀粉糖化，分泌的蛋白酶将蛋白质水解成氨基酸，然后酒药中的酵母菌利用糖化产物生长繁殖，并通过酵解途径将糖转化成酒精，从而赋予甜酒酿特有的香气、风味和丰富的营养。甜酒酿的生产大致可分为糖化阶段和酒精发酵阶段。随着发酵时间的延长，甜酒酿中的糖分逐渐转化成酒精，因而糖度下降，酒度提高，故适时结束发酵是保持甜酒酿口味的关键。一般优质的甜酒酿要求甜味浓郁、酒味清淡、晶莹润滑、香味宜人、固液分明。

四、实验材料

（一）实验材料

市售甜酒药、白药等小曲或浓缩甜酒药，优质糯米。

（二）仪器及器皿

培养箱、手提高压灭菌锅、不锈钢丝碗、滤布、烧杯、不锈钢锅等。

五、实验方法与步骤

(一)生产流程

原料选择→洗米蒸饭→淋水降温→接种→落缸搭窝→保温发酵→后熟发酵→质量评估。

(二)操作方法

1. 选好米料

选择优质糯米作为甜酒酿的发酵原料。

2. 洗米蒸饭

将糯米淘洗干净,用水浸泡 4 h,捞起放于置有滤布的钢丝碗中,于高压锅内蒸熟(约 0.1 MPa,9 min),使饭"熟而不糊"。

3. 淋水降温

用灭菌的清洁冷水淋洗蒸熟的糯米饭,使其降温至 35℃左右,同时使饭粒松散。

4. 落缸搭窝

将酒药均匀拌入饭内,并在洗干净的烧杯内洒少许酒药,然后将饭松散放入烧杯内,搭成凹形圆窝,面上洒少许酒药粉,盖上培养皿盖。陶坛或其他容器也可,但事先都应洗净、用开水淋泡,以防杂菌污染。

5. 保温发酵

在 30℃培养箱中先培养 2 d 左右。第一天可在米饭表面见到纵横交错的大量菌丝体在延伸,接着可见米饭的黏度逐渐下降,糖化液慢慢溢出;至第二天,菌丝体生长与发酵继续进行。待发酵 2 d 后,当窝内甜液达饭堆 2/3 高度时,进行搅拌,再发酵 1 d 左右即可。

6. 后熟发酵

酿制 2 d 后的酒酿已初步成熟,但口味不佳,因此须在 8～10℃的较低温度下放置数天,进行后发酵,以减少酸味、提高糖度和酒香味。

7. 质量评估

优质的甜酒酿应是色泽洁白、米粒分明、酒香浓郁、醪液充盈、甜醇爽口的发酵食品。

六、实验结果与分析

1. 发酵期间每天观察、记录发酵现象。
2. 对产品进行感官评定，写出品尝体会。

七、思考题

1. 制作甜酒酿的关键操作是什么？
2. 发酵期间为什么要进行搅拌？

实验二
豆腐乳的制作

一、背景知识

(一)豆腐乳简介

豆腐乳是具有民族特色的我国民间传统酿造食品，为我国劳动人民首创，具有味道鲜美、口感独特、营养丰富和价廉物美等特点，是深受广大消费者喜爱的佐餐和调味佳品。豆腐乳在我国有悠久的生产历史，早在北魏时期，就有“干豆腐加盐成熟后为乳腐”的记载。我国豆腐乳产地很多，外观、形状和大小因地域的不同而各有特色，因配料不同名称和风味各异。以绍兴、杭州、苏州、宁波、桂林、四川及黑龙江等地的产品最为有名。具有地方特色的豆腐乳花色品种繁多，有红方腐乳、糟方腐乳、辣方腐乳、麻辣腐乳、火腿腐乳、金钩腐乳、玫瑰腐乳、青方腐乳(臭豆腐乳)、酱腐乳、油卤腐乳、紫菜腐乳及文蛤腐乳等。腐乳的品种虽然很多，但其酿造原理及生产工艺流程大致相同。

(二)豆腐乳的营养价值

大豆的蛋白质含量可达36%～40%，脂肪含量在18%左右，另外还含有硫胺素、尼克酸、核黄素和维生素A等多种维生素及钙、磷、铁等矿物质。大豆经过加工后有发酵制品和非发酵制品。发酵制品包括豆腐乳、酱油、豆酱、纳豆等。豆腐乳在很大程度上提升了大豆的营养效价，其营养价值可与奶酪相比。与豆腐相比，豆腐乳中所含的蛋白质和淀粉在多种酶系作用下分解成氨基酸和多肽、单糖和低聚糖，人体必需的8种必需氨基酸含量丰富，极易被人体吸收，其生物利用率大大增加。豆腐乳富含硫胺素、核黄素、烟酸等B族维生素，富含钙和磷等矿质营养成分，不含胆固醇。由于豆腐乳在制作过程中微生物分解了豆类中的植酸，完全排除了大豆自身存在的抗营养素，使得大豆中原本吸收率很低的铁和锌等矿物质更容易被人体吸收。同时，由于微生物的作用，合成了一般植物性食品所没有的维生素B_{12}，素食的人经常吃些豆腐乳，可预防恶性贫血。研究发现，豆腐乳具有降低胆固醇、降低高血压和抗氧化作用等生理调节作用，对预防老年痴呆有积极作用。豆腐乳还可以提高运动员的肌肉能力和免疫力等。豆腐乳明显提高和完善了大豆蛋白及其他营养成分的生理价值，其营养价值和保健功效日益引起国内外消费者及食品和医学界的关注。

(三)豆腐乳的工艺和分类

根据生产过程中豆腐坯是否有微生物繁殖,豆腐乳可分为发霉型和腌制型两大类。发霉型豆腐乳的生产根据生产菌种来源,可分为天然接种和纯种培养两种类型。纯种培养的菌种分为毛霉、根霉和细菌三种不同的类型。

1. 腌制型

豆腐坯不经过发霉阶段直接进入后期发酵,通过添加不同的辅料物质(米酒、黄酒和面糕曲等)进行生理生化变化。该生产工艺所需厂房设备少,操作简单,但蛋白酶源不足,发酵周期长,氨基酸的含量低,产品不够细腻。

2. 发霉型

发霉型豆腐乳是利用有益菌种,在一定的环境条件下,豆腐坯表面长满菌丝,同时分泌出大量的酶,使豆腐坯经过培菌和发酵变成细腻、色、香、味俱佳的豆腐乳。相比于腌制型豆腐乳,发霉型豆腐乳发酵期短,受季节影响小,蛋白酶源充足,氨基酸等营养成分含量较高。目前国内大部分采用的是发霉型生产方法。而发霉型生产方法根据接种方式分为自然发酵和纯种发酵。自然发酵不需添置培菌设备,利用空气或木盘容器上遗留的菌种,在15℃室温下生长和繁殖,经5～7 d培养后,豆腐坯表面长满灰白色的菌体,并分泌大量的酶,使豆腐坯经腌制和后期发酵生产,产品细腻且氨基酸含量高。但生产周期长,受季节限制无法常年生产,且存在诸多安全隐患。随着科技的进步,豆腐乳上菌种的分离和纯化培养技术日益完善。依据豆腐坯培菌的菌种不同,还可分为毛霉型、根霉型和细菌型三种发酵类型。

(1)毛霉型

前期发酵采用纯培养的毛霉菌孢子所制成的菌悬液或粉状菌种喷洒在豆腐坯上,经48～72 h培养后,使豆腐坯外长满网状白色毛霉菌丝,菌丝成网状,形成坚韧的膜。菌丝不仅赋予豆腐乳良好的“体”,并且分泌一些蛋白酶分解豆腐乳中的蛋白质,使产品具有良好的品味。

(2)根霉型

在南方,因夏季气温高不适应毛霉菌生长。为了全年均能生产豆腐乳,则选育耐高温的根霉菌来生产腐乳。根霉的作用与毛霉相似,其优点是能耐37℃左右的高温,且生长良好。目前,南京、上海的一些厂家采用此法生产豆腐乳。

(3)细菌型

细菌型生产豆腐乳的工艺特点是利用纯种细菌接种于豆腐坯上,让其生长繁殖并产生大量的酶。将豆腐经48 h腌制,使盐分达6.5%左右,再接入嗜盐小球菌发酵。因其为细菌发酵,不能赋予豆腐一个好的形体,故在装坛前需加热,烘干水分至45%左右，才可以进入下一道工序。该方法生产的产品虽然成形差，但口味鲜美是其他产品所不及的。此法目前只有黑龙江省克东腐乳有限公司采用。

二、实验目的

1. 掌握豆腐乳的制作原理。
2. 学会豆腐乳的制作流程和方法。

三、实验原理

豆腐乳是以大豆为原料，首先制成豆腐坯，然后通过霉菌或细菌以及配料和微生物的发酵作用，将蛋白质降解为氨基酸、肽、胨，脂肪降解为甘油和脂肪酸，淀粉糖化并发酵产生酒精和有机酸，从而形成豆腐乳特有的色香味和细腻的品质。

豆腐乳的老法加工皆采用自然发酵，主要依靠空气中和笼格中遗留下来的毛霉菌在豆腐坯上生长繁殖，一般发酵需要7 d左右。现今制作豆腐乳多数采用纯菌种接种，可以缩短为2 d，但使用的菌种较多，种类也不同。如浙江的豆腐乳霉菌、江苏的鲁氏毛霉、四川的五通桥毛霉和北京的雅致放射毛霉等。还有中国红豆腐乳用的紫红曲霉、江苏的溶胶根霉和酵母菌以及黑龙江的豆腐乳小球细菌等。这些菌种不产生毒素，菌丝柔软如棉絮状，能分泌大量的蛋白酶和一些脂肪酶，具有繁殖快、抗杂菌能力强和生长温度范围大、不受季节影响等特性。

四、实验材料

大豆、食盐、盐卤、石膏、黄酒、土烧酒、红曲、砂糖、花椒、玫瑰、饴糖、琼脂、蛋白胨、菌种(毛霉、根霉)、小麦麸皮、陶坊、天平、恒温培养箱、冰箱、磨浆机、不锈钢锅、试管、克氏瓶、油纸、灭菌锅、冰箱等。

五、实验方法与步骤

(一)豆腐乳制作工艺流程

豆腐乳酿制是以大豆为原料，经过浸豆、磨浆、滤浆、煮浆、点浆、压榨、成形等物理化学变化，再依次完成接种、培菌、腌坯、拌坯、后酵等生物化学变化。其中以微生物参与的培菌和后酵最为关键。

石膏 ↓
大豆→洗净→浸渍→磨浆→加热→过滤→豆乳→凝固→脱水成型→豆乳坯→切块 ↓
豆腐乳←成熟←盐渍←装坛←霉豆腐←接种←表面干燥
↑ 食盐、调味配料

(二)豆腐乳制作工艺条件和技术控制

1. 豆腐坯的制作

将大豆经浸泡后用石磨或电磨磨成豆浆,用布袋或刮浆机滤浆,使豆浆与豆渣分离。过滤后的豆浆加热至 90～100℃,放入缸内,控制温度在 82℃,pH 值 6.8～7.0,用浓盐卤(或石膏)进行点浆,大约 100 kg 大豆制成 1 200 kg 浆,需要 28°Bé 盐卤 10 kg 左右。待豆浆中的蛋白质凝固后,将豆乳花移入衬有纱布的木框内进行重力压榨。一般豆腐坯控制水分在 72%左右,压成后的整板豆腐坯按照要求进行划块,或者将豆腐浆移入衬有小纱布的小木框内,然后进行重力压榨,直接制成小方块豆腐坯。具体方法如下。

浸泡:浸泡的目的是使大豆能充分吸水膨胀。浸泡时间的长短视气温高低而定,一般冬季气温低于 15℃时泡 8～16 h,春秋季气温在 15～25℃时泡 3～8 h,夏季气温高于 30℃时需 2～5 h。浸泡程度的感官检查标准是掰开豆粒,两片子叶内侧呈平板状,但泡豆水表面不出现泡沫。泡豆水用量约为大豆重量的 4 倍左右。

磨浆:将浸泡适度的大豆,连同适量的三浆水均匀送入磨孔,磨成细腻的乳白色的连渣豆浆。在此过程中使大豆的细胞组织破坏,大豆蛋白质得以充分溶出。

滤浆:将磨出的连渣浆及时送入滤浆机(或离心机)中,将豆浆与豆渣分离,并反复用温水套淋三次以上。测定浓度时要先静置 20 min 以上,使浆中豆渣沉淀。

煮浆:滤出的豆浆要迅速升温至沸,如在煮沸时有大量泡沫上涌,可使用消泡油或食用消泡剂消泡。生浆煮沸要注意上下均匀,不得有夹心浆。涌泡油不宜用量过大,以能消泡为度。

点浆:点浆是关系到豆腐出品率高低的关键工序之一。点浆时要注意正确控制 4 个环节:点浆温度 80±2℃;pH 5.5～6.5;凝结剂浓度(如用盐卤,一般要 12～15°Bé);点浆时间不宜太快,凝结剂要缓缓加入,通常每桶熟浆点浆时间需 3～5 min,黄浆水应澄清不浑浊。

养花:豆浆中蛋白质凝固有一定的时间要求,并保持一定的反应温度,因此养花时最好加盖保温,并在点浆后静置 5～10 min。点浆较嫩时,养花时间相对应延长一些。

压榨:豆花上箱动作要快,并根据花的老嫩程度,均匀操作。上完后徐徐加压,划块最好待坯冷后再划，以免块形收缩，划口当致密细腻，无气孔。

制坯过程要注意工具清洁，防止积垢产酸，造成“逃浆”。出现“逃浆”现象时，可以低浓度的纯碱溶液调节 pH 至 6.0。再加热，按要求重新点浆。如发现豆浆 pH 高于 7.0 时，可以用酸黄浆中和，调节 pH 值，至达蛋白质的等电点。

2. 培菌

(1)菌种的扩大培养

斜面培养：取饴糖加水稀释至 7～8°Bé 取 100 mL，加入蛋白胨 1.5%，琼脂 2%～2.5%，调节 pH 值至 5～5.5，待培养基融化后，装入试管中约 10 mL，塞上棉花，包扎好油纸，以 98kPa 灭菌 30 min 后，置于 28～30℃恒温箱中培养 48 h，待成熟后在冰箱内保存。

二级种子培养：取小麦麸皮 25 g、水 35 mL，拌匀后装入 800 mL 克氏瓶中，以 98kPa 灭菌 30 min 后接种。在 28～30℃恒温箱中培养 48 h 后供生产使用。将二级种子制成悬浮液，悬浮的浓度一般为 1∶10，即二级培养基稀释 10 倍即可。

(2)接种与培养

将已经制好的豆腐坯放在蒸笼或木框竹底盘内，采取侧面竖立放置，均匀排列，每块四周留有空隙，用毛笔或喷雾器把制成的菌体悬浮液喷雾在豆腐坯上进行培养(用量约为原料大豆重量的 1%～2%。接种温度不宜过高，一般允许在 40～45℃)，培养时温度控制在 20℃左右，培养 24 h 待菌丝长满后，需要翻笼 1 次，其目的是调节空气和控制温度。经过 28 h 菌丝生长成熟后进行第二次翻笼，经 45 h 后进行搭笼、凉花，这样就完成了前期发酵阶段。菌丝生长丰满，不粘、不臭、不发红，即可移出(培养时间长短与不同菌种、温度以及其他环境条件有关，应根据实际情况掌握)。

(3)后期发酵

将前期发酵好的豆腐坯进行腌坯，腌坯有缸腌、箩腌两种。缸腌是将毛坯整齐排列于缸(或小池)中，缸的下部有中留圆孔的木板假底。将坯列于假底上，顺缸排成圆形，并将毛坯未长菌丝的一面(贴于竹块上的一面)靠边，以免腌时变形。要分层加盐，逐层增加(下层的豆腐坯放入食盐少些，上层的豆腐坯放入食盐多些)，每 100 块豆腐坯铺入食盐 1 kg 左右，使腌后的豆腐坯含盐量达到 16%，腌坯时间 5～10 d。腌坯后盐水逐渐自缸内圆孔中浸出，腌渍期间还要在坯面淋加盐水，使上层毛坯含盐均匀。腌渍期满后，自圆孔中抽去盐水，干置一夜，起坯备用。箩腌是将毛坯平放竹箩中，分层加盐，腌坯盐随化随淋，腌 2 d 即可供装坛用。

配料前要先将腌坯每块分开，然后计装数坛，装坯前将豆腐坯从盐水中取出，连夜晾干。装坛时将腌坯依坛排列，用手压平，分层加料，根据不同品种的要求加入不同的辅料。豆腐坯入坛后加入各种配料，揩净坛口，加盖后再用水泥类附着物封口。豆腐乳贮藏期间，即后期发酵，是由于豆腐坯上所加入配料中的微生物分泌出的各种酶引起的生物化学变化，促进了豆腐乳的成熟。由于品种不同，配料不一，成熟时间也不同，一般成熟期半年左右就可得到细腻而柔和的成品。

豆腐乳品种很多，现将华东地区的红腐乳、白腐乳和青腐乳三种配法介绍如下。

①红腐乳（小红方）。原料配方（每万块，重约 260 kg），黄酒 100 kg（15～16°），面糕曲 28 kg，红曲 4.5 kg，糖精 15 g，白酒 5.4 kg（封面用）。其中配料 a：加入染坯红曲卤（红曲 1.5 kg、面糕曲 0.6 kg、黄酒 6.5 kg），配料后浸泡 2～3 d，磨浆，再加黄酒 18 kg，搅匀备用。配料 b：装坛红曲卤（红曲 3 kg、面糕曲 1.2 kg、黄酒 12.5 kg），浸泡 2～3 d，磨浆，加黄酒 63 kg、糖精 15 g（开水溶化后加入），搅匀备用。装坛：腌坯先在生染坯卤中染红，要求块块均匀无白心，然后装入坛内，再灌装坛用卤，顺序加面糕曲 150 g，荷叶 1～2 张，封口盐 150 g，最后加白酒 150 g。

②白腐乳（小白方）。小白方为季节性销售产品，一般不采用腌坯装坛，只将毛坯直接在坛内盐腌4 d，用盐量为每坛（350 块坯、重约 6 kg）0.6 kg。白方豆腐坯含水量较高，灌坛卤汁由盐水和新鲜腌坯汁（毛花卤）加冷开水并成 8～8.5°Bé 灌至坛口，加封口黄酒 0.35 kg。

③青腐乳（青方）。青方也是季节性销售的产品，腌坯装坛时使用的卤汁，每万块（重约 300～320 kg）用冷开水 450 kg、黄浆水 75 kg 及适量的腌坯汁（毛花卤）和盐水配制而成（卤汁应在当天配用），灌至坛口，每坛加封口白酒 50 g。腐乳坛口可用水泥和熟石膏的混合物加水封固，泥料的常用配方是水泥：熟石膏：水＝1：3：4。

(4)产品成熟期

豆腐乳成熟期因品种而异。一般约在 6 个月，青方、白方因腐乳坯含水量大（75%～80%），氯化物少，酒精度低，所以成熟快，保质期短。一般小白方 30 d 左右即可成熟。青方也在 1～2 个月，不能久藏。否则应在生产时采取腌坯措施，并调整盐酒配料，必须十分注意。

五、思考题

综合评价自制豆腐乳的品质，说说你的制作体会。

实验三

酸奶的制作

一、背景知识

酸奶(Yogurt)是以牛奶为主要原料,利用保加利亚乳杆菌(*Lactobacillus bulgaricus*)和嗜热链球菌(*Streptococcus thermophilus*)等微生物,通过乳酸发酵作用而得到的一种发酵型乳制品,其中含有大量的活性乳酸菌。酸奶的营养和保健价值颇高,有利于增强肠胃的消化功能,促进人体对钙和磷的有效利用,增加肠道有益菌的数量,降低血清中胆固醇的含量,预防心血管疾病及具有抗癌活性。酸奶还可以为乳糖不耐症人群提供消费牛奶的机会。

酸奶主要分为普通型酸奶、功能型酸奶和风味型酸奶。普通型酸奶在发酵过程中除加入糖外,不再添加任何成分,以保持酸奶的清香味。风味酸奶分为凝固型和搅拌型两种,凝固型风味酸奶是在原料奶中预先添加风味物质,如花生乳、绿豆浆、松仁、玉米乳等,经巴氏杀菌后发酵而成。搅拌型风味酸奶是在乳酸菌发酵原料奶凝固之后,再加入风味物质,如蜂蜜、果酱、果肉、果菜、胡萝卜汁、枸杞子、香料等调制而成。如果添加的天然风味物质具有保健功能,此类酸奶也可称为保健型酸奶或功能型酸奶。

二、实验目的

1. 掌握酸奶的制作原理。
2. 学会酸奶的制作方法。

三、实验原理

酸奶具有清新爽口的味觉,倍受广大消费者欢迎。酸奶中含有乳酸菌的菌体及代谢产物,对肠道内的致病菌有一定的掣肘作用,对人体的肠道、消化道疾病有良好的治疗效果。

酸奶是以牛乳为主要原料,接入一定量的乳酸菌,经发酵后而制成的一种乳制品。当乳酸菌在牛乳中生长、繁殖和产酸至一定程度时,pH 下降,使乳酪蛋白在其等电点附近发生凝集而呈凝乳状,这种凝乳状酸奶被称为凝固型酸奶。

四、实验材料

鲜牛奶、奶粉、蔗糖、菌种(或市售酸奶)、天平、烧杯、玻璃棒、牛奶瓶、恒温水浴锅、恒温培养箱、冰箱、不锈钢锅。

五、实验方法与步骤

(一)凝固型酸奶制作

在原料乳中添加生产发酵剂后立即进行包装,并在包装容器中发酵而成,成品呈凝乳状。

1. 工艺流程

```
                                    蔗糖、脱脂奶粉
                                         ↓
原料鲜奶→净化→脂肪含量标准化→配料→过滤→预热→均质→杀菌
                                                        ↓
                        后熟←冷却←发酵←分装←接种←冷却
```

2. 操作步骤

(1)牛奶瓶消毒

将牛奶瓶在不锈钢锅里用沸水煮 15 min。

(2)牛乳的净化

利用特别设计的离心机,除去牛乳中的白血球和其他肉眼可见的异物。

(3)脂肪含量标准化

鲜奶中脂肪含量比较高,为了避免酸奶中有脂肪析出,需要对鲜奶的脂肪含量进行调整,使其达到所要求的标准。可以在脂肪含量高的牛乳中加入一定量的脱脂乳,或通过分离机从牛乳中分离出稀奶油,然后在得到的脱脂乳中再掺入一定量稀奶油,使调制乳的脂肪含量达到要求。

(4)配料

①奶粉的添加

经脂肪含量标准化处理的调制乳(或按 1:7 的比例加水把奶粉配制成复原牛奶),为了使非脂干物质含量达到要求,一般往调制乳中添加脱脂奶粉,经如此处理的酸奶有一定的硬度,脱脂奶粉的添加量一般为 1%～3%。

②蔗糖的添加

为了缓和酸奶的酸味,改善酸奶的口味,一般在调制乳中加入 4%～8%的蔗糖。如果蔗糖量加入过多,会因调制乳渗透压的增加而阻碍乳酸菌生长。一般是先将原料乳加热到60℃左右，然后加入蔗糖，待糖溶解后，过滤除杂，经过滤的奶液再进行均质处理。

(5)均质

用于制作酸奶的原料乳一般都要进行均质处理。经过均质处理，乳脂肪被充分分散，酸奶不会发生脂肪上浮现象，酸奶的硬度和黏度都有所提高，而且酸奶口感细腻，更易被消化吸收。将加热和均质两种方法适当结合起来处理的效果会更好。一般是先将原料乳调至60℃左右，然后在均质机中，于8～10 MPa压力下对原料乳进行均质处理。

(6)灭菌

均质后原料乳需进行灭菌，方法大致有两种：将乳加热至90℃，保温5 min，或置于80℃恒温水浴锅中灭菌15 min；也可用超高温瞬时灭菌法（在135℃下保温2～3s）。

灭菌目的有以下几点：

①杀灭原料乳中的微生物，特别是致病菌。

②形成乳酸菌生长促进物质，破坏乳中存在的阻碍乳酸菌生长的物质。

③除去原料乳中的氧及由于乳清蛋白的变性而增加的巯基（—SH），从而使氧化还原电位下降，助长乳酸菌的生长。

④使乳清蛋白变性膨润，从而改善酸奶的硬度和黏度，并阻止水分从变性酪蛋白凝聚成的网状结构中分离出来。

⑤灭菌后，使乳中原本存在的酶失活，使发酵过程成为单一乳酸菌的作用过程，易于控制生产。

经灭菌处理后的原料乳迅速冷却到43～45℃待接种。

(7)接种

向灭过菌的43～45℃的原料乳中加入发酵剂，接种量为2%～3%，通常是嗜热链球菌和保加利亚乳杆菌的混合菌，两种菌的比例为1∶1或2∶1。球菌的接种量稍多些，可弥补由于杆菌生长产酸而阻碍球菌生长所造成的球菌数量不足的缺点。经实验证明，当接种量超过3%时，发酵所需时间并不因种量加大而缩短，而酸奶的风味由于发酵前期酸度上升太快反而变差。所以，任意加大接种量是无益的，反之，若接种量过小，发酵所需时间延长，酸奶的酸味会显得不够。

(8)分装

酸奶受到振动，凝乳状态易被破坏，因此，不能在发酵罐中先发酵然后再进行分装。分装必须是将含有乳酸菌的牛乳培养基先分装到销售用的玻璃瓶或塑料小容器中，加盖后送入恒温室培养，在容器中发酵制成酸奶。为了避免杂菌的侵入，分装操作应在无菌室中进行。牛乳分装后，容器上部留出的空隙要尽可能小，这样容器中的内容物晃动幅度小，酸奶的形态易保持完整。另外，减少空气也有利于乳酸菌的生长。整个分装操作的时间要短,使乳液温度下降少,这样乳液温度与所设定的发酵温度接近,整个发酵时间就不会被延长。

(9)发酵

将装有含乳酸菌的牛乳的容器置于恒温箱中进行发酵,恒温箱的温度保持在40~43℃,时间为3~4 h;或30℃培养18~20 h。

发酵终点的确定有两种方法:①发酵奶的酸度已达到65~70°T [用0.1moL/L NaOH标准溶液滴定10 mL样品,每消耗掉1 mLNaOH溶液称为1滴定酸度(°T)],或pH=4~5;②发酵奶的流动性变差,基本凝固。

(10)冷却

发酵结束,在将酸奶移放进冷藏室进行贮存和后熟处理之前,应将酸奶从发酵室中取出,用冷风迅速将其冷却至10℃以下,使酸奶中的乳酸菌停止生长,防止酸奶酸度过高而影响口感。

(11)后熟

酸奶在形成凝块后应在4~7℃下保持24 h以上,以获得酸奶特有风味和较好口感。

(12)冷藏

经冷却处理的酸奶贮藏在2~5℃,最好是-1~0℃的冷藏室保存。

低温保存有以下优点:①保存期间酸奶的酸度上升极少。②牛乳凝固时会产生收缩力,导致乳清析出,在低温时这种收缩力比较弱,所以乳清不易从酸奶中分离出来。③低温下酸奶逐渐形成白玉般的组织状态,结构非常细腻。④低温保存过程中,香味物质逐渐形成,使酸奶具有较浓香味。

(13)品味

酸奶应有凝块,质地细腻、酸甜适中、清新爽口,若有不良异味,则很可能是酸奶污染了杂菌。

(二)搅拌型酸奶的制作

在发酵罐中接种生产发酵剂,凝固后,再经搅拌入杯盛入其他容器中,产品凝乳粒子直径保持在0.01~0.04mm大小。呈半流动状态的粥糊状,易使用吸管吸食。

1. 工艺流程

原料鲜奶→配料→预热→均质→杀菌→冷却→接种→搅拌→发酵→冷却
↓
后发酵←冷却←装瓶←搅拌混合
↑
辅料

2. 操作步骤(略)

(三)饮料型酸奶

将凝固型酸奶均质处理后,使凝乳充分分散,凝乳粒子直径在0.01mm以下的酸奶,这种酸奶的特点是与牛乳相似,呈液体状。

1. 工艺流程

凝固型酸奶→混合→均质→分装→冷却→冷藏

↑

稳定剂溶液

2. 操作步骤

(1)凝固型酸奶的制备(略)

(2)混合

为了防止饮料型酸奶产生分层现象,一般在凝固型酸奶中加入稳定剂,然后再用均质机破乳,由于增加了稳定剂,即使在冷藏期间也不会发生酸奶分层现象。

根据来源可将稳定剂分成两类:

①人工合成稳定剂,如海藻酸丙二醇酶(PGA)等。

②天然稳定剂,如明胶、琼脂、海藻酸钠和果胶等。

稳定剂的种类、添加量和添加方式,对于制备凝固塑酸到十分重要。目前在酸奶中使用较多的是低甲氧基果胶(LM果胶)。一般加入量为0.3%,使用时,先将LM果胶用水溶解,经灭菌后冷却到接近酸奶的温度(15~20℃),然后加入酸奶中搅匀。

(3)均质

在10 MPa压力下,将上述酸奶进行均质处理。

(4)分装

均质后的酸奶液,灌装到销售用的小容器中,迅速冷却至10℃以下。

(5)冷藏

饮料型酸奶会有活乳酸菌,因此应置于0~5℃冷藏。

(四)果汁酸奶

果汁酸奶是在凝固型酸奶中添加果汁和稳定剂后,再经均质处理制成的。

1. 工艺流程

低酸味凝固型酸奶→混合→均质→分装→冷却→冷藏

↑

果汁、稳定剂

2. 操作步骤

(1)低酸味凝固型酸奶的制备

果汁(露)的添加会增加酸奶的酸味,因此在接种时,将嗜热链球菌与保加利亚乳杆菌的比例改变成10∶1,目的是减少保加利亚乳杆菌产生的乳酸,这样可避免酸味过强。制备低酸味凝固型酸奶的其他操作步骤,与一般凝固型酸奶的制法相同。

(2)混合

将酸奶和灭菌后冷却至15~20℃的果汁(露)按4∶1混合,同时加入适量灭过菌的稳定剂水溶液,搅拌均匀。

(3)均质

在10 MPa压力下,将上述酸奶进行均质处理。

(4)分装

将经均质处理过的果汁酸奶乳液灌装到销售用的小容器中,迅速冷却至10℃以下。

(5)冷藏

冷却后的酸奶,置于0~5℃的冷藏室中冷藏。

(五)杀菌型酸奶

由牛乳制成酸奶后,用加热方法将酸奶中所有微生物杀灭的一种酸奶,此种酸奶特点是:不存在乳酸菌和其他微生物,保存期中酸奶酸度不会改变,且保存期延长,但凝乳经加热后,十分容易析出乳清,需在发酵前加稳定剂,灭菌后酸奶的营养价值也有所降低。

1. 工艺流程

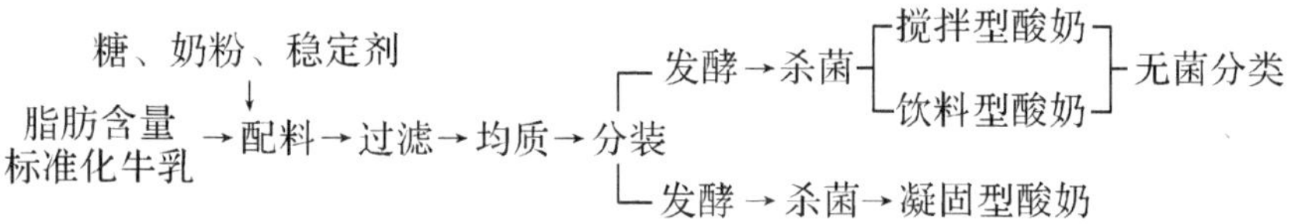

2. 操作步骤

杀菌型酸奶除多了一步杀菌工序外,其他操作步骤与凝固型酸奶基本相同。

杀菌:微生物在酸性环境中对温度十分敏感,当pH为4.0~4.5时,65℃加热5 min就能够把酸奶中的微生物杀死,制作杀菌型酸奶常使用这种方法。其他步骤(略)。

(六)冷冻酸奶

在酸奶中添加糖和香料,按照冰淇淋生产工艺加工成保健饮料。按冷冻酸奶是否含有活菌，可将其划分为活菌型冷冻酸奶和杀菌型冷冻酸奶两种类型。活菌型冷冻酸奶在－25℃贮藏1年，活乳酸菌残存50％～80％；杀菌型冷冻酸奶是将酸奶中的活乳酸菌杀死，因此成品性能稳定。

1. 工艺流程

糖液→杀菌→冷却
↑
酸奶→混合→均质→搅拌、分装→搅拌型冷冻酸奶→冷藏
↓　　　　　　↓
香料　　　　快速冷冻(－35℃)→凝固型冷冻酸奶→冷藏

2. 操作步骤

牛乳的净化、脂肪含量标准化和配料的操作方法与制作凝固型酸奶相同。

将原料加热至75℃，然后用均质机进行二段均质(均质压力为13.538 MPa、3.434 MPa)。

均质后的乳加热到85℃，保温10 min，接着将该灭菌奶冷却到44℃。

接种保加利亚乳杆菌和嗜热链球菌的混合菌液(1∶1)，接种量为2％～3％。

在43℃左右发酵6～7 h，终止时酸奶的pH值为4.7～5.0。

在上述酸奶中添加经杀菌冷却的糖液和香料，充分混合后在143 MPa压力60℃下均质，接着，将均质奶冷却到45℃，成熟数小时后分装。最后送入－35℃冷库，快速冷冻硬化，得到凝固型冷冻酸奶。也可以将成熟后的酸奶不经过冷冻硬化，在分装后直接冷藏保存制成搅拌型冷冻酸奶。

五、实验注意事项

选择优质、新鲜的牛奶和酸奶(作为菌种)。

严格无菌操作，尽量避免杂菌污染。

酸奶制好后，应在0～5℃下保藏，保质期为5 d。

附：原料奶质量要求

来源于健康牛所产的乳，色泽呈乳白色或微黄色，气味芳香、无异味。初乳、末乳、细菌污染乳均不得使用。

乳牛注射抗生素后所产出乳，4 d内不得使用。生产前应做小样试验。

总乳固体不低于11.5％，非脂乳固体大于8.5％。

原料中不得含碱及菌剂等杂质。

奶温不高于10℃，70度酒精试验无絮状物沉淀。

附:酸牛奶卫生标准

1. 感官指标

呈乳白色或(和)稍带淡黄色,具有清香纯净的乳酸味,凝块稠密结实均匀,无气泡,允许少量乳清析出。

2. 理化指标

项 目	指 标
脂肪含量(%)	≥3.0
酸度(以乳酸计)(%)	0.63～0.99
汞含量(以 Hg 计)(mg/kg)	≤0.01

3. 细菌指标

项 目	指 标
大肠杆菌群(个/100 mL)	≤90
致病菌(系指肠道致病菌及致病性球菌)	不得检出

六、思考题

综合评价自制酸奶的品质,说说你的制作体会。

实验四

城市生活污水的生物处理及 COD/BOD 检测

一、背景知识

(一)城市生活污水简介

生活污水(Domestic sewage)是指城市里的机关、学校和居民在日常生活中产生的废水,包括厕所粪尿、洗衣洗澡水、厨房等家庭排水以及商业、医院和游乐场所的排水等。人类生活过程中产生的污水,是水体的主要污染源之一。主要是粪便和洗涤污水。城市每人每日排出的生活污水量为 150～400 L,每人污水的排放量与生活水平、生活习惯和生活区域密切相关。生活污水中含有大量有机物污染,如纤维素、淀粉、糖类、脂肪和蛋白质等;生物污染,如病原菌、病毒、寄生虫和虫卵等;无机物污染,如氯化物、硫酸盐、磷酸盐、碳酸氢盐、钠、钾、钙和镁等。由于生活污水中含有较高的氮、硫和磷等元素,排放到水体中会造成富营养化,造成水体二次污染。生活污水在厌氧微生物的作用下,易生成恶臭物质,对空气环境产生不良影响。随着人民生活水平的提高和环保意识的加强,对生活污水处理的需求也与日俱增,对污水处理的技术需求也日益急迫,利用微生物对污水中的污染物进行无害化降解甚至资源化利用,前景广阔。

(二)城市生活污水的危害

城市污水来源广泛,不同来源的污水存在不同的潜在危害,主要包括:

1. 水体和土壤污染

有机物进入水体后,通过微生物的生物化学作用而分解为简单的无机物质(二氧化碳和水),在分解过程中需要消耗水中的溶解氧,在缺氧条件下污染物就发生腐败分解、恶化水质。水体中需氧有机物越多,耗氧也越多,水质也越差,水体污染越严重。污水中的氮、磷等物质还会造成水体的富营养化污染,水生生态系统的富营养化通过两种途径发生:一种是含植物无机营养物质的化学污染物直接向水体排放;另一种是通过分解者对化学污染物的作为而使得有机物增加。酸、碱污染,破坏水体中 pH 缓冲作用,消灭或抑制原生态环境中微生物的生长,妨碍水体自净,还可腐蚀桥梁、船舶、渔具等。酸与碱同时进入同一水体,中和之后可产生某些盐类,又形成了水体的新污染物,并影响水的硬度。无机盐的增加可改变水体渗透压，影响淡水生物的正常生长。在盐碱化地区，地表水和地下水中的盐将进一步危害土壤质量。污染水的排放和自流同时会造成土壤的污染，进而影响农作物产品的质量，甚至造成农作物污染。

2. 空气污染

恶臭是一种普遍的污染危害，它也发生于污染水体中。人能嗅到的恶臭多达四千多种，危害大的有几十种。恶臭的危害主要体现在：妨碍正常呼吸功能，使消化功能减退；精神烦躁不安，工作效率降低，判断力、记忆力降低；长期在恶臭环境中工作和生活会造成嗅觉障碍，损伤中枢神经、大脑皮层的兴奋和调节功能；某些水产品染上了恶臭无法食用、出售；恶臭水体不能游泳、养鱼、饮用，破坏了水的用途和价值；恶臭中的硫化氢和甲醛等挥发性物质还会造成对人体的直接毒害。

3. 病原物及有毒物污染

病原物污染源主要来自城市生活污水、医院污水、垃圾及地面径流等。病原微生物的主要特点是：数量大，分布广，存活时间较长，繁殖速度快，易产生抗性，难以消灭。传统的二级生化污水处理及加氯消毒后，某些病原微生物、病毒仍能大量存活。此类污染物还可通过多种途径进入人体，引起个体的疾病和群体传播。包括重金属和有机物等有毒物质污染种类繁多，其共同特点是对生物有机体的毒性危害。

(三)城市生活污水主要处理工艺

随着人们生活水平的提高，生活污水排放越来越严重，也相应地衍生出了各种针对性的处理工艺，并不断改进和完善。主要包括：

1. 化学强化生物除磷污水处理工艺

我国的主要河流和湖泊受磷污染，富营养化严重，中华人民共和国环保部为控制和减低磷污染，对磷排放制定了比较严格的标准。本工艺以除去污水中有机污染物和各种形态的磷为主，将化学除磷和生物除磷一体化进行，通过厌氧消化生物系统中活性污泥产生挥发性有机酸，作为聚磷菌生长的营养物，使聚磷菌在活性污泥中选择性增殖，并将其回流到生物系统中，使生物污水处理系统保持在高效除磷状态，同时污泥在厌氧条件下产生的磷释放，通过化学除磷消除。

2. 循环间歇曝气污水处理工艺

循环间歇曝气工艺具有高负荷氧化沟处理效率高的优点，又能充分利用序批式活性污泥污水处理工艺出水好的特点，保证了系统出水除去有机污染物的国家污水排放一级标准的要求。在投资和运行费用上比通常以除去有机污染物为主的二级生物污水处理系统降低30%左右，适合环保资金投入相对较少地区的污水处理工艺要求。

3. 旋转接触氧化污水处理工艺

在生物转盘技术基础上，结合生物接触氧化技术优势发展起来的新一代好氧生物膜处理技术。该工艺技术和成套设备整个污水处理系统中的转轴是唯一的转动部分，便于机械人员维修。系统生物量可根据有机负荷量而自动补偿。当污水中的有机物增加时，附在转盘上的微生物随之增加，反之，随之减少。由于生物系统中生长的微生物种类多，能够高效处理各种难降解工业污水。该污水处理系统的工作效果不容易受到流量和负荷的突然变化和停电的影响，运行费用低，占地面积小。

4. 连续循环曝气系统工艺(Continuous Cycle Aeration System，CCAS 工艺)

该工艺是一种连续进水式 SBR(Sequencing Batch Reactor，序批式处理法)曝气系统，是在 SBR 的基础上改进而成。SBR 工艺由于人工操作管理太烦琐、监测手段落后及曝气器易堵塞等问题而难以在大型污水处理厂中推广应用，曾被普遍认为适用于小规模污水处理厂。随着自动控制技术和监测技术的飞速发展，新型不堵塞的微孔曝气器研制成功，为广泛采用间歇式处理法创造了条件，随着技术的革新和进步，目前 CCAS 已成为最先进的电脑控制的生物除磷、脱氮处理工艺。该种处理工艺都有微生物的参与。微生物是一个具有多功能的化学反应的群体，能够完成各种各样的化学反应，对于污水中难降解的污染物具有联合降解的群体优势，所以，微生物对污水的净化具有巨大的潜力。微生物分解有机物的能力是惊人的。可以说，凡自然界中存在的有机物，几乎都能被微生物所分解。

化学需氧量(COD)反映了水中受还原性物质污染的程度，这些还原性物质包括有机物、亚硝酸盐、亚铁盐、硫化物等，是水中有机物相对含量的指标之一。生活污水与工业废水含有大量有机物，这些有机物在水体中分解时要消耗大量溶解氧，从而破坏水体中氧的平衡，使水质恶化。生化需氧量(BOD)是属于利用水中有机物在一定条件下所消耗的氧，用来表示水体中有机物的含量的一个重要指标。

二、实验目的

1. 掌握 COD/BOD 测定的基本原理。
2. 学会 COD/BOD 测定的流程和方法。

三、实验原理

城市生活污水具备微生物生长繁殖的条件和营养物质，因而微生物能从污水中获取养分，同时利用和降解有害物质，从而使污水得到净化。微生物在污水净化和治理中得到广泛应用，具有效率高、成本低、处理彻底等优势。

生化需氧量(Biochemical Oxygen Demand,BOD),又称生化耗氧量(5日化学需氧量),是一种环境监测指标,主要用于监测水体中有机物的污染状况。表示水中有机物等需氧污染物质含量的一个综合指示。BOD是指在规定的条件下,微生物分解水中的某些可氧化的物质,特别是分解有机物的生物化学过程消耗的溶解氧,如果水中的溶解氧不足以供给微生物的需要,水体就处于污染状态。通常情况下是指水样充满完全密闭的溶解氧瓶中,在20℃的暗处培养5 d,分别测定培养前后水样中溶解氧的质量浓度,由培养前后溶解氧的质量浓度之差,计算每升样品消耗的溶解氧量,以BOD_5形式表示。其单位用ppm或mg/L表示。其值越高,说明水中有机污染物质越多,污染也越严重。

化学需氧量(COD)是在一定的条件下,采用一定的强氧化剂处理水样时所消耗的氧化剂的量,是表示水中还原性物质多少的一个指标。水中的还原性物质有各种有机物、亚硝酸盐、硫化物、亚铁盐等,这些是造成水体污染的主要成分。COD包括可生化和不可生化有机物,还有可还原性无机物氧化所需的氧,BOD/COD的数值小于1。

COD和BOD是评价水污染程度和排放标准的重要指标。

四、实验材料

1. 材料及试剂

活性污泥(或复合菌群)、模拟生活污水(或环境中生活污水)、葡萄糖、可溶性淀粉、蛋白胨、酵母膏、KH_2PO_4、$MgSO_4$、$FeSO_4 \cdot 7H_2O$、Na_2CO_3、Na_3PO_4、$(NH_4)_2SO_4$、尿素。

2. 仪器及器皿

生化恒温培养箱、水浴恒温振荡器、BOD测定仪、COD多参数测定仪、烧杯、分析天平、紫外分光光度计等。

五、实验方法与步骤

(一)实验步骤

1. 复合微生物菌群的扩大培养

在微生物处理污水前,应对复合微生物菌群进行活化和扩大培养,促进其生长繁殖,提高其活性和浓度,从而能够更好地应用于污水处理。

亦可直接将活性污泥加入模拟生活污水(或环境中生活污水)进行生化处理。

2. 生活污水的生化处理

配制模拟生活污水，加入微生物反应器内并加入一定量的菌悬液(或活性污泥)，搅拌通气，观察微生物的运行效果，并测定不同时间段的 COD/BOD 值，记录变化数据。

3. 校园湖水水样 COD/BOD 的测定

在校园各水域取样，测量各水样的 COD/BOD，并比较各取水点的水质情况。

(二)实验方法

1. 模拟生活污水的配制

按照表 2-4-1 的配比配制生活污水。配制完成后需要实测其水质参数。实际配置是按照理论各物质量的 10 倍处理，试验用每份 2L。将所配溶液均分为 5 份。

表 2-4-1　模拟城市生活污水各组分配比

材料名称	理论质量(g)	实际称量(g)
淀　粉	0.3	3.0
葡萄糖	0.3	3.0
蛋白胨	0.02	0.2
酵母膏	0.02	0.2
K_2HPO_4	0.02	0.2
KH_2PO_4	0.02	0.2
$(NH_4)_2SO_4$	0.08	0.8
脲	0.1	1.0
水	1L	10L

2. 复合微生物菌群的扩大培养

配制扩大培养基：蛋白胨 5.017 3 g，酵母膏 4.998 7 g，去离子水 1 L。取 1 个 250 mL 的锥形瓶，加入扩大培养基 200 mL，调节 pH 6～8，用滴管吸取一滴微生物母液，放入锥形瓶中，搅拌均匀后放入水浴恒温振荡器中 25℃ 培养 1 d，即可作为接种菌悬液。

3. 化学需氧量(COD)的测定

COD 是指在一定条件下，用强氧化剂处理水样时所消耗氧化剂的量，用氧的 mg/L 表示。COD 反映了水中受还原性物质污染的程度。这些还原性物质包括有机物、亚硝酸盐、亚铁盐和硫化物等。COD 是水中有机物相对含量的指标之一。

COD 利用重铬酸钾法进行测定。

(1)原理

在水样中加入已知量的重铬酸钾溶液,在强酸介质下,以银盐作催化剂,用试亚铁灵作指示剂,用硫酸亚铁铵溶液滴定水样中未被还原的重铬酸钾由消耗的硫酸亚铁铵的量换算成消耗氧的质量浓度。

在酸性重铬酸钾条件下,芳烃及吡啶难以被氧化,其氧化率较低。在硫酸银催化作用下,直链脂肪族化合物可有效地被氧化。

(2)干扰及消除

氯离子能被重铬酸盐氧化,并且能与硫酸银作用产生沉淀,影响测定结果,故在回流前向水样中加入硫酸汞,使成为络合物以消除干扰.

(3)仪器

回流装置:带 250 mL 锥形瓶的全玻璃回流装置,包括磨口锥形瓶、冷凝管、电炉或电热板和橡胶管。

50 mL 酸式滴定管。

(4)试剂

重铬酸钾溶液($1/6K_2Cr_2O_7=0.25$ mol/L):称取预先在 105℃烘干 2 h 的基准或优级纯重铬酸钾 12.258 g,溶于水中,移入 1 000 mL 的容量瓶中稀释至1 000 mL。

试亚铁灵指示液:称取 1.485 g 邻菲啰啉($C_{12}H_8N_2 \cdot H_2O$),0.695 g 硫酸亚铁溶于水中,稀释至 100 mL,贮于棕色瓶中。

硫酸亚铁铵标准溶液[$(NH_4)_2Fe(SO4)_2 \cdot 6H_2O \approx 0.1$mol/L]:称取 39.5 g 硫酸亚铁铵溶于水中,边搅拌边缓慢加入 20 mL 浓硫酸,冷却后移入 1 000 mL 的容量瓶中,稀释至标线,摇匀。用前,用重铬酸钾标定。标定方法为:准确吸取 10 mL 重铬酸钾标液于 250 mL 锥形瓶中,加水稀释至 100 mL 左右,缓慢加入 30 mL 浓硫酸,混匀。冷却后,加入 3 滴试亚铁灵指示液,用硫酸亚铁铵溶液滴定,溶液颜色由黄色经蓝绿至红褐色即为终点。记录下硫酸亚铁铵溶液的消耗量(mL)。

硫酸亚铁铵标准滴定溶液浓度的计算:

$$C[(NH_4)_2Fe(SO_4)_2 \cdot 6H_2O]=\frac{10\times 0.25}{V}=\frac{2.5}{V}$$

式中:V —滴定时消耗的硫酸亚铁铵标准溶液的用量,mL;

硫酸—硫酸银:于 500 mL 浓硫酸中加入 5 g 硫酸银,放置 1~2 d 使溶解;

硫酸汞:结晶或粉末。

(5)测定步骤

取 20 mL 混匀水样置回流锥形瓶中→加入约 0.4 g 硫酸汞→准确加入 10.00 mL 重铬酸钾标液和小玻璃珠→再缓慢加入 30 mL 硫酸—硫酸银溶液→摇匀,连接冷凝管,加热沸腾回流 2 h→冷却后,从冷凝管加入 90 mL 蒸馏水→取下锥形瓶，加入3滴试亚铁灵指示液，用硫酸亚铁铵标液滴定由黄色经蓝绿色至红褐色为终点。记录硫酸亚铁铵标液的用量。计算公式如下：

$$\text{COD(mg/L)}=\frac{C(V_1-V_2)\times 8\,000}{V_0}$$

式中：V_0—取样的体积，mL；

C—硫酸亚铁铵标准滴定溶液的浓度，mol/L；

V_1—滴定空白时消耗硫酸亚铁铵标准滴定溶液的量，mL；

V_2—滴定水样时消耗硫酸亚铁铵标准滴定溶液的量，mL；

8 000—$1/4O_2$ 的摩尔质量以 mg/L 为单位的换算值，g/mol。

(6)微生物COD的去除率计算

微生物COD的去除率是指污水加入微生物后，一定时间以后，微生物降低COD值与加入微生物后COD的比值。

$$\text{COD去除率}=\left(1-\frac{\text{某一时刻污水的COD}}{\text{接种后污水的COD}}\right)\times 100\%$$

注意：加入 H_2SO_4-Ag_2SO_4 前，一定要加玻璃珠，以免引起暴沸。

COD的结果要保留三位有效数字。

对未经稀释的水样COD大于700时，要进行适当稀释后再进行测定。

用邻苯二甲酸氢钾标准溶液检查试剂的质量和操作水平，由于每克邻苯二甲酸氢钾的理论COD值为1.176 g，所以溶解0.425 1 g干燥过的邻苯二甲酸氢钾（$HOOCC_6H_4COOK$）于重蒸馏水中，转入1 000 mL容量瓶中，稀释至标线，使之成为500 mg/L COD_{Cr}标准溶液。

4. 五日生化需氧量(BOD_5)的测定

生活污水与工业废水含有大量有机物，这些有机物在水体中分解时要消耗大量溶解氧，从而破坏水体中氧的平衡，使水质恶化。生化需氧量（Biochemical Oxygen Demand after 5 days, BOD_5）是在规定条件下，水中有机物和无机物在生物氧化作用下所消耗的溶解氧（以质量浓度表示）的量，用来表示水体中有机物的含量的一个重要指标。BOD_5 的经典测定方法是稀释接种法。

(1)方法原理

将水样注满培养瓶，塞好后应不透气，将瓶置于恒温培养箱内培养5 d，分别测定样品培养前后的溶解氧，两者之差可算出每升水消耗掉氧的质量，即 BOD_5 值，以氧的 mg/L 表示。

在测定 BOD_5 的同时，需用葡糖糖和谷氨酸标准溶液完成验证试验。

本方法适用于测定 BOD_5 范围在 2 mg/L$<C_{BOD5}<$6 000 mg/L，当大于6 000 mg/L时，会因稀释带来误差，有必要对测定结果作慎重说明。

(2)仪器

恒温培养箱；5～20L细口玻璃瓶；1 000～2 000 mL量筒；玻璃棒；溶解氧瓶

(碘量瓶),250～300 mL。

(3)试剂

磷酸盐缓冲溶液:将 8.5 g 磷酸二氢钾(KH_2PO_4),21.75 g 磷酸氢二钾(K_2HPO_4),33.4 g 七水合磷酸氢二钠($Na_2HPO_4 \cdot 7H_2O$)和 1.7 g 氯化铵(NH_4Cl)溶于水中,稀释至 1 000 mL,此溶液 pH 值为 7.2。

硫酸镁溶液:将 22.5 g 七水合硫酸镁($MgSO_4 \cdot 7H_2O$)溶于水中,稀释至1 000 mL。

氯化钙溶液:将 27.5 g 无水氯化钙溶于水中,稀释至1 000 mL。

氯化铁溶液:将 0.25 g 六水合氯化铁($FeCl_3 \cdot 6H_2O$)溶于水,稀释至1 000 mL。

盐酸溶液(0.5mol/L):将 40 mL 浓盐酸溶于水,稀释至 1 000 mL。

氢氧化钠溶液(0.5mol/L):将 20 g 氢氧化钠溶于水,稀至 1 000 mL。

葡萄糖一谷氨酸标准溶液:将葡萄糖和谷氨酸在 103℃ 干燥 1 h 后,各称取150 mg溶于水中,移入 1 000 mL 容量瓶中稀释至标线,临用前配制。

稀释水:在 5～20L 玻璃瓶中装入一定量的水,控制水温在 20℃ 左右,用曝气机曝气 2～8 h,使稀释水中的溶解氧接近饱和。瓶口盖两层纱布,置于 20℃ 培养箱内放置数小时,使水中溶解氧含量达到 8 mg/L 左右。临用前向每升水中加入氯化钙、硫酸镁、氯化铁、磷酸缓冲液各 1 mL,混匀。

(4)接种液可选用以下几种

①一般生活污水,放置一昼夜,取上清液。

②表层土壤水,取 100 g 花园或植物生长土壤,加 1 L 水,静置 10 min,取上清液。

③污水厂出水。

④含有城市污水的河水或湖水。

(5)接种稀释水

每升稀释水中接种的加入量:生活污水 1～10 mL;表层土壤水 20～30 mL;河水或湖水 10～100 mL。接种稀释水 pH 值为 7.2,配制后应立即使用。

(6)水样的测定

①不经稀释的水样的测定。

将混匀水样转移入两个溶解氧瓶中(转移中不要出现气泡),溢出少许,加塞,瓶内不应留气泡。

其中一瓶随即测定溶解氧,另一瓶口水封后放入培养箱,在(20±1)℃下培养5 d。

5 d后,测定溶解氧。

②经稀释水样的测定。

水样类型	参考值		稀释系数	备注
地面水	高锰酸盐指数	＜5	—	高锰酸盐与一定系数的乘积为稀释倍数。使用稀释水时，由 COD 值乘以系数，即为稀释倍数，使用接种稀释水时则只乘以系数
		5—10	0.2，0.3	
		10—20	0.4，0.6	
		＞20	0.5，0.7，1.0	
工业废水	重铬酸钾法	稀释水	0.075，0.15，0.225	
		接种稀释水	0.075，0.15，0.25	

一般稀释法：

按选定的稀释比例，在 1 000 mL 量筒内引入部分稀释水；

加入需要量的混匀水样，再引入稀释水（或接种稀释水）至 800 mL；

用带胶板的玻璃棒上下搅匀。搅拌时胶板不要露出水面，防止产生气泡；

将水样装入两个溶解氧瓶内，测定当天溶解氧和培养 5 d 后的溶解氧。

稀释水同样培养作空白实验，测定 5 d 前后的溶解氧。

(7)结果计算

被测定溶液若满足以下条件，则能获得可靠的测定结果。培养 5 d 后，剩余 DO≥1 mg/L；消耗 DO≥1 mg/L。若不能满足以上条件，一般应舍掉该组结果。

5 日生化需氧量（BOD_5）以每升消耗氧的毫克数表示，由下式算出：

$$BOD_5=\left[(C_1-C_2)-\frac{V_t-V_e}{V_t}(C_3-C_4)\right]\frac{V_t}{V_e}$$

式中：C_1—在初始计时一种试验水样的溶解氧浓度，mg/L；

C_2—培养 5 d 时同一种水样的溶解氧浓度，mg/L；

C_3—在初始计时时空白溶液的溶解氧，mg/L；

C_4—培养 5 d 时空白溶液的溶解氧，mg/L；

V_e—制备该试验水样用去的样品体积，mL；

V_t—该试验水样的总体积，mL。

若有几种稀释比所得数据皆符合“培养 5 d 后，剩余 DO≥1 mg/L，消耗 DO≥1 mg/L”的条件，则几种稀释比所得结果皆有效，以其平均值表示检测结果。

(8)微生物 BOD 的去除率

微生物 BOD 的去除率是指污水加入微生物一定时间以后，微生物降低 BOD 值与加入微生物后 BOD 的比值。

$$\text{BOD 去除率}=\left(1-\frac{\text{某一时刻污水的 BOD}}{\text{接种后污水的 BOD}}\right)\times 100\%$$

注意：

水样 pH 值应在 6.5～7.5，若超出可用盐酸或氢氧化钠调节 pH 近于 7。

水样在采集和保存及操作过程中不要出现气泡。

水样稀释倍数超过100时，要预先在容量瓶中用蒸馏水稀释，再取适量进行稀释培养。

检查稀释水和接种液的质量和化验人员的水平，可将20 mL葡萄糖—谷氨酸标液用稀释水稀至1 000 mL，按BOD的步骤操作，测得的值应在180～230 mg/L，否则，应找出原因所在。

在培养过程中注意及时添加封口水。

六、实验结果与分析

1. 污水生化处理期间，每天观察现象、做好记录。

2. 由COD和BOD的测量学会分析水质的不同品质和对生活污水的处理程度进行表征。

第三部分

附　录

生物工艺学实验指导

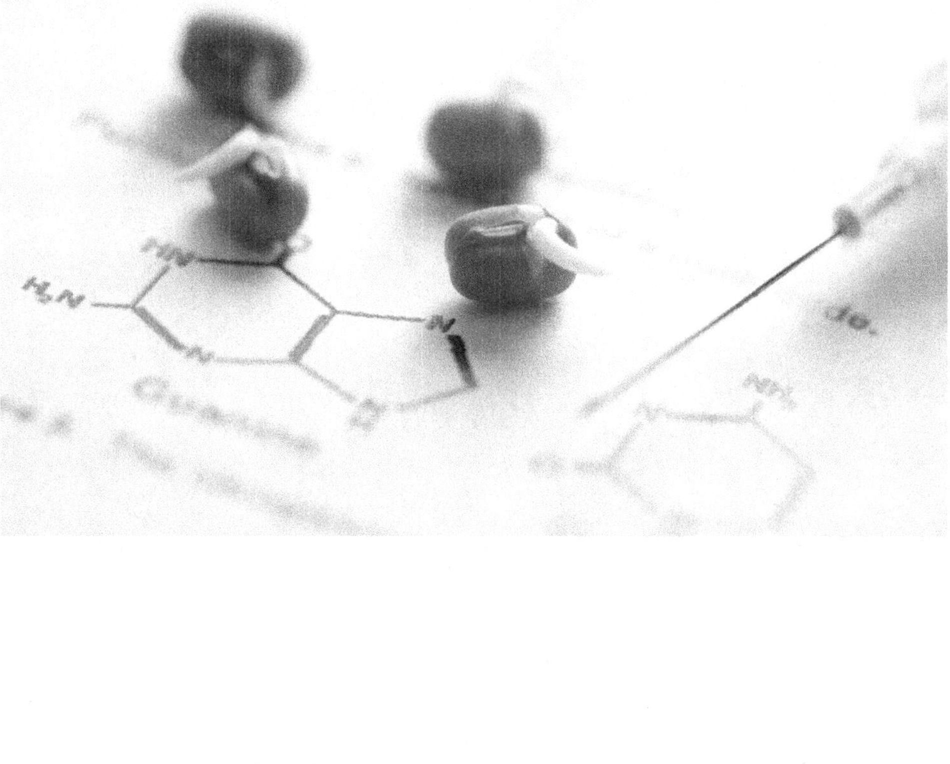

附录1

国内外主要菌种保藏机构

一、国内主要菌种保藏机构

(一)中国工业微生物菌种保藏管理中心(China Center of Industrial Culture Collection,简称 CICC)

中国工业微生物菌种保藏管理中心是专业从事工业微生物菌种保藏管理的国家级公益性资源机构,也是国际菌种保藏联合会(WFCC)和中国微生物菌种保藏管理委员会成员之一,中心挂靠中国食品发酵工业研究院,负责全国工业领域生产与研究应用微生物菌种的收集、鉴定、评价、保藏、供应与国际交流、微生物菌种保藏技术与应用技术的研究与培训等。目前,保藏国内外各类工业微生物菌种 10 153 株,30 余万备份,其中细菌 4 445 株,酵母菌 3 222 株,霉菌 2 220 株,大型真菌 266 株。共计 212 个属 839 个种,基本覆盖了食品与发酵行业各类生产和科研用微生物。

网址:http://www.china-cicc.org/

(二)中国普通微生物菌种保藏管理中心(China General Microbiological Culture Collection Center,简称 CGMCC)

中国普通微生物菌种保藏管理中心成立于 1979 年,是以提供专业技术服务为主的公益性机构,1995 年获得布达佩斯条约国际保藏中心的资格,是我国唯一同时提供一般菌种资源服务和生物材料专利保存的国家级保藏中心。中心设立在中国科学院微生物研究所。中心致力于微生物资源的保护、共享和持续利用,尤其关注本土微生物资源的探索、发现和保存。在保证生物安全和保护知识产权的前提下,为工农业生产、卫生健康、环境保护、科研教育提供微生物物种资源、基因资源、信息资源和专业技术服务,促进我国生命科学研究和生物技术产业的发展。CGMCC 的工作主要包括:广泛分离、收集、保藏、交换和供应各类微生物菌种;保存用于专利程序的各种可培养生物材料;微生物菌种保藏技术研究;微生物分离、培养技术研究;微生物鉴定和复核技术研究;保藏菌种的资料情报收集和提供及编辑微生物菌种目录。CGMCC 目前保存各类微生物资源 3 200 余种,近 30 000

株，用于专利程序的生物材料 2 000 余株。

网址：http://www.cgmcc.net/

（三）中国典型培养物保藏中心（China Center for Type Culture Collection，简称 CCTCC）

中国典型培养物保藏中心于 1985 年由国家知识产权局（原中国专利局）指定、经教育部（原国家教委）批准建立的专利微生物保藏机构，受理国内外用于专利程序的微生物保藏。CCTCC 保藏的微生物包括细菌、放线菌、酵母菌、真菌、单细胞藻类、人和动物细胞系、转基因细胞、杂交瘤、原生动物、地衣、植物组织培养、植物种子、动植物病毒、噬菌体、质粒和基因文库等各类微生物（生物材料/菌种）。1987 年 CCTCC 加入世界培养物保藏联盟，经世界知识产权组织（WIPO）审核批准，自 1995 年 7 月 1 日起成为布达佩斯条约国际确认的微生物保藏单位。

网址：http://www.cctcc.org/

（四）中国农业微生物菌种保藏管理中心（Agricultural Culture Collection of China，简称 ACCC）

中国农业微生物菌种保藏管理中心是中国国家级农业微生物菌种保藏管理专门机构，负责全国农业微生物菌种资源的收集、鉴定、评价、保藏、供应及国际交流任务。中国农业微生物菌种保藏管理中心的研究方向涉及三个层面：(1)农业微生物资源的收集、整理、鉴定与保藏；(2)农业微生物资源功能、挖掘与评价；(3)农业微生物资源可持续及高效利用技术研究。农业菌种中心设有液氮菌种保藏库、冷冻干燥菌种保藏库、矿油斜面菌种保藏库。编入《中国农业菌种目录》（2001 年第 2 版）的库藏菌种有 2 490 株，包括：细菌、放线菌、丝状真菌、酵母菌和大型真菌（主要是食用菌），共 166 个属 510 种（亚种或变种）。

网址：http://www.accc.org.cn/

（五）中国林业微生物菌种保藏管理中心（China Forestry Culture Collection Center，简称 CFCCC）

中国林业微生物菌种保藏管理中心现挂靠中国林业科学研究院森林生态环境与保护研究所，成为中国微生物菌种保藏管理委员会下设的农业、工业、医学、兽医、药用及普通等 7 个国家级专业菌种保藏管理中心之一。至 2008 年底，中心保藏有各类林业微生物菌株 14 200 余株，包括苏云金杆菌模式菌株等细菌，食用菌等大型真菌，林木病原菌、菌根菌、病虫生防菌、木腐菌、病毒和植原体类等，分属于 571 个属 2 178 个种（亚种或变种）。

网址：http://www.cfcc-caf.org.cn

(六)中国科学院武汉病毒研究所(Wuhan Institute of Virology, Chinese Academy of Sciences,简称 AS-IV)

中国科学院武汉病毒研究所是我国唯一从事普通病毒保藏与分类鉴定、研究的专业机构。该中心的主要工作与研究内容是：针对国家对病毒资源的战略需求，收集、分类鉴定与保藏病毒资源，随着生命科学研究进展，进行病毒分子分类与进化的区系研究、病毒遗传稳定性研究以及发展病毒分子分类鉴定技术和保藏技术等。

网址：http://www.whiov.ac.cn/

(七)台湾生物资源保存及研究中心(Bioresources Collection and Research Center,简称 BCRC)

台湾生物资源保存及研究中心主要从事农业、应用微生物、细胞生物技术、基因工程、菌种保藏方法、工业微生物、食品科学、发酵、分子生物学等方面的研究。该保藏中心保存有细菌 4 541 株，真菌 3 069 株，酵母 1 564 株，质粒 451 株，动物细胞 356 株，植物细胞 20 株，细菌病毒 180 株，重组 DNA 宿主 217 株。菌种保藏方法主要采用冷冻干燥保藏、冷冻保藏、液氮保藏、移接保藏、硅胶保藏等。

网址：http://www.bcrc.firdi.org.tw

(八)国内其他菌种保藏机构

1. 兽医微生物菌种保藏管理中心(CVCC)

网址：http://www.cvcc.org.cn

2. 中国医学细菌保藏管理中心[CMCC(B)]

网址：http://www.cmccb.org.cn

3. 中国食品发酵工业研究院(IFFI)

网址：http://www.cnif.cn/

4. 四川抗菌素工业研究所(SIA)

网址：http://www.siia.ac.cn/

5. 中国农业科学院土壤肥料研究所(ISF)

网址：http://sfi.caas.ac.cn/

6. 上海市农业科学院食用菌研究所抗菌素菌种保藏管理中心(SH)

网址：http://www.mushroom.sh.cn

7. 中国海洋微生物菌种保藏中心(MCCC)

网址：http://www.mccc.org.cn/

8. 广东省微生物研究所微生物菌种保藏中心(GIMCC)
网址:http://www.gimcc.net/
9. 云南省微生物研究所(YM)
网址:http://www.yim.ynu.edu.cn/
10. 陕西省微生物研究所(SM)
网址:http://sxim.xab.cas.cn/
11. 香港大学微生物菌物保藏中心(HKUCC)
网址:http://www.hku.hk/rss /

二、国外主要菌种保藏机构

(一)美国典型菌种保藏中心(American Type Culture Collection,简称 ATCC)

ATCC 主要从事农业、遗传学、应用微生物、免疫学、细胞生物学、工业微生物学、菌种保藏方法、医学微生物学、分子生物学、植物病理学、普通微生物学、分类学、食品科学等的研究。该中心保藏有藻类 111 株,细菌和抗生素 16 865 株,细胞和杂合细胞 4 300 株,丝状真菌和酵母 46 000 株,植物组织 79 株,种子 600 株,原生动物 1 800 株,动物病毒、衣原体和病原体 2 189 株,植物病毒 1 563 种。另外,该中心还提供细菌、真菌、酵母的鉴定服务。

网址:www.atcc.org

(二)日本技术评价研究所生物资源中心(NITE Biological Resource Center,简称 NBRC)

NBRC(IFO)是由日本政府部门支持的半政府性质菌种保藏中心。主要从事农业、应用微生物、菌种保藏方法、环境保护、工业微生物、普通微生物、分子生物学等的研究。该中心保藏有细菌 1 446 株,真菌 568 株,酵母 164 株。另外,该中心还提供细菌、真菌、酵母的鉴定服务。

网址:www.nbrc.nite.go.jp

(三)美国农业研究菌种保藏中心(Agricultural Research Service Culture Collection,简称 NRRL)

NRRL 是由美国农业部农业研究中心支持的政府性质的菌种保藏中心。主要从事农业、应用微生物、基因工程、工业微生物、菌种保藏方法、环境保护、分子生物学、食品安全、普通微生物、分类学的研究。该中心保藏有细菌 10 500 株,真菌 45 000株,酵母 14 500 株,放线菌 9 500 株。另外,该中心还提供细菌、真菌、酵母的鉴定服务。

网址:www. nrrl. ncaur. usda. gov

(四)荷兰微生物菌种保藏中心(Central Bureauvoor Schimmelcultures,**简称** CBS**)**

CBS 是半政府性质的主要保藏真菌、酵母菌种保藏中心。主要从事菌种保藏方法、分类学、分子生物学、医学微生物学等的研究。该中心保藏有真菌 35 000 株、酵母 5 500 株。该中心保藏的菌种可出售。

网址:www. cbs. knaw. nl

(五)英国 MIRCEN **国际生物工艺学研究所——欧洲菌物保藏中心[**La Banque European des Glomales, International Institute of Biotechnology,**简称** MIRCEN(BEG)**]**

BEG 隶属于英国 MIRCEN 国际生物工艺学研究所,主要研究方向有微生物培养和保藏方法、生态学、分子生物学、遗传学、生理学、植物病理学、系统分类学等,该中心是赢利性组织,主要有微生物菌种保藏和销售业务,中心保藏有真菌 500 种。

网址:www. bio. ukc. ac. uk/beg/

(六)法国巴斯德研究所 L'Institut Pasteur **菌物保藏中心(**Collection de L'Institut Pasteur Of Institut Pasteur,**简称** CIP**)**

CIP 属于私人赢利性机构,主要研究方向有分子生物学、遗传学、应用微生物学、普通微生物学、医药微生物学、海洋生物学食品科学、微生物培养和保藏方法、系统分类学等,主要用液氮保藏法、超低温冻结保藏法和冷冻干燥法保藏,中心保藏有细菌 6 900 种、质粒 100 种,该中心保藏的菌种可出售。

网址:www. pasteur. fr/applications /CIP/

(七)德国微生物菌种保藏中心(Deutsche SammLung von Mikroorganismen und Zellkulturen,**简称** DSMZ**)**

DSMZ 成立于 1969 年,是德国的国家菌种保藏中心。该中心一直致力于细菌、真菌、质粒、抗菌素、人体和动物细胞、植物病毒等的分类、鉴定和保藏工作。该中心是欧洲规模最大的生物资源中心,保藏有细菌 9 400 株,真菌 2 400 株,酵母 500 株,质粒 300 株,动物细胞 500 株,植物细胞 500 株,植物病毒 600 株,细菌病毒 90 株等。该中心保藏的菌种可出售。另外,该中心还提供菌种的分离、鉴定保藏服务。

网址:www. dsmz. de

(八)韩国典型菌种保藏中心(Korean Collection for Type Cultures,简称 KCTC)

KCTC 是由政府科学技术部门支持的半政府性质的菌种保藏中心。主要从事应用微生物、基因工程、工业微生物、菌种保藏、发酵、分子生物学、分类学等的研究。该中心保藏有细菌 5 005 株,真菌 178 株,酵母 225 株,质粒 51 株,动物细胞 98 株,动物杂合细胞 21 株,植物细胞 31 株。该中心保藏的菌种可出售。

网址:www. kctc. kribb. re. kr

(九)韩国国家农业生物技术研究所——农业微生物菌种保藏中心(Korean Agricultural Culture Collection, National Institute of Agricultural Biotechnology,简称 KACC)

KACC 隶属于韩国国家农业生物技术研究所,是一个非营利性政府组织。主要致力于收集、保藏和分配与农业相关的微生物,如细丝状的真菌、蕈和包含有用的基因的菌株,以及通过生物化学和分子生物学的手段对菌株进行鉴别和分类。该中心保藏有细菌 890 种、真菌 1 581 种、酵母菌 62 种、cDNA 600 种。该中心保藏的菌种可出售。

网址:www. kacc. rda. go. kr

(十)日本生物技术研究所微生物菌种保藏中心(Marine Biotechnology Institute Culture Collection, Marine Biotechnology Instituten,简称 MBICC)

MBICC 隶属于日本生物技术研究所,主要从事海洋微生物(包括细菌藻类等)的分离、鉴定、优化以及新的培养方法的研究和菌种的保藏工作。该中心保藏有藻类 1 000 种、细菌 3 000 种。该中心保藏的菌种可出售。

网址:www. seasquirt. mbio. co. jp/mbic/

(十一)英国国家菌种保藏中心[The United Kingdom National Culture Collection,简称 UKNCC]

UKNCC 是英国国家菌种的保藏中心。保藏的菌种包括:放线菌、藻类、动物细胞、细菌、丝状真菌、原生动物、支原体和酵母。该中心保藏的菌种可出售。

网址:www. ukncc. co. uk/

(十二)国外其他主要菌种保藏中心

1. 俄国国家工业微生物保藏中心(Institute of Genetics and Selection of Industrial Microorganisms,简称 VKPM)

2. 全俄微生物菌种保藏中心(All-Russian Collection of Microorganisms,简称 VKM)

3. 加拿大森林业服务系统——北方森林菌类(蘑菇)保藏中心(Canadian Forestry Service——The Fungus Culture Collection of the Northern Forestry Centre,简称 NOF)

4. 英国食品工业与海洋细菌菌种保藏中心(National Collections of Industrial, Food and Marine Bacterial,简称 NCIFMB)

5. 新西兰环境科学研究所医学部微生物保藏中心(Institute of Environmental Science &Research Limited,简称 ESR)

6. 葡萄牙国家工业科技研究所一工业微生物菌物保藏中心(Culture Collection of Industrial Microorganisms, National Institute of Industrial Technology,简称 CCIMINETI)

7. 英国食品工业与海洋细菌菌种保藏中心(National Collections of Industrial, Food and Marine Bacterial,简称 NCIFMB)

附录 2
发酵工业常用理化分析方法

附录 2-1　水分含量的测定

方法一　常压干燥法

一、实验原理

样品中的水分一般是指在 100℃左右直接干燥的情况下，所失去物质的总量。此方法适用于在 95～105℃下，不含或含其他挥发性物质甚微的样品。要求样品中的成分在 95～105℃下稳定，不分解或氧化。

本法特点：设备简单，操作方便、易行，一次可同时做几个甚至几十个样品；干燥时间长；最后残留 1%的水；测定范围有限。对胶体、高脂肪、高糖样品以及含有较多高温易氧化、易挥发的样品不适宜，对易结膜结块的样品也不适宜。

一般在常压 100℃左右直接干燥的情况下，所失去物质的总量称为水分。但实际上在此温度所失去的物质还包括有微量的芳香油、醇、有机酸等挥发性成分。

二、仪器及试剂

1. 仪器

恒温烘箱、称量瓶、干燥器、分析天平。

2. 试剂

6 N 盐酸：量取 100 mL 盐酸，加水稀释至 200 mL。

6 N 氢氧化钠溶液：称取 24 g 氢氧化钠，加水溶解并稀释至 100 mL。

海砂：取用水洗去泥土的海砂或河砂，先用 6 N 盐酸煮沸 0.5 h，用水洗至中性，再用 6N 氢氧化钠溶液煮沸 0.5 h，用水洗至中性，经 105℃干燥备用。

三、测定方法

1. 固体样品

取洁净铝制或玻璃制的扁形称量瓶，置于95～105℃干燥箱中，瓶盖斜支于瓶边，加热0.5～1.0 h，取出盖好，置干燥器内冷却0.5 h，称量，并重复干燥至恒量。称取2.0～10.0 g切碎或磨细的样品，放入此称量瓶中，样品厚度约为5 mm。加盖，精密称量后，置95～105℃干燥箱中，瓶盖斜支于瓶边，干燥2～4 h后，盖好取出，放入干燥器内冷却0.5 h后称量。然后再放入95～105℃干燥箱中干燥1 h左右，取出，放干燥器内冷却0.5 h后再称量。至前后两次质量差不超过2 mg，即为恒量。

2. 半固体或液体样品

取洁净的蒸发皿，内加10.0 g海砂及一根小玻棒，置于95～105℃干燥箱中，干燥0.5～1.0 h后取出，放入干燥器内冷却0.5 h后称量，并重复干燥至恒量。然后精密称取5～10 g样品，置于蒸发皿中，用小玻棒搅匀放在沸水浴上蒸干，并随时搅拌，擦去皿底的水滴，置95～105℃干燥箱中干燥4 h后盖好取出，放入干燥器内冷却0.5 h后称量。以下按固体样品自“然后再放入95～105℃干燥箱中干燥1 h左右”起依法操作。

四、计算

样品中水分含量的计算公式如下：

$$X=\frac{(m_1-m_2)}{(m_1-m_3)}\times 100$$

式中：X—样品中水分的含量，%；

m_1—称量瓶（或蒸发皿加海砂、玻棒）和样品的质量，g；

m_2—称量瓶（或蒸发皿加海砂、玻棒）和样品干燥后的质量，g；

m_3—称量瓶（或蒸发皿加海砂、玻棒）的质量，g。

五、注意事项

1. 常压干燥法适用于常压下105℃不易分解或氧化的样品，对于胶体、高脂肪、高糖试样不适宜。

2. 该法设备简单、操作方便，但用时较长。

3. 要求恒重，恒重条件通常情况下要求干燥2～4 h冷却0.5 h称重。然后干燥 1 h 冷却 0.5 h 称重，前后两次质量差不超过 2 mg 为恒重。

4. 试样各部位受热均匀。试样厚度<5mm 为宜。

5. 黏质、液状、糊状试样应加入干燥助剂，通常使用经酸处理后的海砂，增大蒸发面积，防止样品结块，增加蒸发通道，加速水分蒸发。

6. 称量皿一般采用导热性能好，不易氧化的器皿，如磨口玻璃平皿、铝制平皿。

7. 注意大气湿度的变化，湿度高时可以适当调高干燥温度。

方法二　减压干燥法

一、实验原理

样品中的水分指在一定的温度及压力的情况下失去物质的总量。测定条件：通常用 300～400 mmHg 的真空度及 70℃以下的温度。适用于含糖、味精等易分解的样品。

本法特点：干燥速度快，使用温度较低，弥补了上法的一些缺点，对易氧化、分解或不易除去结合水的样品适用；能除去最后残留的 1% 的水，准确度较上法高，重现性好，应用面较上法广；设备比上法复杂，对易结膜结壳的样品不适用。

二、仪器及试剂

1. 仪器

真空干燥箱、吸湿保护装置、称量瓶、干燥器、分析天平。

2. 试剂

同方法一。

三、测定方法

减压干燥法与常压干燥法基本相同，它主要是以真空干燥代替普通干燥箱。

1. 恒重称量瓶。

2. 准确称取样品，放入真空干燥箱内。

3. 将真空干燥箱通过吸湿保护装置连接水泵或连接真空泵。抽出干燥箱内空气至所需压力(一般为 300～400 mmHg)，并同时加热至所需温度(50～60℃)。关闭通水泵或真空泵上的活塞，停止抽气，使干燥箱内保持一定的温度和压力。

4. 经一定时间后，打开活塞，使空气经干燥装置缓缓通入至干燥箱内，待压力恢复正常后再打开。取出称量瓶，放入干燥器中 0.5 h 后称量，并重复以上操作至恒量。

四、计算

同方法一。

五、注意事项

1. 减压干燥法适用于在 100～105℃时易分解、变质及水分较多挥发较慢的样品。

2. 要求恒重，恒重条件通常情况下要求干燥 2～4 h，冷却 0.5 h 称重。然后干燥 1 h，冷却 0.5 h 称重，前后两次质量差不超过 2 mg 为恒重。

3. 试样各部位受热均匀。试样厚度＜5mm 为宜。

4. 黏质、液状、糊状试样应加入干燥助剂，通常使用经酸处理后的海砂，增大蒸发面积，防止样品结块，增加蒸发通道，加速水分蒸发。

5. 称量皿一般采用导热性能好、不易氧化的器皿，如磨口玻璃平皿、铝制平皿。

方法三　蒸馏法

一、实验原理

样品中的水分与甲苯或二甲苯共同蒸出，收集馏出液于接收管内，根据体积计算含量。两种互不相溶的液体组成的二元体系，其沸点低于各组分沸点，水在小于 100℃下被蒸出。本法适用于含较多其他挥发性物质的样品。

本法特点：选用不同溶剂可对热不稳定到热稳定的样品进行测定。如苯水的共沸点为 69.25℃、甲苯水为 84.1℃、二甲苯水为 93℃。

对于含有水分以外与水不相溶的挥发性成分多样品、含油脂高、不易烘干和不同原料制成的烹调样品、高水分样品适用于此法。对香料的水分测定时为唯一的方法。

此法设备简单、经济，操作简便快速。

要求不含水溶性的可挥发性组分。

溶剂耗用量大。

精密度较低。原因主要有：水未全部挥发完毕，吸附玻璃管壁，形成乳浊液，水溶性组分被蒸出，读数仅能读到 mL 后两位，相当于±10 mg。

二、仪器及试剂

1. 仪器

水分测定器、烧瓶(500 mL 以上)、回流冷凝管、接收管、电炉、组织捣碎机、粉碎机、分析天平。

2. 试剂

甲苯或二甲苯：取甲苯或二甲苯，先以水饱和后，分去水层，进行蒸馏，收集馏出液备用。

三、测定方法

称取适量样品(估计含水 2～5 mL)，放入 250 mL 锥形瓶中，加入新蒸馏的甲苯(或二甲苯)75 mL，连接冷凝管与水分接收管，从冷凝管顶端注入甲苯，装满水分接收管至溢流口为止，开启冷凝水，接通电源，然后加热慢慢蒸馏，使每秒钟得馏出液两滴，待大部分水分蒸出后，加速蒸馏约每秒钟 4 滴，当水分全部蒸出后，接收管内的水分体积不再增加时，从冷凝管顶端加入少量甲苯(约 10 mL)冲洗。如冷凝管壁附有水滴，可用附有小橡皮头的铜丝擦下，再蒸馏片刻至接收管上部及冷凝管壁无水滴附着为止。关闭电源，读取接收管水层的容积。

四、计算

$$X_2=\frac{V}{m_4}\times 100$$

式中：X_2—样品中水分的含量，mL/100 g；

V—接收管内水的体积，mL；

m_4—样品的质量，g。

附录 2-2 索氏提取法测定生物样品中粗脂肪含量

一、实验原理

试样用无水乙醚或石油醚等溶剂抽提后，蒸去溶剂所得的物质在样品理化检验中称为粗脂肪。抽提物中除脂肪外，还含有色素、磷脂、树脂、挥发油、蜡、有机酸等。故抽提法所测得的脂肪为游离脂肪。索氏提取法测得的脂肪为游离脂肪。

二、仪器及试剂

1. 仪器

索氏提取器、电热恒温水浴、分析天平、电热恒温干燥箱、研钵、干燥器、称量瓶、试管、量筒、橡皮管。

2. 试剂

无水乙醚或石油醚(沸程 30～60℃)。

海砂：取用水洗去泥土的海砂或河砂，先用盐酸(1＋1)煮沸 0.5 h，用水洗至中性，再用氢氧化钠溶液(240 g/L)煮沸 0.5 h，用水洗至中性，经(100±5)℃干燥备用。

三、测定方法

1. 测定前的准备

洗净并烘干索氏脂肪提取器。将脂肪接受瓶置于 100～105℃烘箱中烘 1～2 h 后取出放入干燥器中，冷却至室温后称重，再烘 0.5 h，冷却称重，直至恒重为止。记录脂肪接受瓶质量。

制作滤纸筒。取合适大小的滤纸一张，卷在光滑的试管上，将一端约 1.5～2.0 cm 纸边向内折入做纸筒底，取出管子。另取滤纸剪出两个直径和试管相当的圆纸片，用镊子衬入纸筒底部，压紧备用。

2. 样品处理

固体试样：采取样品后在研钵或用粉碎机粉碎过 40 目筛，必要时可拌以海砂，全部移入滤纸筒内，并用沾有乙醚的脱脂棉擦净所用器皿，将棉花放入滤纸筒内。在纸筒顶部覆以脱脂棉，用镊子轻轻压实。

液体或半固体样品：称取 5.00～10.00 g 样品置于蒸发皿中，加入约 20 g 海砂于沸水浴上蒸干后，在(100±5)℃干燥，研细，全部移入滤纸筒内。蒸发皿及附有试样的玻棒，均用沾有乙醚的脱脂棉擦净，并将棉花放入滤纸筒内。

3. 抽提

将滤纸筒放入脂肪抽提器的抽提筒内，连接已干燥至恒量的接收瓶，由抽提器冷凝管上端加入无水乙醚或石油醚至瓶内容积的三分之二处，接通冷凝水，置于 60～70℃的恒温水浴上加热，使乙醚或石油醚不断回流提取(控制回流速度每 3～5 min 虹吸一次为宜)，一般抽提 6～12 h。用滤纸试验脂肪已提取完全后(滴在滤纸上的溶剂挥发后无油迹残留)用镊子取出滤纸筒。

取下接收瓶，回收乙醚或石油醚，待接收瓶内乙醚剩 1～2 mL 时在水浴上蒸干，再于 100±5 ℃干燥 2 h，放干燥器内冷却 5 h 后称量。重复以上操作直至恒重，记录脂肪和脂肪接受瓶的总量。

四、计算

$$X=\frac{(m_1-m_0)}{m_2}\times 100$$

式中：x— 试样中粗脂肪的含量，g/100g；

m_1— 接收瓶和粗脂肪的质量，g；

m_0— 接收瓶的质量，g；

m_2— 试样的质量(如是测定水分后的试样，则按测定水分前的质量计)，g。

计算结果表示到小数点后一位。

五、注意事项

1. 样品干燥时间不可太长，因脂肪氧化会引起测定误差。

2. 若乙醚中含有过氧化物，在蒸馏近干时会存在爆炸的危险，因此使用前必须检查是否含有过氧化物。检查过氧化物的方法：取 0.5 mL 乙醚于试管中，加入 1 mL 10%KI 溶液和 0.5 mL HCl(1+5)，再加数滴 0.5%淀粉指示剂振摇，若显示蓝色表示有过氧化物存在。

除去乙醚中过氧化物的方法：取乙醚 5 份加 10%亚硫酸钠 1 份，加 HCl 酸化，振摇，静置分层后，弃去水层，再用水洗至中性，用无水氯化钙或无水硫酸钠脱水后，再进行恒温(34.5℃)重蒸馏，重蒸馏时可放入无锈铁丝几段或光亮铝片几片，蒸馏后，再用无水氯化钙或无水硫酸钠脱水，放置一昼夜，取上层清液使用。

3. 乙醚、石油醚沸点低，易燃烧。因此倾倒时必须仔细。用毕要立即盖紧塞子。使用乙醚、石油醚除了防止明火外，还应防止产生静电火花引起燃烧。

4. 乙醚和空气混合会引起爆炸，其爆炸范围是1.85%～36.5%（体积）。故盛有抽提物的接受瓶放入烘箱时不能立即关闭烘箱门，必须等瓶内的乙醚跑光后，才能将门关紧。

5. 提取时水浴温度不能过高，一般使溶剂刚开始沸腾即可。

附录2-3 发酵过程中蛋白质总量的测定

方法一 半微量凯氏定氮法

一、实验原理

蛋白质是含氮的化合物。样品与浓硫酸和催化剂共同加热消化，使有机物被破坏，其中的碳和氢被氧化成二氧化碳和水而逸出，而氮转变成氨，再与硫酸结合成硫酸铵留在消化液中。硫酸铵用氢氧化钠中和生成氢氧化铵，加热又分解成氨，经硼酸吸收后，再用盐酸标准溶液滴定，根据酸的消耗量计算总氮量，再乘以蛋白质换算系数，即得蛋白质含量。因样品中除蛋白质外，还含有其他含氮物质，所以此方法测定的蛋白质称为粗蛋白。

二、仪器及试剂

（一）仪器

微量定氮蒸馏装置，如下图所示。

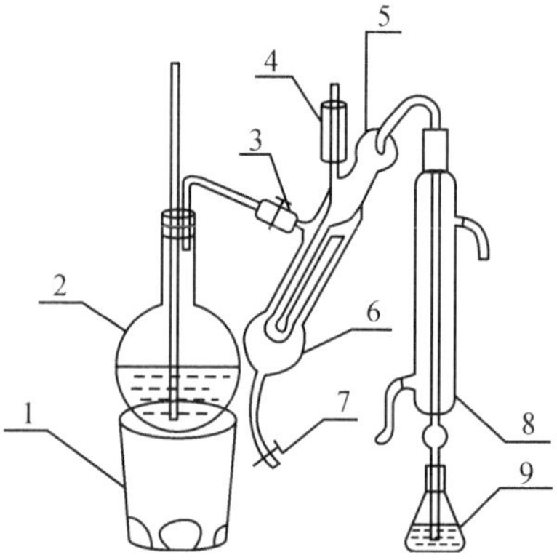

图 3-2-1 微量凯氏定氮装置图

1. 电炉；2. 水蒸气发生器(2L 平底烧瓶)；3. 螺旋夹 a；4. 小漏斗及棒状玻璃塞(样品入口处)；5. 反应室；6. 反应室外层；7. 橡皮管及螺旋夹 b；8. 冷凝管；9. 蒸馏液接收瓶。

(二)试剂

硫酸铜($CuSO_4 \cdot 5H_2O$)、硫酸钾、硫酸(密度为 1.841 9 g/L)、硼酸溶液(20 g/L)、氢氧化钠溶液(400 g/L)、0.01mol/L 盐酸标准滴定溶液。

混合指示试剂：0.1%甲基红乙醇溶液 1 份，与 0.1%溴甲酚绿乙醇溶液 5 份临用时混合。

三、测定方法

(一)样品消化

精密称取 0.2～2.0 g 固体样品或 2～5 g 半固体样品，或吸取 10～20 mL 液体样品(相当于氮 30～40 mg)，移入干燥的 100 mL 或 500 mL 凯氏烧瓶中，加入 0.2 g硫酸铜和 3～8 g 硫酸钾，稍摇匀后瓶口放一小漏斗，加入 25～90 mL 浓硫酸，将瓶以 45°角斜支于有小孔的石棉网上，使用万用电炉，在通风橱中加热消化，开始时用低温加热，待内容物全部炭化，泡沫消除后，再升高温度保持微沸，消化至液体呈蓝绿色澄清透明后，继续加热 0.5 h，取下冷却，小心加 20 mL 水，冷却后，无损地转移到 100 mL 容量瓶中，加水定容至刻度，混匀备用，即为消化液。

试剂空白实验：取与样品消化相同的硫酸铜、硫酸钾、浓硫酸，按以上同样方法进行消化，冷却，加水定容至 100 mL，得试剂空白消化液。

(二)定氮装置的检查与洗涤

检查微量定氮装置是否装好。在蒸汽发生瓶内装水约三分之二，加甲基红指示剂数滴及数毫升硫酸，以保持水呈酸性，加入数粒玻璃珠(或沸石)以防止暴沸。

测定前定氮装置洗涤2～3次：从样品进口处加水适量(约占反应管三分之一体积)通入蒸汽煮沸，产生的蒸汽冲洗冷凝管，数分钟后关闭夹子a，使反应管中的废液倒吸流到反应室外层，打开夹子b由橡皮管排出，如此数次，即可使用。

(三)碱化蒸馏

量取硼酸试剂20 mL于三角瓶中，加入混合指示剂2～3滴，并使冷凝管的下端插入硼酸液面下，在螺旋夹a关闭，螺旋夹b开启的状态下，准确吸取10.0 mL样品消化液，由小漏斗流入反应室，并以10 mL蒸馏水洗涤进样口流入反应室，棒状玻塞塞紧。使10 mL氢氧化钠溶液倒入小玻杯，提起玻塞使其缓缓流入反应室，用少量水冲洗立即将玻塞盖实，并加水于小玻杯以防漏气，开启螺旋夹a，关闭螺旋夹b，开始蒸馏。通入蒸汽蒸腾10 min后，移动接收瓶，液面离开冷凝管下端，再蒸馏2 min。然后用少量水冲洗冷凝管下端外部，取下三角瓶，准备滴定。

同时吸取10.0 mL试剂空白消化液按上法蒸馏操作。

(四)样品滴定

以0.01 mol/L盐酸标准溶液滴定至灰色为终点。

(五)数据记录

项　目	第一次	第二次	第三次
样品消化液(mL)			
滴定消耗盐酸标准溶液(mL)			
消耗盐酸标准溶液平均值(mL)			

四、计算

$$X=\frac{(V_1-V_2)\times c\times 0.014}{\frac{m}{100}\times 10}\times F\times 100$$

式中：X—样品蛋白质含量，g/100g；

V_1—样品滴定消耗盐酸标准溶液体积，mL；

V_2—空白滴定消耗盐酸标准溶液体积，mL；

c—盐酸标准滴定溶液浓度，mol/L；

0.014—1.0 mL盐酸[$c(HCl)=1.000$mol/L]标准滴定溶液相当的氮的质量，g；

m—样品的质量 g 或 mL；

F—氮换算为蛋白质的系数，一般样品为 6.25。

计算结果保留小数点后三位有效数字。

五、注意事项

1. 本法也适用于半固体试样以及液体样品检测。半固体试样一般取样范围为 2.00～5.00 g；液体样品取样 10.0～25.0 mL（约相当氮 30～40 mg）。若检测液体样品，结果以 g/100 mL 表示。

2. 消化时，若样品含糖高或含脂较多时，注意控制加热温度，以免大量泡沫喷出凯氏烧瓶，造成样品损失。可加入少量辛醇或液状石蜡，或硅消泡剂减少泡沫产生。

3. 消化时温度不宜过高，速度不宜过快，否则部分氮将以分子状态逸出，使结果偏低。

4. 消化时应注意旋转凯氏烧瓶，将附在瓶壁上的碳粒冲下，对样品彻底消化。若样品不易消化至澄清透明，可将凯氏烧瓶中溶液冷却，加入数滴过氧化氢后，再继续加热消化至完全。

5. 硼酸吸收液的温度不应超过 40℃，否则氨吸收减弱，造成检测结果偏低。可把接收瓶置于冷水浴中。

6. 在重复条件下获得两次独立测定结果的绝对差值不得超过算术平均值的 10%。

方法二 福林-酚试剂法

一、实验原理

斐林（Folin）-酚试剂法结合了双缩脲试剂和酚试剂与蛋白质的反应，其中包括两步反应：第一步是在碱性条件下，与铜试剂作用生成蛋白质-铜络合物；第二步是此络合物将磷钼酸、磷钨酸试剂还原，生成磷钼蓝和磷钨蓝的深蓝色混合物，颜色深浅与蛋白含量成正相关。在 650 nm 时比色测定的灵敏度比双缩脲法高 100 倍。由于肽键显色效果增强，从而减少了因蛋白质种类引起的偏差。该法适于微量蛋白的测定（范围为 5～100 μg 蛋白质）。本法最早由 Lowry 提出，故又名 Lowry 法。其他的酚类物质及柠檬酸对此反应有干扰。

二、仪器及试剂

(一)仪器

722分光光度计、离心机、恒温水浴、定量加样器、冷凝回流装置、研钵、离心管、刻度移液管、微量滴定管、试管。

(二)试剂

斐林-酚试剂甲液:由A、B两种溶液组成。

A液:4%碳酸钠(Na_2CO_3)溶液与0.2mol/L氢氧化钠(NaOH)溶液等体积混合。

B液:1%硫酸铜($CuSO_4 \cdot 5H_2O$)溶液与2%酒石酸钾钠溶液等体积混合。

使用前将A与B按50:1的比例混合即成,此试剂只能在使用当天配制。

斐林一酚试剂乙液:称取钨酸钠($Na_2WO_4 \cdot H_2O$)100 g,钼酸钠($Na_2MoO_4 \cdot 2H_2O$)25 g,加蒸馏水700 mL溶解于1 500 mL的圆底烧瓶中。之后加入85%的H_3PO_4 50 mL,浓HCl 100 mL,安上回流装置(使用磨口接头,若用软木塞或橡皮塞时,就必须用锡铂纸包起来),使其慢慢沸腾10 h。冷却后加入硫酸锂150 g,蒸馏水50 mL,溴水2~3滴,打开瓶口煮沸15 min,以逐出过量的溴,冷却后溶液呈黄色(若仍绿色,须再滴加几滴溴水,继续煮沸15 min)。待冷却后稀释至1 000 mL,过滤入棕色瓶中保存。使用时大约加水1倍,使最终浓度相当于1 mol/L酸度。因此在使用前应进行标定。标定方法:取5 mL福林-酚试剂乙液放入锥形瓶内,用1 mol/L标准氢氧化钠溶液滴定,酚酞作指示剂,当溶液突然转红再转灰绿时,即为滴定终点。计算其相当的酸度,用盐酸或氢氧化钠溶液调至相当于1mol/L的酸度。在测定时要注意,因为酚试剂仅在酸性稳定,所以当加酚试剂时,必须立即混匀,以便在磷钼酸一磷钨酸试剂被破坏前即能发生还原反应,否则会使显色程度减弱。

标准蛋白质溶液:称取25 mg牛血清蛋白,溶于100 mL蒸馏水中,使终浓度为250 μg/mL。

三、测定方法

(一)标准曲线的绘制

(1)取18mm×200mm试管7支,0—6编号,分别加入0 mL、0.1 mL、0.2 mL、0.4 mL、0.6 mL、0.8 mL、1.0 mL标准蛋白质溶液,用蒸馏水补足1 mL,

使每管含蛋白量分别为 0 μg/mL、25 μg/mL、50 μg/mL、100 μg/mL、150 μg/mL、200 μg/mL、250 μg/mL。

(2) 用定量加样器给每支试管中加入 5 mL 甲液，混匀，于 30℃下放置 10 min。

(3) 再向试管中喷射加入 0.5 mL 乙液，立即振荡混匀，在 30℃下准确保温 30 min。

(4) 以不加标准蛋白的 0 号管为空白，在 650 nm 下用 1 cm 光径的比色皿测定吸光度。以标准蛋白浓度为横坐标，吸光度为纵坐标，绘制标准曲线。

管号	0	1	2	3	4	5	6
标准蛋白质(μg/mL)	0	0.1	0.2	0.4	0.6	0.8	1.0
蒸馏水	1.0	0.9	0.8	0.6	0.4	0.2	0
甲液(mL)	5.0	5.0	5.0	5.0	5.0	5.0	5.0
混匀，于 30℃下放置 10 min							
乙液(mL)	0.5	0.5	0.5	0.5	0.5	0.5	0.5
立即振荡混匀，在 30℃下准确保温 30 min							
以不加标准蛋白的 0 号管为空白，在 650 nm 下用 1 cm 光径的比色皿测定吸光度							

(二)样品的测定

样品的提取：称取样品 0.5 g，用 5 mL 蒸馏水或缓冲液研磨成匀浆后，10 000 r/min 离心 10 min，取上清液 1.0 mL(视蛋白质含量适当稀释)于试管中，然后重复标准曲线绘制中的(2)～(4)步骤，以空白管调零，测定吸光度。根据吸光度查标准曲线，求出样品中的蛋白质含量。

四、计算

$$X=\frac{C\times V_t}{V_s\times W_f}$$

式中：X—样品中蛋白的含量，mg/g；

C—查标准曲线值，μg；

V_t—提取液总体积，mL；

W_f—样品重，g；

V_s—测定时加样量，mL。

五、注意事项

还原物质，其他酚类物质及柠檬酸对此反应有干扰。

方法三 考马斯亮蓝 G-250 染色法

一、实验原理

考马斯亮蓝 G-250 染料，在酸性溶液中与蛋白质结合，使染料的最大吸收峰的位置由 465 nm 变为 595 nm，溶液的颜色也由棕黑色变为蓝色。通过测定 595 nm 处光吸收的增加量可知与其结合蛋白质的量。染料主要是与蛋白质中的碱性氨基酸（特别是精氨酸）和芳香族氨基酸残基相结合。这种蛋白质测定法具有超过其他几种方法的突出优点，因而正在得到广泛的应用。

二、仪器及试剂

（一）仪器

722 分光光度计、离心机、恒温水浴锅、定量加样器、研钵、离心管、刻度移液管、微量滴定管、试管。

（二）试剂

1. 染色液

取考马斯亮蓝 G-250 染料 100 mg 溶于 50 mL 95%乙醇中，加 100 mL 85%磷酸，加水稀释至 1 L。该染色液可保存数月，若不加水可长期保存，用前稀释。

2. 标准蛋白溶液

0.5 mg/mL 牛血清白蛋白。

三、测定方法

（一）标准曲线的制作

1. 取 7 支试管，按下表加入试剂。

试管编号	0	1	2	3	4	5	6
1 mg/ mL 牛血清蛋白	0	0.1	0.2	0.4	0.6	0.8	1
蒸馏水	1	0.9	0.8	0.6	0.4	0.2	0
考马斯亮蓝试剂	5	5	5	5	5	5	5

2. 将试管摇匀，放置 20 min。
3. 用分光光度计比色测定吸光值 $A_{595\ nm}$。
4. 以 $A_{595\ nm}$ 为纵坐标，标准蛋白色质浓度为横坐标，绘制标准曲线。

（二）样品的测定

1. 取一支试管，加入未知浓度的蛋白质溶液 0.2 mL，蒸馏水 0.8 mL，考马斯亮蓝试剂 5 mL。
2. 将试管摇匀，放置 20 min。
3. 比色测定吸光值 $A_{595\ nm}$，对照标准曲线求得蛋白质的浓度。

四、计算

$$X=\frac{C\times V_t}{V_s\times W_f}$$

式中：X—为样品中蛋白的含量，mg/g；
C—为查标准曲线值，μg；
V_t—为提取液总体积，mL；
W_f—为样品重，g；
V_s—为测定时加样量，mL。

五、注意事项

1. 由于染料本身两种颜色形式的光谱有重叠，试剂背景值会因与蛋白质结合的染料增加而不断降低，因而当蛋白质浓度较大时，标准曲线稍有弯曲，但直线弯曲程度很轻，不致影响测定。
2. 测定工作应在蛋白质染料混合后 2 min 开始，力争 1 h 内完成，否则会因蛋白质一染料复合物发生凝集沉淀而影响测定结果。
3. 在试剂加入后的 5～20 min 测定光吸收，因为在这段时间内颜色是最稳定的。
4. 测定中，蛋白质一染料复合物会有少部分吸附于比色杯壁上，测定完后可用乙醇将蓝色的比色杯洗干净。制作蛋白标准曲线的时候,蛋白标准品最好是从低浓度到高浓度测定,防止误差。

附录 2-4 发酵过程中还原糖含量的测定

方法一 斐林法测定残存的还原糖

一、实验原理

还原糖是指含有自由醛基或酮基的糖类,单糖都是还原糖,双糖和多糖不一定是还原糖,其中乳糖和麦芽糖是还原糖,蔗糖和淀粉是非还原糖。利用糖的溶解度不同,可将植物样品中的单糖、双糖和多糖分别提取出来,对没有还原性的双糖和多糖,可用酸水解法使其降解成有还原性的单糖进行测定,再分别求出样品中还原糖和总糖的含量(还原糖以葡萄糖含量计)。

斐林试剂法是利用还原糖可以还原斐林试剂而达到测定的目的,其原理为:(1)斐林试剂是由甲、乙两种溶液混合而成,试剂甲为硫酸铜溶液,试剂乙为 NaOH 与酒石酸钾钠的混合液,A、B 两种液体混合后,生成天蓝色 $Cu(OH)_2$ 沉淀,立即与酒石酸钾钠反应,生成深蓝色的酒石酸钾钠铜。(2)酒石酸钾钠铜被还原糖还原,生成红色的 Cu_2O 沉淀。(3)在以次甲基蓝为指示剂的条件下,达到终点时,稍微过量的还原糖就将蓝色的次甲基蓝还原成无色的隐色体,而显示 Cu_2O 的红色。(4)根据一定量的斐林试剂(一般为 10 mL)相当的还原糖的毫克数,计算出样品中的百分含量。

二、仪器及试剂

(一)仪器

三角烧瓶、容量瓶、糖滴管、烧杯、离心机、分析天平、电炉、恒温水浴锅。

(二)试剂

醋酸锌溶液:称取 21.9 g 醋酸锌[$Zn(CH_3COO)_2 \cdot 2H_2O$]溶于少量水中,加入 3 mL 冰乙酸加水稀释到 100 mL。

亚铁氰化钾溶液:称取 10.6 g 亚铁氰化钾[$K_4Fe(CN)_6 \cdot 3H_2O$]加水溶解并

稀释到 100 mL。

5 mg/mL 标准葡萄糖溶液：准确称取经 105℃干燥过的葡萄糖 0.5 g 置于小烧杯中，加水溶解后转入 100 mL 容量瓶中，用水稀释到刻度。

1%亚甲蓝指示剂溶液：称取 1 g 亚甲蓝指示剂溶于 100 mL 蒸馏水中摇匀即可。

菲林试剂甲溶液：称取 34.639 g $CuSO_4 \cdot 5H_2O$ 加适量水溶解，加 0.5 mL 硫酸，用水稀释到 500 mL，用精制石棉过滤。

菲林试剂乙溶液：称取 173 g 酒石酸钾钠和 50 g NaOH 加适量水溶解，用水稀释到 500 mL，用精制石棉过滤。

20%氢氧化钠溶液。

6 mol/L 盐酸。

三、测定方法

(一)样品溶液的制备

1. 普通及含多量淀粉的样品

称取 10～20 g 样品，置于 250 mL 容量瓶中，加 200 mL 水，在 45℃水浴中加热 1 h，并不时振摇。冷后加水至刻度，混匀，静置。吸取 200 mL 上清液于另一 250 mL 容量瓶中，慢慢加入 5 mL 乙酸锌溶液及 5 mL10.6%亚铁氰化钾溶液，加水至刻度，混匀。静置 30 min，用干燥滤纸过滤，弃去初滤液，滤液备用。

2. 含多量酒精的样品

吸取 100 mL 样品，置于蒸发皿中，用 1 mol/L 氢氧化钠溶液中和至中性，在水浴上蒸发至原体积的 1/4 后，移入 250 mL 容量瓶中。加 50 mL 水，混匀。

3. 含多量二氧化碳的样品

吸取 100 mL 样品置于蒸发皿中，在水浴上除去二氧化碳后，移入 250 mL 容量瓶中，并用水洗涤蒸发皿，洗液并入容量瓶中，再加水至刻度，混匀后，备用。

(二)斐林溶液的标定

准确取斐林溶液甲、乙液各 5 mL，放入 150 mL 三角烧瓶中，加蒸馏水 20 mL，置电炉上加热至沸(调节炉温控制在 2 min 内沸腾)，趁沸以每秒 2 滴的速度用配好的葡萄糖溶液滴定至溶液蓝色刚好褪去为终点。正式滴定时，先加入比预试时少 0.5～1 mL 的葡萄糖溶液，置电炉上煮沸 2 min，加次甲基蓝指示剂 1 滴，继续用葡萄糖溶液滴定至终点。平行操作 3 份，取其平均值。按下式计算每 10 mL 斐林溶液相当于葡萄糖的质量(mg)。

$$A=C\times V$$

式中：A—10 mL 碱性酒石酸铜溶液相当于葡萄糖的质量，mg；

C— 葡萄糖标准溶液的浓度，mg/mL；

V— 滴定时消耗葡萄糖溶液的体积，mL。

(三)样品溶液预测

将滤得的样品注入滴定管中，另精确量取斐林溶液甲、乙各 5 mL 于锥形瓶中，加入 10 mL 蒸馏水混匀。置电炉上加热至沸(调节炉温控制在 2 min 内沸腾)，趁沸以先快后慢的速度，从滴定管中滴加样品溶液，并保持溶液沸腾状态，待溶液颜色变浅时，以每两秒 1 滴的速度继续滴加，直至溶液蓝色刚好褪去为终点。记录样液消耗体积，同法平行操作 3 份，得出平均消耗体积。

(四)样品液测定

精确量取斐林溶液甲、乙各 5 mL 于锥形瓶中，加入 10 mL 蒸馏水混匀，从滴定管滴加比预测体积少 1 mL 的样品溶液，使在 2 min 内加热至沸，趁沸继续以每 2 秒 1 滴的速度滴定，直至蓝色刚好褪去为终点，记录样液消耗体积，同法平行操作 3 份，取其平均值。

四、计算

$$X=\frac{A}{m\times V\times 1\,000}\times 250\times 100$$

式中：X—样品中还原糖的含量(以葡萄糖计)，%；

A—10 mL 斐林溶液甲、乙液相当于葡萄糖的质量，mg；

m—样品质量，g ；

V—滴定时消耗样品溶液的量，mL。

五、注意事项

1. 此法测定的是总还原糖，反应体系中铜离子是定量的基础，因此不能用铜盐作澄清剂。

2. 次甲基蓝也是一种氧化剂，但在测定条件下比二价铜离子要弱。

3. 在碱性酒石酸铜乙液中加入少量亚铁氰化钾的目的是消除氧化亚铜的红色干扰，生成无色的可溶性络合物。

4. 碱性酒石酸铜甲液和乙液临用时才混合。

5. 滴定必须在沸腾条件下进行，原因：加快还原糖与二价铜的反应；可逆次甲基蓝变色反应，遇空气后会氧化还原型次甲基蓝；氧化亚铜不稳定，沸腾可避免氧气进入；操作时要避免空气混入。

6. 样品预滴定的目的：了解样品溶液浓度是否合适；可知大概消耗量，以确保 1 min 内完成滴定，提高准确度。

7. 影响测定结果的主要操作因素：反应液碱度、热源强度、煮沸时间、滴定速度。

8. 将所需的大部分预滴定样液先加入碱性酒石酸铜溶液中共沸，仅留 1 mL 时由滴定方式加入，其目的是减少操作误差，同时加快速度，提高准确度。

9. 滴定过程要迅速，整个滴定操作控制在 3 min 内完成，否则终点不明显。

10. 醋酸锌和亚铁氰化钾溶液是蛋白质沉淀剂，用以除去样品中的蛋白质。

方法二 DNS 法测定残存的还原糖

一、实验原理

在碱性条件下，还原糖与 3，5-二硝基水杨酸共热，3，5-二硝基水杨酸被还原为 3-氨基-5-硝基水杨酸（棕红色物质），还原糖则被氧化成糖酸及其他产物。在一定范围内，还原糖的量与棕红色物质颜色深浅的程度成一定的比例关系，540 nm 波长下测定棕红色物质的吸光度，查对标准曲线并计算，便可分别求出样品中还原糖的含量。

二、仪器及试剂

（一）仪器

具塞玻璃刻度试管、大离心管、烧杯、三角瓶、容量瓶、刻度吸管、恒温水浴锅、离心机、电子天平、722 分光光度计。

（二）试剂

1. 1 mg/mL 葡萄糖标准液

准确称取 80℃烘至恒重的分析纯葡萄糖 100 mg，置于小烧杯中，加少量蒸馏水溶解后，转移到 100 mL 容量瓶中，用蒸馏水定容至 100 mL，混匀，4℃冰箱中保存备用。

2. 3，5-二硝基水杨酸（DNS）试剂将6.3 g DNS和262 mL 2M NaOH溶液，加到500 mL含有185 g酒石酸钾钠的热水溶液中，再加5 g结晶酚和5 g亚硫酸钠，搅拌溶解，冷却后加蒸馏水定容至1 000 mL，贮于棕色瓶中备用。

三、测定方法

(一)葡萄糖标准曲线制备

取7支25 mL具塞刻度试管编号，按表3-2-1分别加入浓度为1 mg/mL的葡萄糖标准液、蒸馏水和3,5-二硝基水杨酸(DNS)试剂，配成不同葡萄糖含量的反应液。

表 3-2-1　葡萄糖标准曲线制作

管　号	1 mg/mL葡萄糖标准液(mL)	蒸馏水(mL)	DNS(mL)	葡萄糖含量(mg)	光密度值($OD_{540\ nm}$)
0	0	2	1.5	0	
1	0.2	1.8	1.5	0.2	
2	0.4	1.6	1.5	0.4	
3	0.6	1.4	1.5	0.6	
4	0.8	1.2	1.5	0.8	
5	1.0	1.0	1.5	1.0	
6	1.2	0.8	1.5	1.2	

将各管摇匀，在沸水浴中准确加热5 min，取出，冰浴冷却至室温，用蒸馏水定容至25 mL，加塞后颠倒混匀，在分光光度计上进行比色。调波长540 nm，用0号管调零点，测出1—6号管的光密度值。以光密度值为纵坐标，葡萄糖含量(mg)为横坐标，做出标准曲线。

(二)样品的测定

1. 固体样品

准确称取3 g样品(具体以样品中的还原糖含量而定)，放入100 mL烧杯中，先用少量蒸馏水润湿，然后加入50 mL蒸馏水，搅匀，置于50℃恒温水浴中保温20 min，使还原糖浸出。将浸出液(含沉淀)转移到50 mL离心管中，于4 000 r/min下离心5 min，沉淀可用20 mL蒸馏水洗一次，再离心，将二次离心的上清液收集在 100 mL 容量瓶中，用蒸馏水定容至刻度，混匀，作为还原糖待测液。取 4 支 20 mL 具塞刻度试管，编号，按表 3-2-2 所示分别加入待测液和显色剂，空白调零可使用制作标准曲线的 0 号管。加热、定容和比色等其余操作与制作标准曲线相同。

表 3-2-2 样品测定

管 号	还原糖待测液（mL）	蒸馏水（mL）	DNS（mL）	光密度值（OD_{540} nm）	查曲线葡萄糖量（mg）
7	0.5	1.5	1.5		
8	0.5	1.5	1.5		
9	0.5	1.5	1.5		

2. 液体样品

准确量取 5 mL 样品(具体以样品中的还原糖含量而定)，置于 10 mL 离心管中，于 4 000 r/min 下离心 5 min，将离心的上清液收集在 100 mL 容量瓶中，用蒸馏水定容至刻度，混匀，作为还原糖待测液。其余测定同固体样品。

四、计算

计算出 7、8、9 号管光密度值的平均值，在标准曲线上分别查出相应的还原糖毫克数，按下式计算出样品中还原糖的百分含量。

$$X=\frac{A\times\frac{V_1}{V_2}}{m}\times100$$

式中：X—还原糖的含量，%；

A—查曲线所得葡萄糖质量，mg；

V_1—提取液总体积，L；

V_2—测定时取用体积，L；

m—样品的质量，mg 或 mL。

五、注意事项

1. DNS 试剂应贮于棕色试剂瓶中，在室温下，放置 7～10 d 以后使用，保质期 1 个月。

2. 在 3，5-二硝基水杨酸比色法测定还原糖中，DNS 是主显色剂。它与还原糖反应产生棕红色物质。但是光是用 DNS 显色的话，颜色和浓度不成线性关系，或线性很差。添加苯酚目的是增加DNS试剂的显色线性关系以便定量测定还原糖浓度。苯酚的存在至关重要。没有苯酚参加DNS的显色不足以定量。但是由于苯酚遇空气易被氧化，剩下的所有步骤都是为了保证苯酚不被氧化。加入足够量的酒石酸钾钠是为了消除溶解氧的影响，添加亚硫酸钠可进一步增强试剂的稳定性。

附录2-5　发酵样品中总酸度的测定

一、实验原理

样品中的有机酸（弱酸）用标准碱液滴定时，被中和生成盐类。采用电位滴法，当pH为8.2时为滴定终点，根据消耗的标准碱液体积，计算出样品总酸的含量。

其反应式为：$RCOOH + NaOH \longrightarrow RCOONa + H_2O$。

二、仪器及试剂

1. 仪器

水浴锅、移液管、碱式滴定管、锥形瓶、磁力搅拌器、pH计、烧杯、容量瓶。

2. 试剂

0.1 mol/L标准氢氧化钠溶液。

三、测定方法

（一）样品处理

1. 固体样品

将样品适度粉碎过筛，混合均匀，取适量的样品，加入少量无二氧化碳的蒸馏水，将样品溶解到250 mL容量瓶中，在75～80℃水浴上加热0.5 h，冷却、定容，用干燥滤纸过滤，弃去初液，收集滤液备用。

2. 含二氧化碳的样品

将样品于45℃水浴上加热30 min，除去二氧化碳，冷却后备用。

3. 液体样品

将样品混合均匀后直接取样，必要时也可加适量水稀释，若浑浊则需过滤。

(二)0.1mol/L 标准氢氧化钠溶液的标定

用小烧杯在粗天平上称取固体氢氧化钠 4 g，加水 100 mL，氢氧化钠全部溶解，将溶液倒入另一清洁试剂瓶中，用蒸馏水稀释至 1 000 mL，以橡皮塞塞瓶口，充分摇匀。

将化学纯邻苯二甲酸氢钾于 120℃烘约 1 h 至恒重，冷却 25 min，称取 0.3～0.4 g（精确到 0.000 1 g），于 250 mL 锥形瓶中，加入 100 mL 水溶液，加 3 滴酚酞指示剂，用以上配好的氢氧化钠标准溶液滴定至微红色，半分钟不褪色为止。

按下式计算氢氧化钠标准溶液的当量浓度。

$$N=\frac{W}{V\times 0.2042}$$

式中：N—氢氧化钠标准溶液的当量浓度。

V—滴定时消耗氢氧化钠的毫升数。

W—邻苯二甲酸氢钾的克数。

0.204 2—与 1N NaOH 溶液 1 mL 相当的邻苯二甲酸氢钾的克数。

(三)样品测定

准确吸取样品 20 mL，置于 200 mL 烧杯中，加 60 mL 蒸馏水后，开动磁力搅拌器，用 0.1mol/L 标准碱液滴定至酸度计指示 pH 8.2，记录用量，同时做试剂空白试验。

四、计算

以下式分别计算样品酸度及乳酸的百分含量及总酸的质量分数。

$$N=\frac{(V_1-V_2)\times C\times K}{M}\times 100$$

式中：N—为样品中总酸的含量，g/100 mL；

C—标准氢氧化钠溶液的浓度，mol/L；

V_1—滴定所消耗标准碱液的体积，mL；

V_2—试剂空白消耗标准碱液的体积，mL；

M—样品质量或体积，g 或 mL；

K—换算为适当酸的系数，即 1mol 氢氧化钠相当于主要酸的质量，g。

因为样品中含有多种有机酸，总酸度测定结果通常以样品含量最多的那种酸表示。例如一般分析酒类、调味品，用乙酸表示，$K=0.060$；分析葡萄及其制品时，用酒石酸表示，其 $K=0.075$；测柑橘类果实及其制品时，用柠檬酸表示，其 $K=0.064$；分析苹果及其制品时，用苹果酸表示，其 $K=0.067$；分析乳品、肉类、水产品及其制品时，用乳酸表示，其 $K=0.090$。

五、注意事项

1. 样品在稀释用水时应根据样品中酸的含量来定，为了使误差在允许的范围内，一般要求滴定时消耗 0.1 mol/L NaOH 不小于 5 mL，最好应在 10～15 mL。

2. 由于样品中含有的酸为弱酸，在用强碱滴定时，其滴定终点偏碱性，一般 pH 在 8.2 左右。

3. 滴定时，应前快后慢，避免滴定过头。

附录 2-6　发酵样品中酒精度的测定

一、实验原理

蒸馏法去除样品中的不挥发性物质，用酒精计法测得酒精体积百分数示值，进行温度校正后，求得 20℃时乙醇的体积百分数（%，V/V），即酒精度。酒精度表示样品中含乙醇的体积百分比，通常是以 20℃时的体积比表示的，如 10 度的酒精度，表示在 100 mL 的样品中，含有乙醇 10 mL（20℃）。

二、仪器及试剂

酒精计（分度值为 0.1 度）、全玻璃蒸馏器、温度计、100 mL 量筒、100 mL 容量瓶。

三、测定方法

（一）样品的处理

用一洁净、干燥的 100 mL 容量瓶准确量取 100 mL 样品（液温 20℃）于 1 000 mL 蒸馏瓶中，用 50 mL 水分三次冲洗容量瓶，洗液并入蒸馏瓶中，再加几颗玻璃珠或沸石，连接冷凝器，以取样用的原容量瓶作接收器(外加冰浴)。开启冷却水，缓慢加热蒸馏。收集馏出液接近刻度(100 mL)，取下容量瓶，盖塞。于 20℃水浴中保温 30 min，补加水至刻度，混匀，备用。

(二)酒精度的测定

将蒸馏出的试样倒入洁净、干燥的 100 mL 量筒中，静置数分钟，待其中气泡消失后，放入洗净、干燥的酒精计，再轻轻按一下，不得接触量筒壁，同时插入温度计，平衡 5 min，水平观测，读取与弯月面相切处的刻度示值，同时记录温度。

四、计算

根据测得的酒精计示值和温度，换算成 20℃时酒精度。所得结果保留 1 位小数，平行试验测定结果绝对值之差不得超过 0.1%(*V*/*V*)。

五、注意事项

1. 具体取样量应按酒精计的要求增减。
2. 酒精计测得酒精体积百分数而非质量分数。
3. 酒精度指的 20℃时乙醇的体积百分数，需根据测得的酒精计示值和温度进行换算。

附录 2-7 样品中粗纤维的测定

一、实验原理

纤维素是植物细胞壁的组成物质。随着植物组织的老化而增加。一般用稀酸、稀碱分别处理样品后，再经乙醇和乙醚处理，最后所得残留物，减去灰分，即得粗纤维。用稀酸处理，可水解某些不溶于水的碳水化合物(淀粉、果胶及部分半纤维素)，并可使氨基化合物、氮化物及部分植物碱进入溶液，同时也浸出可溶性糖类，水溶性蛋白质、茶多酚及部分矿物质等。用稀碱处理，碱能使蛋白质水解变成可溶态，并除去脂肪等，还能溶解酸不溶的部分半纤维素及部分木质素。最后，用乙醇和乙醚处理，以除去剩余的脂肪、脂溶性色素、树胶等物质。经上述处理的残留物其中主要是纤维素，但尚含少量半纤维素、木质素、角质组织及矿物质等，再经灼烧减去灰分后测得的残留物通称为“粗纤维”。

二、仪器及试剂

(一)仪器

500 mL烧杯、30 mL古氏坩埚(用石棉铺垫后，在600℃温度下灼烧30 min)、直径1 cm玻璃棉吸滤管、250 mL量筒、500 mL平底烧瓶、500 mL容量瓶、5 mL移液管、吸滤瓶、抽气泵、万用电炉、高温炉、电热恒温箱、备有变色硅胶的干燥器、冷凝管等。

(二)试剂

95%乙醇、乙醚、石蕊试纸、酸洗石棉(先用1.25%碱液洗至中性，再用乙醇和乙醚先后洗三次，待乙醚挥发净后备用)、1.25%(0.255mol/L)硫酸溶液(用移液管量取比重1.84的浓硫酸3.5 mL，注入500 mL水中，经标定后，调至准确浓度)、1.25%(0.312 5 mol/L)氢氧化钠溶液(取7.0 g氢氧化钠溶解于500 mL水中，经标定后，调至准确浓度)。

三、测定方法

(一)称取试样

称取粉碎试样2～3 g倒入500 mL烧杯中，如试样的脂肪含量较高时，可用抽提脂肪后的残渣作试样，或将试样的脂肪用乙醚抽提出去。

(二)酸液处理

向装有试样的烧杯中加入事先在回流装置下煮沸的1.25%硫酸溶液200 mL，外记烧杯中的液面高度，盖上表面皿，置于电炉上，在1 min内煮沸，再继续慢慢煮沸30 min。在煮沸过程中，要加沸水保持液面高度，经常转动烧杯，到时离开热源，待沉淀下降后，用玻璃棉抽滤管吸上去层清液，吸净后立即加入100～150 mL沸水洗涤沉淀，再吸去清液，用沸水如此洗涤至沉淀，用石蕊试纸试验呈中性为止。

(三)碱液处理

将抽滤管中的玻璃棉并入沉淀中，加入事先在回流装置下煮沸的1.25%碱液200 mL，按照酸液处理法加热微沸30 min，取下烧杯，使沉淀下降后，趁热用处理到恒重的古氏坩埚抽滤，用沸水将沉淀无损失地转入坩埚中，洗至中性。

(四)乙醇和乙醚处理

沉淀，先用热至 50～60℃的乙醇 20～25 mL，分 3～4 次洗涤，然后用乙醚 20～25 mL 分 3～4 次洗涤，最后抽净乙醚。

(五)烘干与灼烧

古氏坩埚和沉淀，先在 105℃温度下烘至恒重，然后送入 600℃高温炉中灼烧 30 min。取出冷却，称重，再烧 20 min，灼烧至恒重为止。

四、计算

粗纤维素干基含量按下列公式计算：

$$X=\frac{W_1-W_2}{W\times(100-M)}\times 10\ 000$$

式中：X—粗纤维素(干基)含量，g；

W—试样重，g；

W_1—坩埚与沉淀烘后重量，g；

W_2—坩埚与沉淀灼烧后重量，g；

M—水分百分率，%。

双试验结果允许差不超过平均值的 1%，取平均值作为测定结果。测定结果取小数点后 1 位。

五、注意事项

1. 对于脂肪含量较高的样品(大于 1%)须用 20 mL 石油醚脱脂后进行测定。
2. 样品加酸处理时，应先加少量酸使样品湿润，再加全部酸液。
3. 酸、碱浓度必须固定，为此，加热时要保持溶液体积恒定。
4. 若样品经酸、碱处理后，不溶物质含量很少时，可省略灼烧手续，不必扣除灰分含量。此时可用恒重的烧结坩埚代替古氏坩埚。

附录 2-8　样品中总糖含量的测定

一、实验原理

蒽酮可以与游离的己糖或多糖中的己糖基、戊糖基及己糖醛酸起反应，反应后溶液呈蓝绿色，在 620 nm 处能达到最大吸收。在 150 μg/mL 范围内，其颜色的深浅与可溶性糖含量成正比。本法具有很高的灵敏度，糖含量在 30 μg 左右就能进行测定，所以可作为微量测糖之用。

二、仪器及试剂

(一)仪器

电热恒温水浴锅、分光光度计、电子天平、容量瓶、刻度吸管、试管、烧杯。

(二)试剂

葡萄糖标准液：100 μg/mL、浓硫酸、蒽酮试剂：0.2 g 蒽酮溶于 100 mL 浓 H_2SO_4 中。当日配制使用。

三、测定方法

(一)葡萄糖标准曲线的制作

取 7 支试管，按表 3-2-2 数据配制一系列不同浓度的葡萄糖溶液。

表 3-2-2　葡萄糖标准曲线的制作

管　号	0	1	2	3	4	5	6
葡萄糖标准液(mL)	0	0.1	0.2	0.3	0.4	0.6	0.8
蒸馏水(mL)	1	0.9	0.8	0.7	0.6	0.4	0.2
葡萄糖含量(μg)	0	10	20	30	40	60	80

在每支试管中立即加入蒽酮试剂 4 mL，迅速浸于冰水浴中冷却，各管加完后

一起浸于沸水浴中，管口加盖，以防蒸发。自水浴重新煮沸起，准确煮沸 10 min 取出，用冰浴冷却至室温，在 620 nm 波长下以第 0 管为空白，迅速测其余各管吸光值。以标准葡萄糖含量(μg)为横坐标，以吸光值为纵坐标，做出标准曲线。

(二)样品中总糖的提取

精确称取样品 0.5 g，置于 50 mL 三角瓶中，加水 15 mL，盐酸 10 mL，沸水浴 20 min，定容至 100 mL，得到提取液。取 10 mL 滤液定容至 100 mL(控制糖浓度在 80 μg/mL 以内)。

(三)测定

吸取 1 mL 已稀释的提取液于试管中，加入 4 mL 蒽酮试剂，平行 3 份；空白管以等量蒸馏水取代提取液。以下操作同标准曲线制作。根据 A_{620} 平均值在标准曲线上查出葡萄糖的含量(μg)。

四、计算

$$X=\frac{C\times V_{总}\times D}{W\times V_{测}\times 10^6}\times 100$$

式中：X—样品含糖量，%；

C—在标准曲线上查出的糖含量，μg；

$V_{总}$—提取液总体积，mL；

$V_{测}$—测定时取用体积，mL；

D—稀释倍数；

W—样品重量，g；

10^6—样品重量单位由 g 换算成 μg 的倍数。

五、注意事项

1. 该法几乎可测定所有的碳水化合物，不但可测定戊糖与己糖，且可测所有寡糖类和多糖类，包括淀粉、纤维素等(因为反应液中的浓硫酸可把多糖水解成单糖而发生反应)，所以用蒽酮法测出的碳水化合物含量，实际上是溶液中全部可溶性碳水化合物总量。

2. 测定水溶性糖时，切勿将样品的未溶解残渣加入反应液中，否则会因为细胞壁中的纤维素、半纤维素等与蒽酮试剂发生反应而增加了测定误差。

3. 不同的糖类与蒽酮试剂的显色深度不同，果糖显色最深，葡萄糖次之，半乳糖、甘露糖较浅，五碳糖显色更浅，故测定糖的混合物时，常因不同糖类的比例不同造成误差，但测定单一糖类时则可避免此种误差。

附录 2-9　样品中灰分的测定

一、实验原理

样品中的灰分是指样品经高温灼烧后所残留的无机物质，主要是无机氧化物或盐类，亦称无机物或矿物质。灰分中有水溶性灰分、水不溶性灰分、酸溶性灰分、酸不溶性灰分。样品经高温灼烧时(一般在 500～600℃)，有机物全部被氧化成二氧化碳和水等气体而逸出，其中矿物质元素和无机盐则残留下来，称取其质量即可求得灰分含量。值得说明的是样品灰分与样品中原有的无机物并不相同。

二、仪器及试剂

1. 仪器

马弗炉、分析天平、石英坩埚或瓷坩埚、干燥器、电炉、石棉网、坩埚钳。

2. 试剂

HCl(1+4 溶液)、5 g/L $FeCl_3$溶液、8%四水乙酸镁溶液(称取 8 g 四水乙酸镁溶于 92 g 水中，混匀)、24%四水乙酸镁溶液(称取 24 g 四水乙酸镁溶于 76 g 水中，混匀)。

三、测定方法

(一)试样的制备

1. 固体样品

取有代表性的样品至少 200 g，用研钵研细，混合均匀，置于玻璃容器内；不易捣碎、研细的样品，用切碎机切成细粒，混合均匀，置于玻璃容器内。

2. 粉状样品

取有代表性的样品至少 200 g(如粉粒较大，也应用研钵研细)，混合均匀，置于玻璃容器内。

3. 糊状样品

取有代表性的样品至少 200 g，混合均匀，置于玻璃容器内。

4. 固液体样品

按固、液体比例，取有代表性的样品至少 200 g，用组织捣碎机捣碎，混合均匀，置于玻璃容器内。

(二)分析步骤

1. 坩埚的灼烧

将坩埚浸没于(1+5)盐酸溶液中，视坩埚的洁污程度加热煮沸 10～60 min，洗净，烘干，在 550±25℃ 高温电炉中灼烧 4 h。待炉温降至 200℃ 时取出坩埚，移入干燥器中冷却至室温，称量(精确至 0.001 g)。再次灼烧、冷却、称量，直至恒量(连续两次称量差不超过 0.002 g)。

2. 称样

灰分大于 10%的固体试样称取 2 g，精确至 0.001 g；灰分小于 10%的固体试样称取 3～10 g，精确至 0.001 g；液体试样称取 30～40 g，精确至 0.01 g。

3. 测定

(1)含磷量较低的发酵制品、调味品

将盛有试样的坩埚放在电热板上缓慢加热，待水分蒸干后置于电炉或煤气灯火焰上炭化至无烟。移入高温电炉中，升温至 550±25℃，灼烧 4 h。待炉温降至 200℃时取出坩埚。置干燥器中冷却至室温，迅速称量。再将坩埚移入高温电炉中按上述温度灼烧 1 h，冷却，称量。重复灼烧 1 h 的操作，直至恒量(连续两次称量差不超过 0.002 g)。若残渣中有明显炭粒时，向坩埚内滴入少许蒸馏水润湿残渣，使结块松散。蒸干水分后再进行灰化，直至灰分中无炭粒。

(2)含磷量较高的乳制品及酸奶

①称取试样后，加入 1 mL24%四水乙酸镁溶液或 3 mL18%四水乙酸镁溶液，使试料完全润湿。放置 10 min 后，在电热板上缓慢加热，将水分完全蒸干，置于电炉或煤气灯火焰上炭化至无烟。移入高温电炉中，升温至 550±25℃，灼烧 4 h。待炉温降至 200℃时取出坩埚。置干燥器中冷却至室温，迅速称量。再将坩埚移入高温电炉中按上述温度灼烧 1 h，冷却，称量。重复灼烧 1 h 的操作，直至恒量(连续两次称量差不超过 0.002 g)。若残渣中有明显炭粒时，向坩埚内滴入少许蒸馏水润湿残渣，使结块松散。蒸干水分后再进行灰化，直至灰分中无炭粒。

②量取 3 份与上条相同浓度和体积的四水乙酸镁溶液，做 3 次试剂空白试验。当 3 次试验结果的标准偏差小于 0.003 g 时，取算术平均值。若标准偏差超过 0.003 g 时，应重新做空白试验。

四、计算

样品中灰分含量以质量百分率表示，分别按式(1)(2)计算：

$$X_1=\frac{m_2-m_1}{m}\times 100 \tag{1}$$

$$X_2=\frac{(m_2-m_1)-m_0}{m}\times 100 \tag{2}$$

式中：X_1(测定时未加四水乙酸镁溶液)—含磷较低的样品中灰分含量(质量百分率)，%；

X_2(测定时加入四水乙酸镁溶液)—含磷较高的样品中灰分含量(质量百分率)，%；

m_0—坩埚与氧化镁(四水乙酸镁灼烧后生成物)质量，g；

m_1—坩埚与试样灼烧后的质量，g；

m_2— 坩埚的质量，g。

计算结果时，灰分大于10%的样品精确至小数点后第1位；灰分1%～10%的样品精确至小数点后第2位；灰分小于1%的样品精确至小数点后第3位。

同一样品的两次测定结果之差：灰分大于10%时，每100 g样品不得超过0.2 g；灰分等于或小于10%时，不得超过平均值的2%。

五、注意事项

1. 若液体样品量过多，可分次在同一坩埚中蒸干。在测定含水分高的试样时，应预先测定这些试样的水分，再将干物质继续加温至500～600℃灼烧炭化，测定灰分量。

2. 糖类以及含淀粉高的样品，在加热过程中容易向外溢出，故务必要小心加热等到开始炭化时，再增高温度充分炭化。

3. 样品炭化时注意热源强度，防止产生大量泡沫溢出坩埚。

4. 把坩埚放入高温炉或从炉中取出时，要放在炉口停留片刻，使坩埚预热或冷却，防止因温度剧变而使坩埚破裂。

5. 灼烧后的坩埚应冷却到200℃以下再移入干燥器中，否则因热的对流作用，易造成残灰飞散，且冷却速度慢，冷却后干燥器内形成较大真空，盖子不易打开。

6. 从干燥器内取出坩埚时，因内部成真空，开盖恢复常压时，应注意使空气缓缓流入，以防残灰飞散。

7. 灰化后所得残渣可留作Ca、P、Fe等成分的分析。

8. 用过的坩埚经初步洗刷后，可用粗盐酸或废盐酸浸泡10～20 min，再用水冲刷洁净。

附录 2-10 蛋白酶活性的测定方法

一、实验原理

蛋白酶对酪蛋白、乳清蛋白、谷物蛋白等都有很好的水解作用。磷钨酸和磷钼酸混合试剂(福林一酚试剂)在碱性条件下极不稳定,易被酚类化合物还原而呈蓝色反应(钨兰和钨兰混合物)。由于蛋白质中含有酪氨酸、色氨酸、苯丙氨酸等具有酚基的氨基酸,因此,蛋白质及其水解产物也会与福林一酚试剂发生呈色反应。故可以利用蛋白酶分解酪素(底物)生成含酚基氨基酸的呈色反应,来间接测定蛋白酶的活力。

二、仪器及试剂

(一)仪器

分析天平、恒温水浴锅、分光光度计、沸水浴器、振荡混合器、pH 计、容量瓶、烧杯、试管。

(二)试剂

1. 乳酸缓冲液(pH=3)适用于酸性蛋白酶

甲液:称取乳酸(80%~90%)10.6 g,加水溶解并定容至 1 000 mL。

乙液:称取乳酸钠(70%)16 g,加水溶解并定容至 1 000 mL。

使用溶液:取甲液 8 mL,加乙液 1 mL,摇匀,稀释一倍,即成 0.05 mol/L 乳酸缓冲溶液。

2. 磷酸缓冲液的制备(pH=7.5)适用于中性蛋白酶

准确称取磷酸氢二钠($Na_2HPO_3 \cdot 12H_2O$)6.02 和磷酸二氢钠($NaH_2PO_3 \cdot 2H_2O$)0.5 g,加水定容至 1 000 mL。

3. 硼酸缓冲液(pH=10.5) 适用于碱性蛋白酶

甲液:称取硼酸钠 19.08 g,加水溶解并定容至 1 000 mL。

乙液: 称取氢氧化钠 4 g,加水溶解并定容至 1 000 mL。

使用溶液：取甲液 500 mL，加乙液 400 mL，摇匀，用水稀释至 1 L。

4. 0.4mol/L 碳酸钠溶液

准确称取无水碳酸钠 42.4 g，以蒸馏水溶解定容至 1 000 mL。

5. 0.4mol/L 的三氯醋酸液：

准确称取 65.4 三氯醋酸，以蒸馏水溶解定容至 1 000 mL。

6. 0.5mol/L 的 NaOH

准确称取 2 g NaOH 溶解并定至 100 mL。

7. 10 mg/mL 酪素溶液

称取酪素 1 g，精确至 0.001 g，用少量的 0.5mol/L 的氢氧化钠溶液（若为酸性蛋白酶则用浓乳酸 2～3 滴）润湿，加入适量适宜的缓冲液约 80 mL，在沸水浴中边加热边搅拌，直至完全溶解，冷却后，转入 100 mL 容量瓶中，用适宜的缓冲液稀释至刻度，此溶液在冰箱内贮存，有效期为 3 d。

8. 100 μg/mL 酪氨酸标准溶液

准确称取预先于 105℃干燥至恒重的 L-酪氨酸 0.1 g ，用 1 mol/L 的盐酸 60 mL 溶解后定容至 100 mL，即为 1 mg/mL 的酪氨酸溶液。吸取1 mg/mL酪氨酸标准溶液 10.00 mL，用 0.1 mol/L 盐酸定容至 100 mL，即得 100 μg/mL L-酪氨酸标准溶液。

9. 福林试剂

于 2 000 mL 磨口回流装置内加入钨酸钠（$Na_2WO_4 \cdot 2H_2O$）100 g，钼酸钠（$NaMoO_4 \cdot 2H_2O$）25 g，水 700 mL，85％的磷酸 50 mL，浓盐酸 100 mL，文火回流 10 h，加入硫酸锂（Li_2SO_4）150 g，蒸馏水 50 mL，混匀取去冷凝器，加入几滴液体溴，再蒸沸 15 min，以驱逐残溴及除去颜色，溶液应呈黄色。若溶液有绿色，需再加数滴液溴，再蒸沸除去，冷却后定容至 1 000 mL，过滤，置于棕色瓶中保存，此溶液使用时加 2 倍蒸馏水稀释。

三、测定方法

（一）标准曲线的绘制

L-酪氨酸标准溶液按表 3-2-3 配制：

表 3-2-3 标准溶液的配制

试管号	0	1	2	3	4	5
取 100 μg/mL 酪氨溶液(mL)	0	1	2	3	4	5
蒸馏水(mL)	10	9	8	7	6	5
酪氨酸实际浓度(μg/mL)	0	10	20	30	40	50

分别取上述溶液各 1 mL(须做平行试验),各加 0.4mol/L 碳酸钠溶液 5 mL。福林试剂使用溶液 1 mL,置于 40±0.2℃水浴中显色 20 min,取出用分光光度计于波长 680 nm 比色,以不含酪氨酸的 0 管为空白管调零点,分别测定其吸光度值,以吸光度值为纵坐标,酪氨酸的浓度为横坐标,绘制标准曲线或计算回归方程。计算出当 OD 为 1 时的酪氨酸的量(μg),即为吸光常数 K 值,其 K 值应在 95～100。

(二)样品测定

1. 试样制备

准确称取 1 g 固体样品或移取 1 mL 液体样品(以样品中的酶活力而定),用少量的适宜缓冲液溶解并用玻璃棒捣研,然后将上清液倒入 100 mL 容量瓶,沉渣中再添入少量缓冲液捣研多次,最后全部移入容量瓶,稀释到刻度,用四层纱布过滤。滤液用于分析。

2. 试样测定

先将酪素溶液放入 40±0.2℃恒温水浴中,预热 5 min。取 4 支试管,各加入 1 mL 酶液。取一支作为空白管,加 2 mL 三氯乙酸,其他 3 管作为测试管各加入 1 mL 酪素,摇匀,40℃保温 10 min。取出试管,3 支测试管中各加入 2 mL 三氯乙酸,空白管中加 1 mL 酪素。静置 10 min,过滤沉淀。各取 1 mL 滤液,分别加 0.4mol/L 的 Na_2CO_3 5 mL、福林试剂 1 mL。在 40℃显色 20 min。680 nm 处测 OD 值。以空白管调零点。

四、计算

(一)酶活单位定义

1 g 固体样品(或 1 mL 液体样品),在 40℃(酸性 pH＝3.0、中性 pH＝7.5、碱性 pH＝10.5)条件下,1 min 水解酪素产生 1 μg 酪氨酸为一个酶活力单位。

(二)酶的活性单位计算公式

$$X=\frac{A\times K\times 4}{10}\times n$$

式中：X—蛋白酶的活力，U/g(mL)；

A—样品平行试验的平均OD值；

K—吸光常数；

4—反应试剂的总体积，mL；

10—酶解反应时间，mL；

n—酶液稀释总倍数。

五、注意事项

1. 测定酸、中、碱性蛋白酶时，分别加入乳酸缓冲液(pH＝3.0)、磷酸缓冲液(pH＝7.5)和硼酸缓冲液(pH＝10.5)。

2. 酪素溶液在常温下易长微生物，需在冰箱内贮存，有效期为3 d。

3. 酪氨酸在标准曲线的制作时，需烘干至恒重。

4. 三氯乙酸用于终止酶的反应，并使未水解的酪素沉淀。

附录2-11　固体曲中糖化酶活性的测定方法

一、实验原理

固体曲是酿造过程中将原料淀粉转化为可发酵糖类的重要酶源。其中起主要作用的是糖化酶，固体曲质量好，糖化活力高，原料淀粉利用率高。故糖化酶活力的高低是衡量固体曲质量的重要指标。

糖化酶具有催化淀粉水解的作用，能从淀粉分子非还原性末端开始，分解α-1，4-葡萄糖苷键生成葡萄糖。葡萄糖分子中含有醛基，能被次碘酸钠氧化，过量的次碘酸钠酸化后析出碘，再用硫代硫酸钠标准溶液滴定，计算酶活力。

二、仪器及试剂

(一)仪器

恒温水浴锅、秒表、比色管、容量瓶、烧杯、试管。

(二)试剂

1. 乙酸—乙酸钠缓冲溶液(pH 为 4.6)

称取乙酸钠($CH_3COONa \cdot 3H_2O$)6.7 g,溶于水中,加冰乙酸(CH_3COOH)2.6 mL,用水定容至 1 000 mL。配好后用 pH 计校正。

2. 硫代硫酸钠标准溶液($Na_2S_2O_3$,0.05mol/L)

称取 13 g $Na_2S_2O_3 \cdot 5H_2O$ 和 0.2 g$NaCO_2$,用新鲜煮沸过的冷水溶解并稀释至 1 000 mL,配制一周后以碘酸钾标定。

3. 碘溶液(0.1mol/L)

称取 36 g 碘化钾溶于 100 mL 水中,加入 14 g 碘溶解,加 3 滴盐酸,用水稀释至 1 000 mL,棕色瓶保存。

4. 氢氧化钠溶液(NaOH,0.1mol/L)

5. 氢氧化钠溶液(200 g/L)

6. 硫酸溶液(2 mol/L)

7. 可溶性淀粉溶液(20 g/L)

8. 淀粉指示液(10 g/L)

三、测定方法

(一)试样制备

称取 5 g 固体曲(以绝干曲计),置于 250 mL 烧杯中,加入 90 mL 水和 10 mL pH=4.6 的缓冲溶液,摇匀,于 30℃水浴中保温提取 1 h,每隔 15 min 搅拌一次,用脱脂棉过滤,滤液为 5%固体曲提出液,根据酶活力适度稀释得到待测酶液。

(二)酶活测定

于甲、乙两支 50 mL 比色管中,分别加入 20 g/L 可溶性淀粉 25 mL 及乙酸缓冲液 5 mL,摇匀后,于 40℃恒温水浴中预热 5 min。在甲管(样品)中加入待测酶液 2 mL,立刻摇匀,在此温度下准确反应 30 min,立刻各加入 200 g/L 氢氧化钠溶液 0.2 mL,摇匀,将两管取出迅速冷却,并于乙管(空白)中补加待测酶液 2 mL,吸取上述反应液与空白液 5 mL,分别置于碘量瓶中,准确加入 0.1 mol/L 碘溶液 10 mL,再加 0.1 mol/L 氢氧化钠溶液 15 mL,摇匀,密塞,于暗处反应 15 min。取出,加 1 mol/L 硫酸溶液 2 mL,立即用硫代硫酸钠标准溶液滴定,直至蓝色刚好消失为其终点。不同稀释倍数,就做相应的空白试验。

四、计算

(一)酶活单位定义

在上述条件下(40℃,pH 4.6),1 h 水解可溶性淀粉产生 1 mg 葡萄糖的酶量为一个酶活力单位。

(二)酶的活性单位计算公式

$$X=(A-B)\times C\times 90.05\times \frac{32.2}{5}\times \frac{1}{2}\times n\times 2$$

式中:X—样品的糖化酶活力,μ/g 或 μ/mL;
A—空白消耗硫代硫酸钠溶液的体积,mL;
B—样品消耗硫代硫酸钠溶液的体积,mL;
C—硫代硫酸钠溶液的浓度,mol/L;
90.05—与 1 mL 硫代硫酸钠标准溶液(1mol/L)相当的以克表示的葡萄糖的质量,g;
32.2—反应液的总体积,mL;
5—吸取反应液的体积,mL;
1/2—吸取酶液 2 mL,换算为 1 mL;
n—稀释倍数;
2—反应 30 min,换算成 1 h 的酶活力系数所得的结果表示至整数。

五、注意事项

1. 酶液稀释浓度在样品与空白消耗硫代硫酸钠的差值以 3～6 mL 为宜。
2. 碘具有挥发性,所以碘量瓶严密,瓶口水封。
3. 滴定速度适当,不宜过快。
4. 反应时间要求严格,必须在规定的时间完成。
5. 避光直射。

附录 2-12　发酵过程中生物量的测定

方法一　显微镜直接计数法

一、实验原理

显微镜直接计数法是将小量待测样品的菌体悬浮液置于一种特别的具有确定面积和容积的计菌板，在光学显微镜下直接计数菌体细胞的一种简便、快速、直观的方法。本法适用于各种单细胞菌体的纯培养悬浮液，目前国内外常用的计菌板有：血球计数板、Peteroff-Hauser 计菌板以及 Hawksley 计菌板等，血球计数板较厚，不能使用油镜。适用于酵母菌、霉菌孢子等菌体较大的微生物计数，而后两种计菌板较薄，可以使用油镜观察。适用于一般细菌的计数。本法以血球计数板为例。

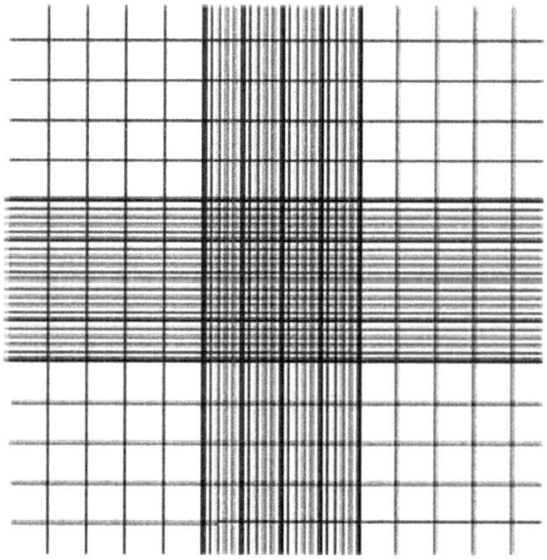

图 3-2-3　血细胞计数板构造(16 中方格)

血球计数板的计数区(一个大方格)边长为 1 mm，则计数区的面积为 1 mm^2，每个小方格的面积为 1/400 mm^2。盖上盖玻片后，计数区的高度为 0.1 mm，所以计数区的体积为 0.1 mm^3，每个小方格的体积为 1/4 000 mm^3。使用血球计数板计数时，先要测定每个小方格中微生物的数量，再换算成每 mL 菌液(或每 g 样品)中微生物细胞的数量。

二、仪器及试剂

显微镜、血球计数板、盖玻片(22mm×22mm)、吸水纸、无菌毛细滴管、擦镜纸。

三、测定方法

1. 制备菌悬液

发酵液:视菌体细胞浓度,取 1 mL 发酵液加无菌生理盐水适量稀释,以每小格的菌数可数为度。

斜面试管:在斜面试管中加入 10 mL 无菌生理盐水,用接种环将斜面菌体洗下制成菌体悬液,再加无菌生理盐水适量稀释,以每小格的菌数可数为度。

固体发酵物:取 1 g 固体发酵样品,加入 9 mL 无菌生理盐水,反复振荡,用四层擦镜纸过滤。滤液加无菌生理盐水适量稀释,以每小格的菌数可数为度。

2. 取洁净的血球计数板一块,在计数区上盖上一块盖玻片。

3. 将酵母菌悬液或真菌孢子悬液摇匀,用滴管吸取少许,从计数板中间平台两侧的沟槽内沿盖玻片的下边缘滴入一小滴(不宜过多),让菌体悬液利用液体的表面张力充满计数区,勿使气泡产生,并用吸水纸吸去沟槽中流出的多余菌悬液。也可以将菌体悬液直接滴加在计数区上,然后加盖盖玻片(勿使产生气泡)。

4. 静置片刻,将血球计数板置载物台上夹稳,先在低倍镜下观察到计数区后,再转换高倍镜观察并计数。由于活细胞的折光率和水的折光率相近,观察时应适当关小孔径光栅并减弱光照的强度。

5. 计数时若计数区是由 16 个中方格组成,按对角线方位,数左上、左下、右上、右下的 4 个中方格(即 100 小格)的菌数。如果是 25 个中方格组成的计数区,除数上述四个中方格外,还需数中央 1 个中方格的菌数(即 80 个小格)。如菌体位于中方格的双线上,计数时则数上线不数下线,数左线不数右线,以减少误差。

6. 对于出芽的酵母菌,芽体达到母细胞大小一半时,即可作为两个菌体计算。每个样品重复计数 2~3 次(每次数值不应相差过大,否则应重新操作),按公式计算出每 mL 菌悬液所含酵母菌细胞数量。

7. 测数完毕,取下盖玻片,洗净计数板后自行晾干或用吹风机吹干,放入盒内保存。

四、计算

$$X = A_1 \times 4 \times 10^6 \times n$$

(1)

$$X = A_2 \times 5 \times 10^4 \times n \quad (2)$$

$$X = A_3 \times 4 \times 10^4 \times n \quad (3)$$

式中：X—每 mL 菌悬液中含有细胞数；

A_1—每个小格中细胞平均数；

A_2—5 个中格中细菌数(25 个中方格)；

A_3—4 个中格中细菌数(16 个中方格)；

n—菌液稀释倍数。

五、注意事项

1. 向计数板中加样时，应摇匀菌液，计数室内不可有气泡。

2. 不要使计数区两边平台沾上菌悬液，以免加盖盖玻片后，造成计数区深度的升高。

3. 显微镜的光线强弱应调节适当，以免光线偏向一侧，而看不清计数板上的横竖线。

4. 计数完毕，用蒸馏水冲洗计数板，不可用硬物洗刷或抹擦，以免损坏网格刻度。

5. 所测得的结果不能区分菌体细胞的死活。可以结合活菌染色等方法计数活菌。

6. 本法只适用单细胞微生物菌体的数目的计数，不适用于丝状真菌、放线菌等菌丝体的计数。

方法二　平板培养计数法

一、实验原理

平板培养计数是根据微生物在高度稀释条件下，其在固体培养基上所形成的单个菌落是由一个细菌繁殖而成这一培养特征设计的计数方法，即一个菌落代表一个细菌。计数时，首先将待测样品进行系列稀释，尽量使样品中的细菌分散开，使成单个存在(否则一个菌落就不只代表一个细菌)，再取一定稀释度、一定量的稀释液接种到平板中，使其均匀分布于平板中的培养基内。经培养后，由一个细菌生长繁殖形成单个菌落，统计菌落数目，即可计算出样品中的菌数。

二、仪器及试剂

平皿、吸管、电子天平、称样瓶、玻璃刮铲、三角瓶、试管、平皿琼脂培养基(依所测定的菌种而定)。

三、测定方法

(一)样品稀释液的制备

准确称取待测样品 10 g(液体样品 10 mL),放入装有 90 mL 无菌生理盐水并放有小玻璃珠的 300 mL 三角瓶中,振荡 20 min,使菌体分散,静置 20～30 s,再用 1 mL 无菌吸管,吸取 10^{-1}稀释液 1 mL,移入装有 9 mL 无菌生理盐水的试管中,吹吸 3 次,让菌液混合均匀,即成 10^{-2}稀释液;再换一支无菌吸管吸取 10^{-2}稀释液 1 mL,移入装有 9 mL 无菌生理盐水的试管中,也吹吸 3 次,即成 10^{-3}稀释液;以此类推,连续稀释,制成 10^{-4}、10^{-5}、10^{-6}、10^{-7}、10^{-8}、10^{-9}等一系列稀释菌液(依样品中的菌体浓度选择稀释度)。

(二)计数细菌数

平板培养计数法有平板倾注培养法和平板涂布培养法两种。

1. 平板倾注培养法

将无菌平板编上 10^{-1}～10^{-9}号码,每一号码设置 3 个重复,用无菌吸管按无菌操作要求吸取 10^{-9}稀释液各 1 mL 放入编号 10^{-9}的 3 个平板中,同法吸取 10^{-8}稀释液各 1 mL 放入编号 10^{-8}的 3 个平板中,再吸取 1×10^{-7}稀释液各 1 mL 放入编号 10^{-7}的 3 个平板中(由低浓度向高浓度时,吸管可不必更换)。然后在每个平板中分别倒入已熔化并冷却至 45～50℃的培养基,轻轻转动平板,使菌液与培养基混合均匀,冷凝后倒置,在适宜温度(所培养微生物最适生长温度)下培养至菌落长出,计数。

2. 平板涂布培养法

先将培养基熔化后趁热倒入无菌平板中,待凝固后编号,然后用无菌吸管吸取 0.1 mL 菌液对号接种在不同稀释度编号的琼脂平板上(每个编号设 3 个重复)。再用无菌刮铲将菌液在平板上涂布均匀,每个稀释度用一个无菌刮铲,更换稀释度时需将刮铲灼烧灭菌。在由低浓度向高浓度涂布时,也可以不更换刮铲。将涂布好的平板平放于桌上 20～30 min,使菌液渗透入培养基内,然后将平板倒转,置于适宜温度(所培养微生物最适生长温度)的恒温培养箱中,培养至菌落长出,计数。

四、计算

$$X = A \times n$$

式中：X—每 mL 菌液中的菌数；

A—同一稀释度几次重复的菌落平均数；

n—稀释倍数。

不同稀释度平均菌落数的确认：

(1)选取平均菌落数在 30～300 的报告。

(2)两个相邻稀释度菌落平均数均在 30～300，则计算其比值。若比值＜2，应报告两个稀释度的平均菌落数；若比值≥2，应报告两个稀释度中较大菌落数者。

(3) 所有稀释度平均菌落数均＞300，应按最高稀释度的平均菌落数乘以稀释倍数报告。

(4) 所有稀释度平均菌落数均＜30，应按稀释度最低的平均菌落数乘以稀释倍数报告。

(5) 所有稀释度均不在 30～300，应以最接近 30 或 300 的平均菌落数乘以稀释倍数报告。

(6) 若所有稀释度均未见菌落，则报告小于 10，而不报告 0。

五、注意事项

1. 用平板培养计数法细菌时，待测菌稀释度的选择应根据样品而定。样品中所含待测菌的数量多时，稀释度应高，反之则低。

2. 用吸管稀释菌液时，放菌液过程中吸管尖不要碰到液面，以免稀释不准确，结果误差较大。

3. 细菌易吸附到玻璃器皿表面，菌液加入培养皿后，应尽快倒入融化并冷至 45～50℃的培养基，立即摇匀，以免细菌不易分散，菌落连在一起，影响计数。

4. 本法不适于丝状真菌、放线菌的生物量测定。

5. 本法可用于非蔓延生长丝状真菌的孢子数的计数。

方法三　光电比浊计数法

一、实验原理

当光线通过细菌悬液时，由于菌体的散射及吸收作用使光线的透过量降低。

在一定的范围内，菌细胞浓度与透光度成反比，与光密度成正比，而光密度或透光度可以由光电池精确测出。因此，可用一系列已知菌数的菌悬液测定光密度，作出光密度一菌数标准曲线。然后，以样品液所测得的光密度，从标准曲线中查出对应的菌数。

制作标准曲线时，菌体计数可采用血细胞计数板计数，平板菌落计数或细胞干重测定等方法。本实验采用血细胞计数板计数。

二、仪器及试剂

(一)仪器

721 型分光光度计、血细胞计数板、显微镜、试管、比色皿、吸水纸。

(二)试剂

适宜的菌培养液、无菌吸管无菌生理盐水等。

三、测定方法

(一)标准曲线制作

1. 编号

取无菌试管 7 支，分别用记号笔将试管编号为 1、2、3、4、5、6、7。

2. 调整菌液浓度

用血细胞计数板计数培养 24 h 的菌悬液，并用无菌生理盐水分别稀释调整为每毫升 1×10^6、2×10^6、4×10^6、6×10^6、8×10^6、10×10^6、12×10^6 个菌数的细胞悬液。再分别装入已编好号的 1～7 号无菌试管中。

3. 测 OD 值

将 1～7 号不同浓度的菌悬液摇均匀后于 560 nm 波长、1 cm 比色皿中测定 OD 值。比色测定时，用无菌生理盐水作空白对照，并记录 OD 值。

4. 绘制标准曲线

以光密度(OD)值为纵坐标，以每毫升细胞数为横坐标，绘制标准曲线。

(二)样品测定

将待测样品用无菌生理盐水适当稀释，摇匀后，用 560 nm 波长、1 cm 比色皿测定光密度。测定时用无菌生理盐水作空白对照。

各种操作条件必须与制作标准曲线时的条件相同，否则，测得的值所换算出的含菌数不准确。

(三)结果判定

根据所测得的光密度值，从标准曲线查得每毫升的含菌数。

四、计算

$$X=A\times n$$

式中：X—每毫升原液菌数，个；

A—从标准曲线查得的每毫升菌数，个/mL；

n—稀释倍数。

五、注意事项

1. 菌悬液在测定OD值时，必须先摇匀后再倒入比色皿中测定。
2. 各种操作条件必须与制作标准曲线时的条件相同，否则，测得值所换算的含菌数就不准确。
3. 光密度或透光度除了受菌体浓度影响之外，还受细胞大小、形态、培养液成分以及所采用的光波长等因素的影响。因此，对于不同的菌悬液进行光电比浊计数应采用相同的菌株和培养条件制作标准曲线。
4. 光波长的选择通常在400～700 nm，具体到某种细菌采用多少波长还需要经过最大吸收波长以及稳定性试验来确定。
5. 对于颜色太深的样品或在样品中还含有其他干扰物质的悬液不适合用此法进行测定。

参考文献

[1] 中国预防医学科正院标准处. 食品卫生国家标准汇编[S]. 北京：中国标准出版社，1988.
[2] 卫生部卫生监督中心卫生标准处. 食品卫生国家标准汇编[S]. 北京：中国标准出版社，2004.
[3] 穆华荣. 食品分析[M]. 北京：化学工业出版社，2009.
[4]王福荣. 生物工程分析与检验[M]. 北京：中国轻工业出版社，2005.
[5] 周德庆. 微生物学实验教程[M]. 北京：高等教育出版社，2006.

附录 3
双乙酰含量测定方法

一、实验目的

了解双乙酰含量的测定方法,监测啤酒质量。

二、实验原理

双乙酰(丁二酮)是一种赋予啤酒风味的重要物质。但如果含量过大,会使啤酒带有馊饭味。其风味阈值较低(0.1 mg/L),因此,对淡爽型啤酒来说,双乙酰控制在 0.1 mg/L 为宜;对高档啤酒,应控制在 0.05 mg/L 以下。

双乙酰的测定方法有气相色谱法、极谱法和比色法等。邻苯二胺比色法是连二酮类都能发生显色反应的方法,所以,此法测得之值为双乙酰与 2,3-戊二酮的总量,结果偏高。但因啤酒中 2,3-戊二酮的量远较双乙酰为低,且其风味阈值(1 mg/L)较双乙酰高,对啤酒风味不起多大的作用,再加上此法快速简便,因此是国家标准规定的方法。

用蒸汽将双乙酰从样品中蒸馏出来,加邻苯二胺,形成 2,3-二甲喹喔啉,其盐酸盐在 335nm 波长下有一最大吸收峰,可进行定量测定。

三、仪器及试剂

(一)仪器

紫外分光光度计(20 mm 玻璃比色皿或 10 mm 石英比色皿)和双乙酰蒸馏装置,见图 3-3-1。

(二)试剂

1. 4 mol/L 盐酸。

2. 10 g/L 邻苯二胺。精密称取分析纯邻苯二胺 100 mg,溶于 4 mol/L 盐酸中,并定容至 10 mL,摇匀,贮于棕色瓶中,暗处保存,限当日使用。若配出来的试剂呈红色,则应重配。

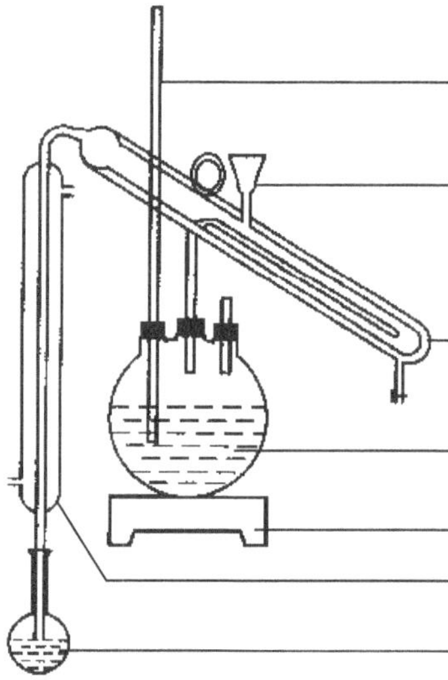

图 3-3-1 双乙酸蒸馏装置示意图

3. 消泡剂。有机硅消泡剂或甘油聚醚。

4. 双乙酰溶液。精确称取 0.5 g 双乙酰，溶于 1 000 mL 蒸馏水中，用棕色瓶贮于冰箱内。临用前吸取 5 mL 贮备液，稀释成 1 000 mL，此溶液的浓度为 0.25 mg/mL。

四、实验步骤

1. 按上图把双乙酰蒸馏器安装好，把夹套蒸馏器下端的排气夹子打开。

2. 将内装 25 mL 重蒸水的容量瓶（或量筒）放于冷凝器下，使出口尖端浸没在水面下，外加冰水冷却。

3. 加热蒸汽发生器至沸，通汽加热夹套，备用。

4. 于 100 mL 量筒中加入 2—4 滴消泡剂，再注入 5 ℃左右的未除气啤酒 100 mL。

5. 待夹套蒸馏器下端冒大气时，打开进样口瓶塞，将啤酒迅速注入蒸馏器内，再用约 10 mL 蒸馏水冲洗量筒，同时倒入，迅速盖好进样口塞子，用水封口。

6. 待夹套蒸馏器下端再次冒大气时，将排气夹子夹住，开始蒸馏，到馏出液接近 25 mL（蒸馏应在 3 min 内完成）时取下容量瓶，待与室温平衡后用重蒸水定容至 25 mL，摇匀。

7. 分别吸取馏出液 10 mL 于两支比色管中。一管作为样品管加入 0.5 mL 邻苯二胺溶液，另一管不加作空白，充分摇匀后，同时置于暗处放置 20—30 min，然后于样品管中加 2 mL 4 mol/L 盐酸溶液，于空白管中加 2.5 mL 4 mol/L 盐酸溶液，混匀。

8. 在 335nm 波长处，用 20 mm 玻璃比色皿（或 10 mm 石英比色皿）以空白作对照测定样品吸光度 A_{335}（比色操作应在 20 min 内完成）。

9. 计算：联二酮（以双乙酰计，mg/L）＝A_{335}×1.2（用 20 mm 玻璃比色皿测定）或联二酮（以双乙酰计，mg/L）＝A_{335}×2.4（用 10 mm 石英比色皿测定）。

10. 清洗：在全部样品测定完毕后，先用热稀碱液清洗双乙酰蒸馏器，再用热水冲洗至中性。

若有标准双乙酰样品，也可用下述方法测定：

另取一比色管，加 9.9 mL 10%乙醇和 0.1 mL 双乙酰标准溶液，按上法测定样品吸光度，按下式计算：

$$联二酮（以双乙酰计，mg/L）=\frac{样品管吸光度}{标准管吸光度}\times 0.625$$

我国的国家标准规定，优级啤酒双乙酰含量应小于或等于 0.1 mg/L；一级啤酒小于或等于 0.15 mg/L；二级啤酒应小于或等于 0.2 mg/L。

五、注意事项

1. 蒸馏时加入试样要迅速，勿使双乙酰损失。蒸馏要求在 3 min 内完成。
2. 严格控制蒸汽量，勿使泡沫过高，被蒸汽带走而导致蒸馏失败。
3. 显色反应在暗处进行，否则导致结果偏高。
4. 在多个酒样测定时，在两个样品蒸馏之间，仪器不需要清洗。

附 录 4

中华人民共和国国家标准 GB 4789.34—2012

食品安全国家标准
食品微生物学检验　双歧杆菌的鉴定

前　言

本标准代替 GB/T 4789.34—2008《食品卫生微生物学检验　双歧杆菌检验》。

本标准与 GB/T 4789.34—2008 相比，主要变化如下：

——修改了标准的中文名称；

修改了培养基和试剂；

——删除了果糖—6—磷酸盐磷酸酮酶(F6PPK)测定和双歧杆菌的计数方法。

1 范围

本标准规定了食品中双歧杆菌(*Bifidobacterium*)的鉴定方法。

本标准适用于食品中双歧杆菌的鉴定。

2 设备和材料

除微生物实验室常规灭菌及培养设备外，其他设备和材料如下：

a)恒温培养箱：36℃±1℃；

b)气相色谱仪配 FID 检测器；

c)冰箱：2℃—5℃；

d)天平：感量 0.1 g；

e)无菌试管：18 mm×180 mm、15 mm×100 mm；

f)无菌吸管：1 mL(具 0.01 mL 刻度)、10 mL(具 0.1 mL 刻度)或微量移液器(200 μL～1000 μL)及配套吸头；

g)无菌锥形瓶：500 mL、250 mL。

3 培养基和试剂

3.1 双歧杆菌培养基:见附录 A 中的 A.1。

3.2 PYG 液体培养基:见附录 A 中的 A.2。

3.3 甲醇:分析纯。

3.4 三氯甲烷:分析纯。

3.5 硫酸:分析纯(体积比)。

3.6 冰乙酸:分析纯(体积比)。

3.7 乳酸:分析纯。

3.8 乙酸标准溶液:吸取分析纯冰乙酸 5.7 mL,移入 100 mL 容量瓶中,加水至刻度,标定,标定方法见附录 B,此溶液浓度约为 1 mol/L。

3.9 乙酸标准使用液:将经标定的乙酸标准溶液用水稀释至 0.01 mol/L。

3.10 乳酸标准溶液:吸取分析纯乳酸 8.4 mL,移入 100 mL 容量瓶中,加水至刻度,标定,标定方法见附录 B,此溶液浓度约为 1 mol/L。

3.11 乳酸标准使用液:将经标定的乳酸标准溶液用水稀释至 0.01 mol/L。

4 鉴定程序

双歧杆菌鉴定程序见图 1。

5 操作步骤

5.1 样品制备

5.1.1 样品的全部制备过程均应遵循无菌操作程序。

5.1.2 以无菌操作称取 25 g(mL)样品,置于装有 225 mL 生理盐水的灭菌锥形瓶内,制成 1∶10 的样品匀液。

5.2 稀释及涂布培养步骤

5.2.1 用 1 mL 无菌吸管或微量移液器吸取 1∶10 样品匀液 1.0 mL,沿管壁缓慢注于装有 9 mL 生理盐水的无菌试管中(注意吸管尖端不要触及稀释液),振摇试管或换用 1 支无菌吸管反复吹打使其混合均匀,制成 1∶100 的样品匀液。

5.2.2 另取 1 mL 无菌吸管或微量移液器吸头,按 5.2.1 操作顺序,做 10 倍递增样品匀液,每递增稀释一次,即换用 1 次 1 mL 灭菌吸管或吸头。

5.2.3 根据待鉴定菌种的活菌数,选择三个连续的适宜稀释度,每个稀释度吸取 0.1 mL 稀释液,用 L 棒在双歧杆菌琼脂平板进行表面涂布,每个稀释度作两个平皿。置 36 ℃±1 ℃温箱内培养 48 h±2 h,培养后选取单个菌落进行纯培养。

5.3 纯培养

挑取 3 个或以上的菌落接种于双歧杆菌琼脂平板,厌氧,36℃±1℃培养 48 h。

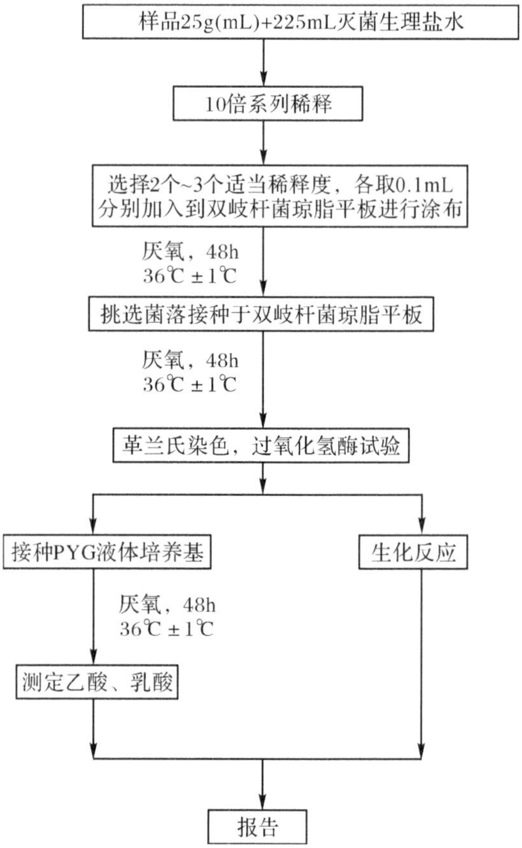

图 1 双歧杆菌鉴定程序

5.4 镜检及生化鉴定

5.4.1 涂片镜检

双歧杆菌菌体为革兰氏染色阳性，不抗酸、无芽孢，无动力，菌体形态多样，呈短杆状、纤细杆状或球形，可形成各种分支或分叉形态。

5.4.2 生化鉴定

过氧化氢酶试验为阴性。选取纯培养平板上的三个单个菌落，分别进行生化反应检测，不同双歧杆菌菌种主要生化反应见附录 B。

5.5 有机酸代谢产物测定

气相色谱法测定双歧杆菌的有机酸代谢产物，见附录 C。

6 报告

根据镜检及生化鉴定的结果(5.4)、双歧杆菌的有机酸代谢产物乙酸与乳酸微摩尔之比大于 1(5.5)，报告双歧杆菌属的种名。

附录 A　培养基

A.1 双歧杆菌琼脂培养基

A.1.1 成分

蛋白胨	15.0 g
酵母浸膏	2.0 g
葡萄糖	20.0 g
可溶性淀粉	0.5 g
氯化钠	5.0 g
西红柿浸出液	400.0 mL
吐温 80	1.0 mL
肝粉	0.3 g
琼脂粉	15.0 g～20.0 g
加蒸馏水至	1000.0 mL

A.1.2 制法

A.1.2.1 半胱氨酸盐溶液

称取半胱氨酸 0.5 g，加入 1.0 mL 盐酸，使半胱氨酸全部溶解，配制成半胱氨酸盐溶液。

A.1.2.2 西红柿浸出液

将新鲜的西红柿洗净后称重切碎，加等量的蒸馏水在 100℃水浴中加热，搅拌 90 min，然后用纱布过滤，校正 pH 7.0，将浸出液分装后，121℃高压灭菌 15 min～20 min。

A.1.2.3 培养基

将 A.1.1 所有成分加入蒸馏水中，加热溶解，然后加入半胱氨酸盐溶液，校正 pH 6.8±0.2。分装后 121℃高压灭菌 15 min～20 min。临用时加热熔化琼脂，冷至 50℃时使用。

A.2 PYG 液体培养基

A.2.1 成分

蛋白胨	10.0 g
葡萄糖	2.5 g
酵母粉	5.0 g
半胱氨酸-HCl	0.25 g
盐溶液	20.0 mL
维生素 K_1 溶液	0.5 mL

氯化血红素溶液 5mg/mL	2.5 mL
加蒸馏水至	500.0 mL

A.2.2 制法

A.2.2.1 盐溶液

称取无水氯化钙 0.2 g,硫酸镁 0.2 g,磷酸氢二钾 1.0 g,磷酸二氢钾 1.0 g,碳酸氢钠 10.0 g,氯化钠 2.0 g,加蒸馏水至 1 000 mL。

A.2.2.2 氯化血红素溶液(5 mg/mL)

称取氯化血红素 0.5 g 溶于 1 mol/L 氢氧化钠 1.0 mL 中,加蒸馏水至 1 000 mL,121℃高压灭菌 15 min～20 min。

A.2.2.3 维生素 K_1 溶液

称取维生素 K_1 1.0 g,加无水乙醇 99 mL,过滤除菌,冷藏保存。

A.2.2.4 培养基

除氯化血红素溶液和维生素 K_1 溶液外,A.2.1 其余成分加入蒸馏水中,加热溶解,校正 pH 6.0,加入中性红溶液。分装后 121℃高压灭菌 15 min～20 min。临用时加热熔化琼脂,加入氯化血红素溶液和维生素 K_1 溶液,冷至 50℃使用。

附录 B 双歧杆菌菌种主要生化反应

双歧杆菌菌种主要生化反应见表 B.1。

表 B.1 双歧杆菌菌种主要生化反应

编号	项 目	两歧双歧杆菌（*B. bifidum*）	婴儿双歧杆菌（*B. infantis*）	长双歧杆菌（*B. longum*）	青春双歧杆菌（*B. adolescentis*）	动物双歧杆菌（*B. animalis*）	短双歧杆菌（*B. breve*）
1	甘油	−	−	−	−	−	−
2	赤癣醇	−	−	−	−	−	−
3	D-阿拉伯糖	−	−	−	−	−	−
4	L-阿拉伯糖	−	−	+	+	+	−
5	D-核糖	−	+	−	+	+	+
6	D-木糖	−	+	+	d	+	+
7	L-木糖	−	−	−	−	−	−
8	阿东醇	−	−	−	−	−	−
9	β-甲基-D-木糖甙	−	−	−	−	−	−
10	D-半乳糖	d	+	+	+	d	+
11	D-葡萄糖	+	+	+	+	+	+
12	D-果糖	d	+	+	d	d	+
13	D-甘露糖	−	+	+	−	−	−
14	L-山梨糖	−	−	−	−	−	−
15	L-鼠李糖	−	−	−	−	−	−
16	卫矛醇	−	−	−	−	−	−
17	肌醇	−	−	−	−	−	+

续 表

编号	项 目	两歧双歧杆菌（*B. bifidum*）	婴儿双歧杆菌（*B. infantis*）	长双歧杆菌（*B. longum*）	青春双歧杆菌（*B. adolescentis*）	动物双歧杆菌（*B. animalis*）	短双歧杆菌（*B. breve*）
18	甘露醇	−	−	−	−	−	−
19	山梨醇	−	−	−	−	−	−
20	α-甲基-D-甘露糖甙	−	−	−	−	−	−
21	α-甲基-D-葡萄糖甙	−	−	+	−	−	−
22	N-乙酰-葡萄糖胺	−	−	−	−	−	+
23	苦杏仁甙（扁桃甙）	−	−	−	+	+	−
24	熊果甙	−	−	−	−	−	−
25	七叶灵	−	−	+	+	+	−
26	水杨甙（柳醇）	−	+	−	+	+	−
27	D-纤维二糖	−	+	−	d	−	−
28	D-麦芽糖	−	+	+	+	+	+
29	D-乳糖	+	+	+	+	+	+
30	D-蜜二糖	−	+	+	+	+	+
31	D-蔗糖	−	+	+	+	+	+
32	D-海藻糖（覃糖）	−	−	−	−	−	−
33	菊糖（菊根粉）	−	−	−	−	−	−
34	D-松三糖	−	−	+	+	−	−
35	D-棉籽糖	−	+	+	+	+	+

续　表

编号	项　目	两歧双歧杆菌（*B. bifidum*）	婴儿双歧杆菌（*B. infantis*）	长双歧杆菌（*B. longum*）	青春双歧杆菌（*B. adolescentis*）	动物双歧杆菌（*B. animalis*）	短双歧杆菌（*B. breve*）
36	淀粉	—	—	—	+	—	—
37	肝糖（糖原）	—	—	—	—	—	—
38	木糖醇	—	—	—	—	—	—
39	龙胆二糖	—	+	—	+	+	+
40	D-松二糖	—	—	—	—	—	—
41	D-来苏糖	—	—	—	—	—	—
42	D-塔格糖	—	—	—	—	—	—
43	D-岩糖	—	—	—	—	—	—
44	L-岩糖	—	—	—	—	—	—
45	D-阿糖醇	—	—	—	—	—	—
46	L-阿糖醇	—	—	—	—	—	—
47	葡萄糖酸钠	—	—	—	+	—	—
48	2-酮基-葡萄糖酸钠	—	—	—	—	—	—
49	5-酮基-葡萄糖酸钠	—	—	—	—	—	—

注：+表示90%以上菌株阳性；—表示90%以上菌株阴性；d表示11%～89%以上菌株阳性。

附录C 气相色谱法测定双歧杆菌的有机酸代谢产物

C.1 双歧杆菌培养液制备

挑取双歧杆菌琼脂平板上纯培养的双歧杆菌接种于PYG液体培养基,同时用未接种菌的PYG液体培养基做空白对照,厌氧,36℃±1℃培养48 h。

C.2 标准液的配制

C.2.1 乙酸标准溶液

准确吸取乙酸5.70 mL加水稀释至100.0 mL,摇匀,进行标定,配成约1.0 mol/L的乙酸标准溶液。标定方法为:准确称取乙酸3 g,加水15 mL,酚酞指示液2滴,用1 mol/mL氢氧化钠溶液滴定,并将滴定结果用空白试验校正。1mL 1 mol/mL氢氧化钠溶液相当于60.05 mg的乙酸。

C.2.2 乙酸使用液

将经标定的乙酸标准溶液用水稀释至20.0 mmol/L。

C.2.3 乳酸标准溶液

准确吸取含量为85%～90%的乳酸0.84 mL,加水稀释至100.0 mL,摇匀,配成1.0 mol/L的乳酸标准溶液。标定方法为:准确称取乳酸1 g,加水50 mL,加入1 mol/mL氢氧化钠滴定液25 mL,煮沸5 min,加入酚酞指示液2滴,同时用0.5 mol/mL用1 mol/mL硫酸滴定液滴定,并将滴定结果用空白试验校正。1 mL 1 mol/mL氢氧化钠溶液相当于90.08 mg的乳酸。

C.2.4 乳酸使用液

将乳酸标准溶液用水稀释至20.0 mmol/L。

C.3 方法

C.3.1 乙酸的处理

取双歧杆菌培养液2.0 mL～3.0 mL放入10 mL离心管中,加入0.2 mL 50%(体积比)硫酸溶液,混匀,加入2.0 mL丙酮,混匀后加过量氯化钠,剧烈振摇1 min,再加入2.0 mL乙醚,振摇1 min后,于3000 r/min离心5 min,将上清液转入另一试管中,下层溶液用2.0 mL丙酮和2.0 mL乙醚重复提取2次,合并有机相,于40℃水浴中用氮气吹至少量溶液存在,用丙酮定容至1.0 mL,混匀后备用。同样操作步骤处理乙酸标准和空白培养液。

C.3.2 乳酸的处理

取双歧杆菌培养液2.0 mL～3.0 mL放入10 mL比色管中,100℃水浴10 min,加入0.2 mL 50%(体积比)硫酸溶液,混匀,加入1.0 mL甲醇,于58℃水浴30 min后加水1.0 mL,加三氯甲烷1.0 mL,振摇3 min,3 000 r/min离心5 min,

取三氯甲烷层分析。同样操作步骤处理乳酸标准和空白培养液。

C.3.3 气相色谱条件

色谱柱：长 2 m，内径 4 mm 的玻璃柱，填装涂有 20% DNP + 7% 吐温 60（Tween60）的 chromosorbwHP(80～100 目)；柱温：110℃；汽化室：150℃；检测器：150℃；载气：(N2)50 ml/min；进样量 1.0 μl；外标法峰面积定量。乳酸标准溶液的气相色谱见图 C.1，乙酸标准溶液的气相色谱见图 C.2。

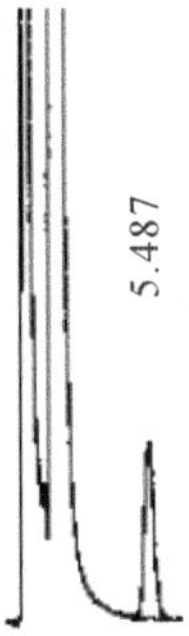

图 C.1　乳酸标准溶液的气相色谱

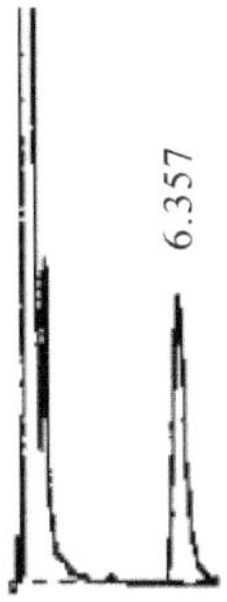

图 C.2　乙酸标准溶液的气相色谱

C.4 结果计算

样品培养液中乙酸或乳酸的含量按式(C.1)计算：

$$X=\frac{A_{样}-A_{空}}{A_{标}\times C} \tag{C.1}$$

式中：X——样品培养液中乙酸或乳酸的含量，单位为微摩尔每毫升(μmol/mL)；

$A_{样}$——样品培养液中乙酸或乳酸的峰面积；

$A_{空}$——空白培养液中乙酸或乳酸的峰面积；

$A_{标}$——乙酸标准或乳酸标准的峰面积；

C——乙酸标准或乳酸标准的浓度，单位为微摩尔每毫升(μmol/mL)。

C.5 允许差

相对相差≤15%。

C.6 结果判定

如果乙酸(μmol/mL)与乳酸(μmol/mL)比值大于 1，可判定为是双歧杆菌的有机酸代谢产物。

附 录 5

中华人民共和国国家标准 GB 4789.35—2010

食品安全国家标准
食品微生物学检验　乳酸菌检验

前　言

本标准代替 GB/T 4789.35—2008《食品卫生微生物学检验　食品中乳酸菌检验》。

本标准与 GB/T 4789.35—2008 相比，主要变化如下：

——修改了乳酸菌总数、乳杆菌、双歧杆菌和嗜热链球菌的计数方法。

本标准的附录 A 为规范性附录。

本标准所代替标准的历次版本发布情况为：

GB 4789.35—1996、GB/T 4789.35—2003、GB/T 4789.35—2008。

1 范围

本标准规定了含乳酸菌食品中乳酸菌(lactic acid bacteria)的检验方法。

本标准适用于含活性乳酸菌的食品中乳酸菌的检验。

2 规范性引用文件

本标准中引用的文件对于本标准的应用是必不可少的。凡是注日期的引用文件，仅所注日期的版本适用于本标准。凡是不注日期的引用文件，其最新版本(包括所有的修改单)适用于本标准。

3 术语和定义

3.1 乳酸菌 lactic acid bacteria

一类可发酵糖主要产生大量乳酸的细菌的通称。本标准中乳酸菌主要为乳杆菌属(*Lactobacillus*)、双歧杆菌属(*Bifidobacterium*)和链球菌属(*Streptococcus*)。

4 设备和材料

除微生物实验室常规灭菌及培养设备外,其他设备和材料如下：

4.1 恒温培养箱:36 ℃±1 ℃。

4.2 冰箱:2 ℃～5 ℃。

4.3 均质器及无菌均质袋、均质杯或灭菌乳钵。

4.4 天平:感量 0.1 g。

4.5 无菌试管:18 mm×180 mm、15 mm×100 mm。

4.6 无菌吸管:1 mL(具 0.01 mL 刻度)、10 mL(具 0.1 mL 刻度)或微量移液器及吸头。

4.7 无菌锥形瓶:500 mL、250 mL。

5 培养基和试剂

5.1 MRS(Man Rogosa Sharpe)培养基及莫匹罗星锂盐(Li－Mupirocin)改良 MRS 培养基:见附录 A 中 A.1。

5.2 MC 培养基(Modified Chalmers 培养基):见附录 A 中 A.2。

5.3 0.5%蔗糖发酵管:见附录 A 中 A.3。

5.4 0.5%纤维二糖发酵管:见附录 A 中 A.3。

5.5 0.5%麦芽糖发酵管:见附录 A 中 A.3。

5.6 0.5%甘露醇发酵管:见附录 A 中 A.3。

5.7 0.5%水杨苷发酵管:见附录 A 中 A.3。

5.8 0.5%山梨醇发酵管:见附录 A 中 A.3。

5.9 0.5%乳糖发酵管:见附录 A 中 A.3。

5.10 七叶苷发酵管:见附录 A 中 A.4。

5.11 革兰氏染色液:见附录 A 中 A.5。

5.12 莫匹罗星锂盐(Li－Mupirocin):化学纯。

6 检验程序

乳酸菌检验程序见图 1。

7 操作步骤

7.1 样品制备

7.1.1 样品的全部制备过程均应遵循无菌操作程序。

7.1.2 冷冻样品可先使其在 2℃～5℃条件下解冻,时间不超过 18 h,也可在温度不超过 45℃的条件解冻,时间不超过 15 min。

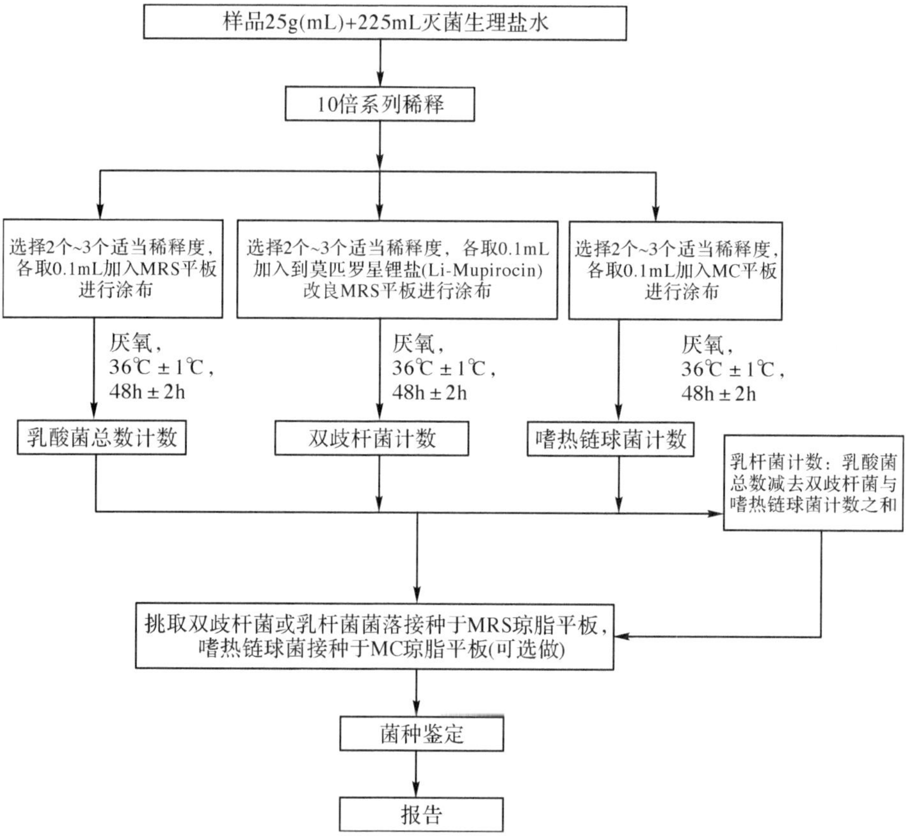

图 1 乳酸菌检验程序图

7.1.3 固体和半固体食品：以无菌操作称取 25 g 样品，置于装有 225 mL 生理盐水的无菌均质杯内，于 8 000 r/min～10 000 r/min 均质 1 min～2 min，制成 1∶10样品匀液；或置于 225 mL 生理盐水的无菌均质袋中，用拍击式均质器拍打 1 min～2 min 制成 1∶10 的样品匀液。

7.1.4 液体样品：液体样品应先将其充分摇匀后以无菌吸管吸取样品 25 mL 放入装有 225 mL 生理盐水的无菌锥形瓶（瓶内预置适当数量的无菌玻璃珠）中，充分振摇，制成 1∶10 的样品匀液。

7.2 步骤

7.2.1 用 1 mL 无菌吸管或微量移液器吸取 1∶10 样品匀液 1 mL，沿管壁缓慢注于装有 9 mL 生理盐水的无菌试管中（注意吸管尖端不要触及稀释液），振摇试管或换用 1 支无菌吸管反复吹打使其混合均匀，制成 1∶100 的样品匀液。

7.2.2 另取 1 mL 无菌吸管或微量移液器吸头，按上述操作顺序，做 10 倍递增样品匀液，每递增稀释一次，即换用 1 次 1mL 灭菌吸管或吸头。

7.2.3 乳酸菌计数

7.2.3.1 乳酸菌总数

根据待检样品活菌总数的估计，选择2个～3个连续的适宜稀释度，每个稀释度吸取0.1 mL样品匀液分别置于2个MRS琼脂平板，使用L形棒进行表面涂布。36℃±1℃，厌氧培养48 h±2 h后计数平板上的所有菌落数。从样品稀释到平板涂布要求在15 min内完成。

7.2.3.2 双歧杆菌计数

根据对待检样品双歧杆菌含量的估计，选择2个～3个连续的适宜稀释度，每个稀释度吸取0.1 mL样品匀液于莫匹罗星锂盐(Li-Mupirocin)改良MRS琼脂平板，使用灭菌L形棒进行表面涂布，每个稀释度作两个平板。36℃±1℃，厌氧培养48 h±2 h后计数平板上的所有菌落数。从样品稀释到平板涂布要求在15 min内完成。

7.2.3.3 嗜热链球菌计数

根据待检样品嗜热链球菌活菌数的估计，选择2个～3个连续的适宜稀释度，每个稀释度吸取0.1 mL样品匀液分别置于2个MC琼脂平板，使用L形棒进行表面涂布。36℃±1℃，需氧培养48 h±2 h后计数。嗜热链球菌在MC琼脂平板上的菌落特征为：菌落中等偏小，边缘整齐光滑的红色菌落，直径2 mm±1 mm，菌落背面为粉红色。从样品稀释到平板涂布要求在15 min内完成。

7.2.3.4 乳杆菌计数

7.2.3.1项乳酸菌总数结果减去7.2.3.2项双歧杆菌与7.2.3.3项嗜热链球菌计数结果之和即得乳杆菌计数。

7.3 菌落计数

可用肉眼观察，必要时用放大镜或菌落计数器，记录稀释倍数和相应的菌落数量。菌落计数以菌落形成单位(Colony-Forming Units，CFU)表示。

7.3.1 选取菌落数在30 CFU～300 CFU之间、无蔓延菌落生长的平板计数菌落总数。低于30 CFU的平板记录具体菌落数，大于300 CFU的可记录为多不可计。每个稀释度的菌落数应采用两个平板的平均数。

7.3.2 其中一个平板有较大片状菌落生长时，则不宜采用，而应以无片状菌落生长的平板作为该稀释度的菌落数；若片状菌落不到平板的一半，而其余一半中菌落分布又很均匀，即可计算半个平板后乘以2，代表一个平板菌落数。

7.3.3 当平板上出现菌落间无明显界线的链状生长时，则将每条单链作为一个菌落计数。

7.4 结果的表述

7.4.1 若只有一个稀释度平板上的菌落数在适宜计数范围内，计算两个平板菌落数的平均值，再将平均值乘以相应稀释倍数，作为每g(mL)中菌落总数结果。

7.4.2 若有两个连续稀释度的平板菌落数在适宜计数范围内时，按公式(1)计算：

$$N=\frac{\sum C}{(n_1+0.1n_2)d} \tag{1}$$

式中：N——样品中菌落数；

$\sum C$——平板(含适宜范围菌落数的平板)菌落数之和；

n_1——第一稀释度(低稀释倍数)平板个数；

n_2——第二稀释度(高稀释倍数)平板个数；

d——稀释因子(第一稀释度)。

7.4.3 若所有稀释度的平板上菌落数均大于 300 CFU，则对稀释度最高的平板进行计数，其他平板可记录为多不可计，结果按平均菌落数乘以最高稀释倍数计算。

7.4.4 若所有稀释度的平板菌落数均小于 30 CFU，则应按稀释度最低的平均菌落数乘以稀释倍数计算。

7.4.5 若所有稀释度(包括液体样品原液)平板均无菌落生长，则以小于 1 乘以最低稀释倍数计算。

7.4.6 若所有稀释度的平板菌落数均不在 30 CFU～300 CFU 之间，其中一部分小于 30 CFU 或大于 300CFU 时，则以最接近 30 CFU 或 300 CFU 的平均菌落数乘以稀释倍数计算。

7.5 菌落数的报告

7.5.1 菌落数小于 100 CFU 时，按“四舍五入”原则修约，以整数报告。

7.5.2 菌落数大于或等于 100 CFU 时，第 3 位数字采用“四舍五入”原则修约后，取前 2 位数字，后面用 0 代替位数；也可用 10 的指数形式来表示，按“四舍五入”原则修约后，采用两位有效数字。

7.5.3 称重取样以 CFU/g 为单位报告，体积取样以 CFU/mL 为单位报告。

8 结果与报告

根据菌落计数结果出具报告，报告单位以 CFU/g(mL)表示。

9 乳酸菌的鉴定(可选做)

9.1 纯培养

挑取 3 个或以上单个菌落，嗜热链球菌接种于 MC 琼脂平板，乳杆菌属接种于 MRS 琼脂平板，置 36℃±1℃厌氧培养 48 h。

9.2 鉴定

9.2.1 双歧杆菌的鉴定按 GB/T 4789.34 的规定操作。

9.2.2 涂片镜检：乳杆菌属菌体形态多样，呈长杆状、弯曲杆状或短杆状。无芽孢，革兰氏染色阳性。嗜热链球菌菌体呈球形或球杆状，直径为 0.5 μm～2.0 μm，成对或成链排列，无芽孢，革兰氏染色阳性。

9.2.3 乳酸菌菌种主要生化反应见表 1 和表 2。

表 1 常见乳杆菌属内种的碳水化合物反应

菌 种	七叶苷	纤维二糖	麦芽糖	甘露醇	水杨苷	山梨醇	蔗糖	棉籽糖
干酪乳杆菌干酪亚种(*L. casei subsp. casei*)	+	+	+	+	+	+	+	−
德氏乳杆菌保加利亚种(*L. delbrueckii subsp. bulgaricus*)	−	−	−	−	−	−	−	−
嗜酸乳杆菌(*L. acidophilus*)	+	+	+	−	+	−	+	d
罗伊氏乳杆菌(*L. reuteri*)	ND	−	+	−	−	−	+	+
鼠李糖乳杆菌(*L. rhamnosus*)	+	+	+	+	+	+	+	−
植物乳杆菌(*L. plantarum*)	+	+	+	+	+	+	+	+

注：+表示 90%以上菌株阳性；−表示 90%以上菌株阴性；d 表示 11%～89%菌株阳性；ND 表示未测定。

表 2 嗜热链球菌的主要生化反应

菌 种	菊糖	乳糖	甘露醇	水杨苷	山梨醇	马尿酸	七叶苷
嗜热链球菌(*S. thermophilus*)	−	+	−	−	−	−	−

注：+表示 90%以上菌株阳性；−表示 90%以上菌株阴性。

附录 A (规范性附录)培养基及试剂

A.1 MRS 培养基

A.1.1 成分

蛋白胨	10.0 g
牛肉粉	5.0 g
酵母粉	4.0 g
葡萄糖	20.0 g
吐温 80	1.0 mL
$K_2HPO_4 \cdot 7H_2O$	2.0 g
醋酸钠 · $3H_2O$	5.0 g

柠檬酸三铵	2.0 g
$MgSO_4 \cdot 7H_2O$	0.2 g
$MnSO_4 \cdot 4H_2O$	0.05 g
琼脂粉	15.0 g

pH 6.2

A.1.2 制法

将上述成分加入到 1 000 mL 蒸馏水中，加热溶解，调节 pH，分装后 121℃高压灭菌 15 min～20 min。

A.1.3 莫匹罗星锂盐(Li-Mupirocin)改良 MRS 培养基

A.1.3.1 莫匹罗星锂盐（Li-Mupirocin）储备液制备：称取 50 mg 莫匹罗星锂盐（Li-Mupirocin）加入到 50 mL 蒸馏水中，用 0.22 μm 微孔滤膜过滤除菌。

A.1.3.2 制法

将 A.1.1 成分加入到 950 mL 蒸馏水中，加热溶解，调节 pH，分装后于 121 ℃高压灭菌 15 min～20 min。临用时加热熔化琼脂，在水浴中冷至 48℃，用带有 0.22 μm 微孔滤膜的注射器将莫匹罗星锂盐（Li-Mupirocin）储备液加入到熔化琼脂中，使培养基中莫匹罗星锂盐（Li-Mupirocin）的浓度为 50μg/mL。

A.2 MC 培养基

A.2.1 成分

大豆蛋白胨	5.0 g
牛肉粉	3.0 g
酵母粉	3.0 g
葡萄糖	20.0 g
乳糖	20.0 g
碳酸钙	10.0 g
琼脂	15.0 g
蒸馏水	1 000 mL
1%中性红溶液	5.0 mL

pH6.0

A.2.2 制法

将前面 7 种成分加入蒸馏水中，加热溶解，调节 pH，加入中性红溶液。分装后 121℃高压灭菌 15 min～20 min。

A.3 乳酸杆菌糖发酵管

A.3.1 基础成分

牛肉膏	5.0 g
蛋白胨	5.0 g
酵母浸膏	5.0 g
吐温 80	0.5 mL
琼脂	1.5 g
1.6%溴甲酚紫酒精溶液	1.4 mL
蒸馏水	1 000 mL

A.3.2 制法

按 0.5%加入所需糖类，并分装小试管，121℃高压灭菌 15 min～20 min。

A.4 七叶苷发酵管

A.4.1 成分

蛋白胨	5.0 g
磷酸氢二钾	1.0 g
七叶苷	3.0 g
柠檬酸铁	0.5 g
1.6%溴甲酚紫酒精溶液	1.4 mL
蒸馏水	100 mL

A.4.2 制法

将上述成分加入蒸馏水中，加热溶解，121℃高压灭菌 15 min～20 min。

A.5 革兰氏染色液

A.5.1 结晶紫染色液

A.5.1.1 成分

结晶紫	1.0 g
95%乙醇	20 mL
1%草酸铵水溶液	80 mL

A.5.1.2 制法

将结晶紫完全溶解于乙醇中，然后与草酸铵溶液混合。

A.5.2 革兰氏碘液

A.5.2.1 成分

碘	1.0 g
碘化钾	2.0 g
蒸馏水	300 mL

A.5.2.2 制法

将碘与碘化钾先进行混合，加入蒸馏水少许，充分振摇，待完全溶解后，再加蒸馏水至 300 mL。

A.5.3 沙黄复染液

A.5.3.1 成分

沙黄	0.25 g
95%乙醇	10 mL
蒸馏水	90 mL

A.5.3.2 制法

将沙黄溶解于乙醇中，然后用蒸馏水稀释。

A.5.4 染色法

A.5.4.1 将涂片在酒精灯火焰上固定，滴加结晶紫染色液，染 1 min，水洗。

A.5.4.2 滴加革兰氏碘液，作用 1 min，水洗。

A.5.4.3 滴加 95%乙醇脱色，约 15 s～30 s，直至染色液被洗掉，不要过分脱色，水洗。

A.5.4.4 滴加复染液，复染 1 min。水洗、待干、镜检。

附录 6　酒精计温度浓度换算表

溶液温度(℃)	酒精计读数											
	100		99		98		97		96		95	
	温度在＋20℃时用体积百分数或质量百分数表示酒精浓度											
	体积分数	质量分数	体积分数	质量分数	体积分数	质量分数	体积分数	质量分数	体积分数	质量分数	体积分数	质量分数
40	96.6	0.957 369	95.3	0.941 27	94	0.925 28	92.6	0.908 181	91.6	0.896 043	90.4	0.881 561
39	96.8	0.959 856	95.4	0.942 505	94.2	0.927 612	92.8	0.910 616	91.8	0.898 466	90.6	0.883 968
38	96.9	0.961 1	95.6	0.944 976	94.4	0.930 071	93	0.913 054	92	0.900 891	90.9	0.887 584
37	97.1	0.963 591	95.8	0.947 449	94.6	0.932 533	93.3	0.916 715	92.3	0.904 533	91.1	0.889 998
36	97.3	0.966 084	96	0.949 925	94.8	0.934 998	93.5	0.919 159	92.5	0.906 964	91.3	0.892 414
35	97.4	0.967 331	96.2	0.952 404	95	0.937 465	93.7	0.921 605	92.7	0.909 398	91.6	0.896 043
34	97.6	0.969 828	96.3	0.953 644	95.2	0.939 935	93.9	0.924 054	92.9	0.911 834	91.8	0.898 466
33	97.8	0.972 328	96.5	0.956 127	95.4	0.942 407	94.1	0.926 506	93.1	0.914 273	92	0.900 891
32	98	0.974 831	96.7	0.958 612	95.6	0.944 882	94.4	0.930 188	93.4	0.917 936	92.2	0.903 318
31	98.1	0.976 083	96.9	0.961 1	95.8	0.947 359	94.6	0.932 646	93.6	0.920 382	92.5	0.906 964
30	98.3	0.978 589	97.1	0.963 591	96	0.949 839	94.8	0.935 107	93.8	0.922 83	92.7	0.909 398
29	98.4	0.979 843	97.3	0.966 084	96.2	0.952 322	95.1	0.938 803	94	0.925 28	92.9	0.911 834
28	98.6	0.982 353	97.5	0.968 58	96.4	0.954 808	95.3	0.941 27	94.2	0.927 733	93.1	0.914 273
27	98.8	0.984 866	97.7	0.971 078	96.6	0.957 296	95.5	0.943 74	94.5	0.931 417	93.4	0.917 936
26	99	0.987 382	97.9	0.973 579	96.8	0.959 786	95.8	0.947 449	94.7	0.933 876	93.6	0.920 382
25	99.2	0.989 9	98.1	0.976 083	97	0.962 28	96	0.949·925	94.9	0.936 338	93.9	0.924 054
24	99.3	0.991 16	98.3	0.978 589	97.2	0.964 776	96.2	0.952 404	95.1	0.938 803	94.1	0.926 506
23	99.5	0.993 683	98.5	0.981 098	97.4	0.967 274	96.4	0.954 885	95.4	0.942 505	94.3	0.928 96
22	99.7	0.996 208	98.6	0.982 353	97.6	0.969 776	96.6	0.957 369	95.6	0.944 976	94.6	0.932 646
21	99.8	0.997 471	98.8	0.984 866	97.8	0.972 28	96.8	0.959 856	95.8	0.947 449	94.8	0.935 107
20	100	1	99	0.987 382	98	0.974 786	97	0.962 345	96	0.949 925	95	0.937 57

续 表

溶液温度(℃)	酒精计读数											
	100		99		98		97		96		95	
	温度在＋20℃时用体积百分数或质量百分数表示酒精浓度											
	体积分数	质量分数	体积分数	质量分数	体积分数	质量分数	体积分数	质量分数	体积分数	质量分数	体积分数	质量分数
19			99.2	0.989 9	98.2	0.977 296	97.2	0.964 837	96.2	0.952 404	95.2	0.940 036
18			99.3	0.991 16	98.3	0.978 551	97.4	0.967 331	96.4	0.954 885	95.4	0.942 505
17			99.5	0.993 683	98.5	0.981 065	97.6	0.969 828	96.6	0.957 369	95.6	0.944 976
16			99.7	0.996 208	98.7	0.983 581	97.8	0.972 328	96.8	0.959 856	95.9	0.948 687
15			99.8	0.997 471	98.9	0.986 099	98	0.974 831	97	0.962 345	96.1	0.951 164
14			100	1	99.1	0.988 621	98.1	0.976 083	97.2	0.964 837	96.3	0.953 644
13					99.2	0.989 882	98.3	0.978 589	97.4	0.967 331	96.5	0.956 127
12					99.4	0.992 408	98.5	0.981 098	97.6	0.969 828	96.7	0.958 612
11					99.6	0.994 936	98.7	0.983 61	97.8	0.972 328	96.9	0.961 1
10					99.7	0.996 201	98.9	0.986 124	98	0.974 831	97.1	0.963 591
9					99.9	0.998 733	99	0.987 382	98.2	0.977 336	97.3	0.966 084
8							99.2	0.989 9	98.3	0.978 589	97.5	0.968 58
7							99.3	0.991 16	98.5	0.981 098	97.6	0.969 828
6							99.4	0.992 421	98.7	0.983 61	97.8	0.972 328
5							99.5	0.993 683	98.9	0.986 124	98	0.974 831
4							99.7	0.996 208	99	0.987 382	98.2	0.977 336
3							99.8	0.997 471	99.2	0.989 9	98.4	0.979 843
2							100	1	99.4	0.992 421	98.5	0.981 098
1									99.5	0.993 683	98.7	0.983 61
0									99.7	0.996 208	98.9	0.986 124

溶液温度(℃)	酒精计读数											
	94		93		92		91		90		89	
	温度在＋20℃时用体积百分数或质量百分数表示酒精浓度											
	体积分数	质量分数	体积分数	质量分数	体积分数	质量分数	体积分数	质量分数	体积分数	质量分数	体积分数	质量分数
40	89.2	0.867 168	88	0.852 864	86.8	0.838 648	85.8	0.826 868	84.5	0.811 643	83.4	0.798 84
39	89.4	0.869 561	88.2	0.855 242	87.1	0.842 194	86.1	0.830 396	84.8	0.815 148	83.7	0.802 325
38	89.7	0.873 154	88.5	0.858 813	87.3	0.844 561	86.3	0.832 75	85.1	0.818 658	84	0.805 815
37	89.9	0.875 553	88.8	0.862 39	87.6	0.848 116	86.6	0.836 287	85.3	0.821	84.3	0.809 31
36	90.2	0.879 156	89	0.864 778	87.8	0.850 489	86.8	0.838 648	85.6	0.824 519	84.6	0.812 811
35	90.4	0.881 561	89.2	0.867 168	88.1	0.854 053	87.1	0.842 194	85.9	0.828 043	84.8	0.815 148
34	90.6	0.883 968	89.5	0.870 758	88.2	0.855 242	87.4	0.845 745	86.2	0.831 573	85	0.817 487
33	90.9	0.887 584	89.8	0.874 353	88.6	0.860 005	87.6	0.848 116	86.5	0.835 108	85.1	0.818 658
32	91.1	0.889 998	90	0.876 753	88.9	0.863 584	87.9	0.851 676	86.7	0.837 467	85.4	0.822 173
31	91.4	0.893 623	90.2	0.879 156	89.1	0.865 973	88.1	0.854 053	87	0.841 011	85.7	0.825 693
30	91.6	0.896 043	90.5	0.882 764	89.4	0.869 561	88.4	0.857 622	87.3	0.844 561	86	0.829 219
29	91.8	0.898 466	90.8	0.886 378	89.7	0.873 154	88.6	0.860 005	87.6	0.848 116	86.3	0.832 75
28	92.1	0.902 104	91.1	0.889 998	90	0.876 753	88.9	0.863 584	87.9	0.851 676	86.5	0.835 108
27	92.3	0.904 533	91.3	0.892 414	90.2	0.879 156	89.2	0.867 168	88.1	0.854 053	86.8	0.838 648
26	92.6	0.908 181	91.5	0.894 833	90.5	0.882 764	89.4	0.869 561	88.4	0.857 622	87.1	0.842 194
25	92.8	0.910 616	91.8	0.898 466	90.7	0.885 173	89.7	0.873 154	88.7	0.861 197	87.4	0.845 745
24	93.1	0.914 273	92	0.900 891	91	0.888 791	90	0.876 753	89	0.864 778	87.7	0.849 302
23	93.3	0.916 715	92.3	0.904 533	91.3	0.892 414	90.2	0.879 156	89.2	0.867 168	88	0.852 864
22	93.5	0.919 159	92.5	0.906 964	91.5	0.894 833	90.5	0.882 764	89.5	0.870 758	88.4	0.857 622
21	93.8	0.922 83	92.8	0.910 616	91.8	0.898 466	90.7	0.885 173	89.7	0.873 154	88.7	0.861 197
20	94	0.925 28	93	0.913 054	92	0.900 891	91	0.888 791	90	0.876 753	89	0.864 778

续 表

溶液温度(℃)	酒精计读数											
	94		93		92		91		90		89	
	温度在+20℃时用体积百分数或质量百分数表示酒精浓度											
	体积分数	质量分数	体积分数	质量分数	体积分数	质量分数	体积分数	质量分数	体积分数	质量分数	体积分数	质量分数
19	94.2	0.927 733	93.2	0.915 494	92.2	0.903 318	91.2	0.891 206	90.3	0.880 358	89.3	0.868 364
18	94.4	0.930 188	93.5	0.919 159	92.5	0.906 964	91.5	0.894 833	90.6	0.883 968	89.5	0.870 758
17	94.6	0.932 646	93.7	0.921 605	92.7	0.909 398	91.7	0.897 254	90.8	0.886 378	89.8	0.874 353
16	94.9	0.936 338	93.9	0.924 054	93	0.913 054	92	0.900 891	91	0.888 791	90	0.876 753
15	95.1	0.938 803	94.2	0.927 733	93.2	0.915 494	92.2	0.903 318	91.3	0.892 414	90.3	0.880 358
14	95.3	0.941 27	94.3	0.928 96	93.4	0.917 936	92.5	0.906 964	91.5	0.894 833	90.5	0.882 764
13	95.5	0.943 74	94.6	0.932 646	93.6	0.920 382	92.7	0.909 398	91.7	0.897 254	90.8	0.886 378
12	95.7	0.946 212	94.8	0.935 107	93.9	0.924 054	92.9	0.911 834	92	0.900 891	91	0.888 791
11	96	0.949 925	95	0.937 57	94.1	0.926 506	93.2	0.915 494	92.2	0.903 318	91.3	0.892 414
10	96.2	0.952 404	95.2	0.940 036	94.3	0.928 96	93.4	0.917 936	92.5	0.906 964	91.5	0.894 833
9	96.4	0.954 885	95.5	0.943 74	94.5	0.931 417	93.6	0.920 382	92.8	0.910 616	91.8	0.898 466
8	96.6	0.957 369	95.7	0.946 212	94.8	0.935 107	93.9	0.924 054	92.1	0.902 104	92	0.900 891
7	96.8	0.959 856	95.9	0.948 687	95	0.937 57	94.1	0.926 506	93.2	0.915 494	92.2	0.903 318
6	97	0.962 345	96.1	0.951 164	95.2	0.940 036	94.3	0.928 96	93.4	0.917 936	92.5	0.906 964
5	97.1	0.963 591	96.3	0.953 644	95.4	0.942 505	94.5	0.931 417	93.6	0.920 382	92.7	0.909 398
4	97.3	0.966 084	96.5	0.956 127	95.6	0.944 976	94.7	0.933 876	93.8	0.922 83	92.9	0.911 834
3	97.5	0.968 58	96.7	0.958 612	95.8	0.947 449	94.9	0.936 338	94.1	0.926 506	93.2	0.915 494
2	97.7	0.971 078	96.9	0.961 1	96	0.949 925	95.1	0.938 803	94.3	0.928 96	93.4	0.917 936
1	97.9	0.973 579	97	0.962 345	96.2	0.952 404	95.3	0.941 27	94.5	0.931 417	93.6	0.920 382
0	98.1	0.976 083	97.2	0.964 837	96.4	0.954 885	95.7	0.946 212	94.7	0.933 876	93.8	0.922 83

续 表

溶液温度(℃)	酒精计读数											
	88		87		86		85		84		83	
	温度在＋20℃时用体积百分数或质量百分数表示酒精浓度											
	体积分数	质量分数	体积分数	质量分数	体积分数	质量分数	体积分数	质量分数	体积分数	质量分数	体积分数	质量分数
40	82.3	0.786 107	81.3	0.774 594	80.1	0.760 854	79.1	0.749 468	78	0.737 009	76.9	0.724 618
39	82.6	0.789 573	81.6	0.778 042	80.4	0.764 281	79.4	0.752 878	78.3	0.740 4	77.2	0.727 991
38	82.9	0.793 043	81.9	0.781 495	80.7	0.767 714	79.7	0.756 293	78.6	0.743 796	77.5	0.731 368
37	83.2	0.796 519	82.2	0.784 953	81	0.771 151	80	0.759 713	78.9	0.747 197	77.8	0.734 751
36	83.5	0.800 001	82.5	0.788 417	81.3	0.774 594	80.3	0.763 138	79.2	0.750 604	78.1	0.738 139
35	83.8	0.803 487	82.8	0.791 886	81.6	0.778 042	80.6	0.766 569	79.5	0.754 016	78.4	0.741 531
34	84	0.805 815	83	0.794 202	81.9	0.781 495	80.9	0.770 005	79.8	0.757 432	78.7	0.744 929
33	84.3	0.809 31	83.3	0.797 679	82.2	0.784 953	81.2	0.773 446	80.1	0.760 854	79.1	0.749 468
32	84.6	0.812 811	83.6	0.801 162	82.5	0.788 417	81.5	0.776 892	80.4	0.764 281	79.4	0.752 878
31	84.9	0.816 317	83.9	0.804 651	82.8	0.791 886	81.8	0.780 343	80.7	0.767 714	79.7	0.756 293
30	85.2	0.819 829	84.2	0.808 144	83.1	0.795 36	82.1	0.783 8	81	0.771 151	80	0.759 713
29	85.6	0.824 519	84.4	0.810 476	83.4	0.798 84	82.4	0.787 262	81.3	0.774 594	80.3	0.763 138
28	85.8	0.826 868	84.7	0.813 979	83.7	0.802 325	82.7	0.790 729	81.6	0.778 042	80.6	0.766 569
27	86.1	0.830 396	85	0.817 487	84	0.805 815	83	0.794 202	81.9	0.781 495	80.9	0.770 005
26	86.3	0.832 75	85.3	0.821	84.3	0.809 31	83.3	0.797 679	82.2	0.784 953	81.2	0.773 446
25	86.6	0.836 287	85.6	0.824 519	84.6	0.812 811	83.6	0.801 162	82.5	0.788 417	81.5	0.776 892
24	86.9	0.839 829	85.9	0.828 043	84.9	0.816 317	83.8	0.803 487	82.8	0.791 886	81.8	0.780 343
23	87.2	0.843 377	86.2	0.831 573	85.1	0.818 658	84.1	0.806 979	83.1	0.795 36	82.1	0.783 8
22	87.4	0.845 745	86.4	0.833 929	85.2	0.819 829	84.4	0.810 476	83.4	0.798 84	82.4	0.787 262
21	87.7	0.849 302	86.7	0.837 467	85.7	0.825 693	84.7	0.813 979	83.7	0.802 325	82.7	0.790 729
20	88	0.852 864	87	0.841 011	86	0.829 219	85	0.817 487	84	0.805 815	83	0.794 202

续 表

溶液温度(℃)	酒精计读数											
	88		87		86		85		84		83	
	温度在+20℃时用体积百分数或质量百分数表示酒精浓度											
	体积分数	质量分数	体积分数	质量分数	体积分数	质量分数	体积分数	质量分数	体积分数	质量分数	体积分数	质量分数
19	88.3	0.856 432	87.3	0.844 561	86.3	0.832 75	85.3	0.821	84.3	0.809 31	83.3	0.797 679
18	88.5	0.858 813	87.5	0.846 93	86.5	0.835 108	85.5	0.823 346	84.6	0.812 811	83.6	0.801 162
17	88.8	0.862 39	87.8	0.850 489	86.8	0.838 648	85.8	0.826 868	84.8	0.815 148	83.9	0.804 651
16	89	0.864 778	88.1	0.854 053	87.1	0.842 194	86.1	0.830 396	85.1	0.818 658	84.2	0.808 144
15	89.3	0.868 364	88.3	0.856 432	87.4	0.845 745	86.4	0.833 929	85.4	0.822 173	84.4	0.810 476
14	89.6	0.871 956	88.6	0.860 005	87.6	0.848 116	86.7	0.837 467	85.7	0.825 693	84.7	0.813 979
13	89.8	0.874 353	88.9	0.863 584	87.9	0.851 676	86.9	0.839 829	86	0.829 219	85	0.817 487
12	90.1	0.877 954	89.1	0.865 973	88.2	0.855 242	87.2	0.843 377	86.2	0.831 573	85.3	0.821
11	90.3	0.880 358	89.4	0.869 561	88.3	0.856 432	87.5	0.846 93	86.5	0.835 108	85.6	0.824 519
10	90.6	0.883 968	89.6	0.871 956	88.7	0.861 197	87.7	0.849 302	86.8	0.838 648	85.8	0.826 868
9	90.8	0.886 378	89.9	0.875 553	89	0.864 778	88	0.852 864	87	0.841 011	86.1	0.830 396
8	91.1	0.889 998	90.1	0.877 954	89.3	0.868 364	88	0.852 864	87.3	0.844 561	86.4	0.833 929
7	91.3	0.892 414	90.4	0.881 561	89.5	0.870 758	88.5	0.858 813	87.6	0.848 116	86.6	0.836 287
6	91.6	0.896 043	90.6	0.883 968	89.8	0.874 353	88.8	0.862 39	87.8	0.850 489	86.9	0.839 829
5	91.8	0.898 466	90.9	0.887 584	90	0.876 753	89	0.864 778	88.1	0.854 053	87.2	0.843 377
4	92	0.900 891	91.1	0.889 998	90.3	0.830 358	89.3	0.868 364	88.4	0.857 622	87.4	0.845 745
3	92.2	0.903 318	91.3	0.892 414	90.5	0.882 764	89.5	0.870 758	88.6	0.860 005	87.7	0.849 302
2	92.5	0.906 964	91.6	0.896 043	90.8	0.886 378	89.8	0.874 353	88.8	0.862 39	87.9	0.851 676
1	92.7	0.909 398	91.8	0.898 466	91	0.888 791	90	0.876 753	89.1	0.865 973	88.2	0.855 242
0	92.9	0.911 834	92	0.900 891	91.2	0.891 206	90.2	0.879 156	89.4	0.869 561	88.4	0.857 622

续　表

溶液温度(℃)	酒精计读数											
	82		81		80		79		78		77	
	温度在＋20℃时用体积百分数或质量百分数表示酒精浓度											
	体积分数	质量分数	体积分数	质量分数	体积分数	质量分数	体积分数	质量分数	体积分数	质量分数	体积分数	质量分数
40	75.9	0.713 413	75	0.703 376	73.8	0.690 063	72.8	0.679 029	71.6	0.665 86	70.6	0.654 945
39	76.2	0.716 769	75.3	0.706 716	74.1	0.693 383	73.1	0.682 333	71.9	0.669 145	70.9	0.658 214
38	76.5	0.720 129	75.6	0.710 062	74.4	0.696 709	73.4	0.685 642	72.3	0.673 532	71.2	0.661 488
37	76.8	0.723 495	75.9	0.713 413	74.7	0.700 04	73.7	0.688 957	72.6	0.676 828	71.6	0.665 86
36	77.1	0.726 866	76.2	0.716 769	74.9	0.702 263	74	0.692 276	72.9	0.680 13	71.9	0.669 145
35	77.4	0.730 242	76.5	0.720 129	75.3	0.706 716	74.3	0.695 6	73.2	0.683 436	72.2	0.672 435
34	77.8	0.734 751	76.8	0.723 495	75.7	0.711 178	74.7	0.700 04	73.6	0.687 851	72.5	0.675 729
33	78.1	0.738 139	77.1	0.726 866	76	0.714 531	75	0.703 376	73.9	0.691 169	72.8	0.679 029
32	78.4	0.741 531	77.4	0.730 242	76.3	0.717 888	75.3	0.706 716	74.2	0.694 492	73.2	0.683 436
31	78.7	0.744 929	77.7	0.733 623	76.6	0.721 251	75.6	0.710 062	74.6	0.698 929	73.5	0.686 747
30	79	0.748 332	78	0.737 009	76.9	0.724 618	75.9	0.713 413	74.9	0.702 263	73.8	0.690 063
29	79.3	0.751 741	78.3	0.740 4	77.2	0.727 991	76.2	0.716 769	75.2	0.705 602	74.2	0.694 492
28	79.6	0.755 154	78.6	0.743 796	77.6	0.732 495	76.5	0.720 129	75.5	0.708 946	74.5	0.697 819
27	79.9	0.758 572	78.9	0.747 197	77.9	0.735 88	76.8	0.723 495	75.8	0.712 295	74.8	0.701 151
26	80.2	0.761 996	79.2	0.750 604	78.2	0.739 269	77.2	0.727 991	76.1	0.715 649	75.1	0.704 489
25	80.5	0.765 425	79.5	0.754 016	78.5	0.742 663	77.5	0.731 368	76.4	0.719 008	75.4	0.707 831
24	80.8	0.768 859	79.8	0.757 432	78.8	0.746 063	77.8	0.734 751	76.8	0.723 495	75.8	0.712 295
23	81.1	0.772 298	80.1	0.760 854	79.1	0.749 468	78.1	0.738 139	77.1	0.726 866	76.1	0.715 649
22	81.4	0.775 743	80.4	0.764 281	79.4	0.752 878	78.4	0.741 531	77.4	0.730 242	76.4	0.719 008
21	81.7	0.779 192	80.7	0.767 714	79.7	0.756 293	78.7	0.744 929	77.7	0.733 623	76.7	0.722 373
20	82	0.782 647	81	0.771 151	80	0.759 713	79	0.748 332	78	0.737 009	77	0.725 742

续 表

溶液温度(℃)	酒精计读数											
	82		81		80		79		78		77	
	温度在＋20℃时用体积百分数或质量百分数表示酒精浓度											
	体积分数	质量分数	体积分数	质量分数	体积分数	质量分数	体积分数	质量分数	体积分数	质量分数	体积分数	质量分数
19	82.3	0.786 107	81.3	0.774 594	80.3	0.763 138	79.3	0.751 741	78.3	0.740 4	77.3	0.729 116
18	82.6	0.789 573	81.6	0.778 042	80.6	0.766 569	79.6	0.755 154	78.6	0.743 796	77.6	0.732 495
17	82.9	0.793 043	81.9	0.781 495	80.9	0.770 005	79.9	0.758 572	78.9	0.747 197	77.9	0.735 88
16	83.2	0.796 519	82.2	0.784 953	81.2	0.773 446	80.2	0.761 996	79.2	0.750 604	78.2	0.739 269
15	83.4	0.798 84	82.5	0.788 417	81.5	0.776 892	80.5	0.765 425	79.5	0.754 016	78.5	0.742 663
14	83.7	0.802 325	82.8	0.791 886	81.8	0.780 343	80.8	0.768 859	79.8	0.757 432	78.8	0.746 063
13	84	0.805 815	83.1	0.795 36	82.1	0.783 8	81.1	0.772 298	80.1	0.760 854	79.1	0.749 468
12	84.3	0.809 31	83.3	0.797 679	82.4	0.787 262	81.4	0.775 743	80.4	0.764 281	79.4	0.752 878
11	84.6	0.812 811	83.6	0.801 162	82.7	0.790 729	81.7	0.779 192	80.7	0.767 714	79.7	0.756 293
10	84.9	0.816 317	83.9	0.804 651	83	0.794 202	82	0.782 647	81	0.771 151	80	0.759 713
9	85.2	0.819 829	84.2	0.808 144	83.2	0.796 519	82.3	0.786 107	81.3	0.774 594	80.3	0.763 138
8	85.4	0.822 173	84.5	0.811 643	83.5	0.800 001	82.6	0.789 573	81.6	0.778 042	80.6	0.766 569
7	85.7	0.825 693	84.8	0.815 148	83.8	0.803 487	82.8	0.791 886	81.9	0.781 495	80.8	0.768 859
6	86	0.829 219	85	0.817 437	84.1	0.806 979	83.1	0.795 36	82.2	0.784 953	81.1	0.772 298
5	86.2	0.831 573	85.3	0.821	84.3	0.809 31	83.4	0.798 84	82.4	0.787 262	81.2	0.773 446
4	86.5	0.835 108	85.6	0.824 519	84.6	0.812 811	83.7	0.802 325	82.7	0.790 729	81.6	0.778 042
3	86.8	0.838 648	85.8	0.826 858	84.9	0.816 317	84	0.805 815	83	0.794 202	81.9	0.781 495
2	87	0.841 011	86.1	0.830 396	85.2	0.819 829	84.2	0.808 144	83.3	0.797 679	82.4	0.787 262
1	87.3	0.844 561	86.4	0.833 929	85.4	0.822 173	84.5	0.811 643	83.6	0.801 162	82.6	0.789 573
0	87.5	0.846 93	86.6	0.836 287	85.7	0.825 693	84.8	0.815 148	83.8	0.803 487	82.9	0.793 043

续 表

溶液温度(℃)	酒精计读数											
	76		75		74		73		72		71	
	温度在＋20℃时用体积百分数或质量百分数表示酒精浓度											
	体积分数	质量分数	体积分数	质量分数	体积分数	质量分数	体积分数	质量分数	体积分数	质量分数	体积分数	质量分数
40	69.5	0.643 001	68.6	0.633 276	67.5	0.621 448	66.4	0.609 684	65.4	0.599 043	64.3	0.587 399
39	69.8	0.646 252	68.9	0.636 513	67.8	0.624 668	66.7	0.612 886	65.7	0.602 23	64.6	0.590 568
38	70.2	0.650 594	69.2	0.639 755	68.1	0.627 892	67.1	0.617 163	66	0.605 422	65	0.594 802
37	70.5	0.653 857	69.6	0.644 084	68.5	0.632 198	67.4	0.620 376	66.4	0.609 684	65.4	0.599 043
36	70.8	0.657 124	69.9	0.647 337	68.8	0.635 433	67.8	0.624 668	66.7	0.612 886	65.7	0.602 23
35	71.2	0.661 488	70.2	0.650 594	69.1	0.638 673	68.1	0.627 892	67	0.616 093	66.1	0.606 486
34	71.5	0.664 766	70.6	0.654 945	69.5	0.643 001	68.4	0.631 121	67.4	0.620 376	66.4	0.609 684
33	71.8	0.668 049	70.9	0.658 214	69.8	0.646 252	68.8	0.635 433	67.7	0.623 594	66.7	0.612 886
32	72.1	0.671 337	71.2	0.661 488	70.1	0.649 508	69.1	0.638 673	68	0.626 817	67	0.616 093
31	72.5	0.675 729	71.5	0.664 766	70.5	0.653 857	69.5	0.643 001	68.4	0.631 121	67.4	0.620 376
30	72.8	0.679 029	71.8	0.668 049	70.8	0.657 124	69.8	0.646 252	68.7	0.634 355	67.7	0.623 594
29	73.1	0.682 333	72.1	0.671 337	71.1	0.660 396	70.1	0.649 508	69.1	0.638 673	68	0.626 817
28	73.5	0.686 747	72.4	0.674 63	71.4	0.663 673	70.4	0.652 769	69.4	0.641 918	68.4	0.631 121
27	73.8	0.690 063	72.8	0.679 029	71.7	0.666 954	70.7	0.656 034	69.7	0.645 168	68.7	0.634 355
26	74.1	0.693 383	73.1	0.682 333	72.1	0.671 337	71.1	0.660 396	70.1	0.649 508	69.1	0.638 673
25	74.4	0.696 709	73.4	0.685 642	72.4	0.674 63	71.4	0.663 673	70.4	0.652 769	69.4	0.641 918
24	74.7	0.700 04	73.7	0.688 957	72.7	0.677 928	71.7	0.666 954	70.7	0.656 034	69.7	0.645 168
23	75.1	0.704 489	74.1	0.693 383	73	0.681 231	72	0.670 241	71	0.659 305	70	0.648 422
22	75.4	0.707 831	74.4	0.696 709	73.4	0.685 642	72.4	0.674 63	71.4	0.663 673	70.4	0.652 769
21	75.7	0.711 178	74.7	0.700 04	73.7	0.688 957	72.7	0.677 928	71.7	0.666 954	70.7	0.656 034
20	76	0.714 531	75	0.703 376	74	0.692 276	73	0.681 231	72	0.670 241	71	0.659 305

续 表

溶液温度(℃)	酒精计读数											
	76		75		74		73		72		71	
	温度在+20℃时用体积百分数或质量百分数表示酒精浓度											
	体积分数	质量分数	体积分数	质量分数	体积分数	质量分数	体积分数	质量分数	体积分数	质量分数	体积分数	质量分数
19	76.3	0.717 888	75.3	0.706 713	74.3	0.695 6	73.3	0.684 539	72.3	0.673 532	71.3	0.662 58
18	76.6	0.721 251	75.6	0.710 062	74.6	0.698 929	73.6	0.687 851	72.6	0.676 828	71.6	0.665 86
17	76.9	0.724 618	75.9	0.713 413	74.9	0.702 263	74	0.692 276	73	0.681 231	72	0.670 241
16	77.2	0.727 991	76.2	0.716 769	75.3	0.706 716	74.3	0.695 6	73.3	0.684 539	72.3	0.673 532
15	77.6	0.732 495	76.6	0.721 251	75.6	0.710 062	74.6	0.698 929	73.6	0.687 851	72.6	0.676 828
14	77.9	0.735 88	76.9	0.724 618	75.9	0.713 413	75	0.703 376	73.9	0.691 169	72.9	0.680 13
13	78.2	0.739 269	77.2	0.727 991	76.2	0.716 769	75.4	0.707 831	74.2	0.694 492	73.2	0.683 436
12	78.5	0.742 663	77.5	0.731 368	76.5	0.720 129	75.6	0.710 062	74.5	0.697 819	73.6	0.687 851
11	78.8	0.746 063	77.8	0.734 751	76.8	0.723 495	75.8	0.712 295	74.9	0.702 263	73.9	0.691 169
10	79.1	0.749 468	78.1	0.738 139	77.1	0.726 866	76.2	0.716 769	75.2	0.705 602	74.2	0.694 492
9	79.4	0.752 878	78.4	0.741 531	77.4	0.730 242	76.5	0.720 129	75.5	0.708 946	74.5	0.697 819
8	79.7	0.756 293	78.7	0.744 929	77.7	0.733 623	76.8	0.723 495	76	0.714 531	74.8	0.701 151
7	80	0.759 713	79	0.748 332	78	0.737 009	77.1	0.726 866	76.4	0.719 008	75.1	0.704 489
6	80.2	0.761 996	79.3	0.751 741	78.3	0.740 4	77.4	0.730 242	76.7	0.722 373	75.4	0.707 831
5	80.5	0.765 425	79.6	0.755 154	78.6	0.743 796	77.7	0.733 623	77	0.725 742	75.8	0.712 295
4	80.8	0.768 859	79.9	0.758 572	79.2	0.750 604	78	0.737 009	77.3	0.729 116	76	0.714 531
3	81.1	0.772 298	80.2	0.761 996	79.5	0.754 016	78.3	0.740 4	77.6	0.732 495	76.4	0.719 008
2	81.4	0.775 743	80.4	0.764 281	79.8	0.757 432	78.6	0.743 796	77.8	0.734 751	76.6	0.721 251
1	81.7	0.779 192	80.7	0.767 714	80.1	0.760 854	78.8	0.746 063	77.9	0.735 88	77	0.725 742
0	82	0.782 647	81	0.771 151	80.4	0.764 281	79.1	0.749 468	78.2	0.739 269	77.2	0.727 991

续 表

溶液温度(℃)	酒精计读数											
	70		69		68		67		66		65	
	温度在+20℃时用体积百分数或质量百分数表示酒精浓度											
	体积分数	质量分数	体积分数	质量分数	体积分数	质量分数	体积分数	质量分数	体积分数	质量分数	体积分数	质量分数
40	63.3	0.576 866	62.2	0.565 339	61.1	0.553 873	60.1	0.543 501	59.1	0.533 18	58.1	0.522 907
39	63.6	0.580 02	62.6	0.569 523	61.5	0.558 035	60.5	0.547 644	59.5	0.537 302	58.5	0.527 01
38	64	0.584 233	62.9	0.572 667	61.8	0.561 162	60.8	0.550 756	59.8	0.540 4	58.8	0.530 093
37	64.3	0.587 399	63.2	0.575 816	62.2	0.565 339	61.2	0.554 913	60.2	0.544 536	59.2	0.534 21
36	64.7	0.591 626	63.6	0.580 02	62.6	0.569 523	61.6	0.559 077	60.5	0.547 644	59.6	0.538 334
35	65	0.594 802	64	0.584 233	62.9	0.572 667	61.8	0.561 162	60.9	0.551 794	59.9	0.541 433
34	65.3	0.597 982	64.3	0.587 399	63.2	0.575 816	62.2	0.565 339	61.2	0.554 913	60.2	0.544 536
33	65.7	0.602 23	64.6	0.590 568	63.6	0.580 02	62.5	0.568 477	61.6	0.559 077	60.6	0.548 681
32	66	0.605 422	65	0.594 802	63.9	0.583 179	62.9	0.572 667	61.9	0.562 206	60.9	0.551 794
31	66.4	0.609 684	65.4	0.599 043	94.3	0.928 96	63.3	0.576 866	62.3	0.566 384	61.3	0.555 953
30	66.7	0.612 886	65.6	0.601 167	64.6	0.590 568	63.6	0.580 02	62.6	0.569 523	61.6	0.559 077
29	67	0.616 093	66	0.605 422	65	0.594 802	64	0.584 233	62.9	0.572 667	61.9	0.562 206
28	67.4	0.620 376	66.3	0.608 618	65.3	0.597 982	64.3	0.587 399	63.3	0.576 866	62.3	0.566 384
27	67.7	0.623 594	66.7	0.612 886	65.7	0.602 23	64.7	0.591 626	63.6	0.580 02	62.6	0.569 523
26	68	0.626 817	67	0.616 093	66	0.605 422	65	0.594 802	64	0.584 233	63	0.573 716
25	68.4	0.631 121	67.3	0.619 305	66.3	0.608 618	65.3	0.597 982	64.3	0.587 399	63.3	0.576 866
24	68.7	0.634 355	67.7	0.623 594	66.7	0.612 886	65.7	0.602 23	64.6	0.590 568	63.6	0.580 02
23	69	0.637 593	68	0.626 817	67	0.616 093	66	0.605 422	65	0.594 802	64	0.584 233
22	69.3	0.640 836	68.3	0.630 044	67.3	0.619 305	66.3	0.608 618	65.3	0.597 982	64.3	0.587 399
21	69.7	0.645 168	68.7	0.634 355	67.7	0.623 594	66.7	0.612 886	65.7	0.602 23	64.6	0.590 568
20	70	0.648 422	69	0.637 593	68	0.626 817	67	0.616 093	66	0.605 422	65	0.594 802

续 表

溶液温度(℃)	酒精计读数											
	70		69		68		67		66		65	
	温度在＋20℃时用体积百分数或质量百分数表示酒精浓度											
	体积分数	质量分数	体积分数	质量分数	体积分数	质量分数	体积分数	质量分数	体积分数	质量分数	体积分数	质量分数
19	70.3	0.651 681	69.3	0.640 833	68.3	0.630 044	67.3	0.619 305	66.3	0.608 618	65.3	0.597 982
18	70.6	0.654 945	69.6	0.644 084	68.7	0.634 355	67.7	0.623 594	66.7	0.612 886	65.7	0.602 23
17	71	0.659 305	70	0.648 422	69	0.637 593	68	0.626 817	67	0.616 093	66	0.605 422
16	71.3	0.662 58	70.3	0.651 681	69.3	0.640 836	68.3	0.630 044	67.3	0.619 305	66.3	0.608 618
15	71.6	0.665 86	70.6	0.654 945	69.6	0.644 084	68.6	0.633 276	67.7	0.623 594	66.7	0.612 886
14	72	0.670 241	71	0.659 305	70	0.648 422	69	0.637 593	68	0.626 817	67	0.616 093
13	72.3	0.673 532	71.3	0.662 58	70.3	0.651 681	69.3	0.640 836	68.3	0.630 044	67.4	0.620 376
12	72.6	0.676 828	71.6	0.665 86	70.6	0.654 945	69.6	0.644 084	68.7	0.634 355	67.7	0.623 594
11	72.9	0.680 13	71.9	0.669 145	71	0.659 305	70	0.648 422	69	0.637 593	68	0.626 817
10	73.2	0.683 436	72.2	0.672 435	71.3	0.662 58	70.3	0.651 681	69.3	0.640 836	68.3	0.630 044
9	73.5	0.686 747	72.6	0.676 828	71.9	0.669 145	70.6	0.654 945	69.6	0.644 084	68.7	0.634 355
8	73.8	0.690 063	72.9	0.680 13	71.9	0.669 145	70.9	0.658 214	70	0.648 422	69	0.637 593
7	74.2	0.694 492	73.2	0.683 436	72.2	0.672 435	71.3	0.662 58	70.3	0.651 681	69.3	0.640 836
6	74.5	0.697 819	73.5	0.686 747	72.5	0.675 729	71.6	0.665 86	70.6	0.654 945	69.6	0.644 084
5	74.8	0.701 151	73.8	0.690 063	72.9	0.630 13	71.9	0.669 145	70.9	0.658 214	70	0.648 422
4	75.1	0.704 489	74.1	0.693 333	73.2	0.633 436	72.2	0.672 435	71.2	0.661 488	70.3	0.651 681
3	75.4	0.707 831	74.4	0.696 709	73.5	0.636 747	72.5	0.675 729	71.6	0.665 86	70.6	0.654 945
2	75.7	0.711 178	74.7	0.700 04	73.8	0.690 063	72.8	0.679 029	71.9	0.669 145	70.9	0.658 214
1	76	0.714 531	75	0.703 376	74	0.692 276	73.1	0.682 333	72.2	0.672 435	71.2	0.661 488
0	76.3	0.717 888	75.4	0.707 831	74.1	0.693 383	73.4	0.685 642	72.5	0.675 729	71.5	0.664 766

续 表

溶液温度(℃)	酒精计读数											
	64		63		62		61		60		59	
	温度在＋20℃时用体积百分数或质量百分数表示酒精浓度											
	体积分数	质量分数	体积分数	质量分数	体积分数	质量分数	体积分数	质量分数	体积分数	质量分数	体积分数	质量分数
40	57.1	0.512 684	56	0.501 494	55	0.491 372	54	0.481 298	52.8	0.469 271	51.8	0.459 301
39	57.5	0.516 767	56.4	0.505 556	55.3	0.494 403	54.4	0.485 321	53.2	0.473 272	52.2	0.463 284
38	57.8	0.519 835	56.7	0.508 608	55.7	0.498 452	54.7	0.488 344	53.5	0.476 278	52.5	0.466 275
37	58.2	0.523 932	57.1	0.512 684	56	0.501 494	55.1	0.492 382	53.9	0.480 293	52.9	0.470 271
36	58.5	0.527 01	57.4	0.515 745	56.3	0.504 54	55.5	0.496 427	54.2	0.483 309	53.2	0.473 272
35	58.9	0.531 121	57.8	0.519 835	56.8	0.509 626	55.8	0.499 465	54.6	0.487 336	53.6	0.477 281
34	59.2	0.534 21	58.1	0.522 907	57.1	0.512 684	56.1	0.502 509	55	0.491 372	54	0.481 298
33	59.6	0.538 334	58.5	0.527 01	57.4	0.515 745	56.5	0.506 573	55.3	0.494 403	54.3	0.484 315
32	59.9	0.541 433	58.8	0.530 093	57.7	0.518 812	56.8	0.509 626	55.7	0.498 452	54.7	0.488 344
31	60.3	0.545 572	59.2	0.534 21	58.1	0.522 907	57.2	0.513 704	56	0.501 494	55	0.491 372
30	60.6	0.548 681	59.5	0.537 302	58.5	0.527 01	57.5	0.516 767	56.4	0.505 556	55.4	0.495 415
29	60.9	0.551 794	59.9	0.541 433	58.8	0.530 093	57.8	0.519 835	56.8	0.509 626	55.8	0.499 465
28	61.2	0.554 913	60.2	0.544 536	59.2	0.534 21	58.2	0.523 932	57.2	0.513 704	56.1	0.502 509
27	61.6	0.559 077	60.6	0.548 681	59.6	0.538 334	58.5	0.527 01	57.5	0.516 767	56.5	0.506 573
26	62	0.563 25	60.9	0.551 794	59.9	0.541 433	58.9	0.531 121	57.9	0.520 858	56.9	0.510 645
25	62.2	0.565 339	61.3	0.555 953	60.3	0.545 572	59.2	0.534 21	58.2	0.523 932	57.2	0.513 704
24	62.6	0.569 523	61.6	0.559 077	60.6	0.548 681	59.6	0.538 334	58.6	0.528 037	57.6	0.517 789
23	63	0.573 716	62	0.563 25	61	0.552 833	60	0.542 467	58.9	0.531 121	57.9	0.520 858
22	63.3	0.576 866	62.3	0.566 384	61.3	0.555 953	60.3	0.545 572	59.3	0.535 24	58.3	0.524 958
21	63.6	0.580 02	62.6	0.569 523	61.6	0.559 077	60.6	0.548 681	59.6	0.538 334	58.6	0.528 037
20	64	0.584 233	63	0.573 716	62	0.563 25	61	0.552 833	60	0.542 467	59	0.532 15

续 表

溶液温度(℃)	酒精计读数											
	64		63		62		61		60		59	
	温度在+20℃时用体积百分数或质量百分数表示酒精浓度											
	体积分数	质量分数	体积分数	质量分数	体积分数	质量分数	体积分数	质量分数	体积分数	质量分数	体积分数	质量分数
19	64.3	0.587 399	63.3	0.576 866	62.3	0.566 384	61.3	0.555 953	60.4	0.546 607	59.4	0.536 271
18	64.7	0.591 626	63.7	0.581 073	92.7	0.9C9 398	61.7	0.560 119	60.7	0.549 718	59.7	0.539 367
17	65	0.594 802	64	0.584 233	63	0.573 716	62	0.563 25	61	0.552 833	60	0.542 467
16	65.4	0.599 043	64.4	0.588 455	63.4	0.577 917	62.4	0.567 43	61.4	0.556 994	60.4	0.546 607
15	65.7	0.602 23	64.7	0.591 626	63.7	0.581 073	62.7	0.570 571	61.7	0.560 119	60.8	0.550 756
14	66	0.605 422	65	0.594 8C2	64.1	0.585 288	63.1	0.574 766	62	0.563 25	61.1	0.553 873
13	66.4	0.609 684	65.4	0.599 043	64.4	0.588 455	63.4	0.577 917	62.4	0.567 43	61.4	0.556 994
12	66.7	0.612 886	65.7	0.602 23	64.7	0.591 626	63.8	0.582 126	62.8	0.571 619	61.8	0.561 162
11	67	0.616 093	66	0.605 422	65.1	0.595 861	64.1	0.585 288	63.1	0.574 766	62.1	0.564 294
10	67.4	0.620 376	66.4	0.609 684	65.4	0.599 043	64.4	0.588 455	63.5	0.578 968	62.5	0.568 477
9	67.7	0.623 594	66.7	0.612 886	65.7	0.60 223	64.8	0.592 684	63.8	0.582 126	62.8	0.571 619
8	68	0.626 817	67	0.616 093	66.1	0.606 486	65.1	0.595 861	64.1	0.585 288	63.2	0.575 816
7	68.4	0.631 121	67.4	0.620 376	66.4	0.609 684	65.4	0.599 043	64.5	0.589 511	63.5	0.578 968
6	68.7	0.634 355	67.7	0.623 594	66.7	0.612 886	65.8	0.603 293	64.8	0.592 684	63.8	0.582 126
5	69	0.637 593	68	0.626 817	67.1	0.617 163	66.1	0.606 486	65.1	0.595 861	64.2	0.586 343
4	69.3	0.640 836	68.4	0.631 121	67.4	0.620 376	66.4	0.609 684	65.5	0.600 105	64.5	0.589 511
3	69.6	0.644 084	68.7	0.634 355	67.7	0.623 594	66.8	0.613 955	65.8	0.603 293	64.8	0.592 684
2	70	0.648 422	69	0.637 593	68	0.626 817	67.1	0.617 163	66.1	0.606 486	65.2	0.596 922
1	70.3	0.651 681	69.3	0.640 836	68.4	0.631 121	67.4	0.620 376	66.4	0.609 684	65.5	0.600 105
0	70.6	0.654 945	69.6	0.644 084	68.7	0.634 355	67.7	0.623 594	66.8	0.613 955	65.8	0.603 293

续 表

溶液温度(℃)	酒精计读数											
	58		57		56		55		54		53	
	温度在＋20℃时用体积百分数或质量百分数表示酒精浓度											
	体积分数	质量分数	体积分数	质量分数	体积分数	质量分数	体积分数	质量分数	体积分数	质量分数	体积分数	质量分数
40	50.8	0.449 378	49.7	0.438 516	48.6	0.427 71	47.6	0.417 934	46.6	0.408 203	45.5	0.397 552
39	51.1	0.452 35	50.1	0.442 459	49	0.431 633	48	0.421 839	47	0.412 09	45.9	0.401 419
38	51.5	0.456 319	50.4	0.445 422	49.3	0.434 58	48.3	0.424 772	47.3	0.415 01	46.3	0.405 293
37	51.9	0.460 296	50.8	0.449 378	49.7	0.438 516	48.7	0.428 69	47.7	0.418 909	46.6	0.408 203
36	52.2	0.463 284	51.2	0.453 342	50.1	0.442 459	49.1	0.432 615	48.1	0.422 816	47	0.412 09
35	52.6	0.467 273	51.6	0.457 313	50.5	0.446 41	49.5	0.436 547	48.5	0.426 73	47.4	0.415 984
34	53	0.471 271	51.9	0.460 296	50.8	0.449 378	49.8	0.439 501	48.8	0.429 67	47.8	0.419 885
33	53.3	0.474 274	52.3	0.464 28	51.2	0.453 342	50.2	0.443 446	49.2	0.433 597	48.2	0.423 794
32	53.7	0.478 285	52.7	0.468 272	51.6	0.457 313	50.6	0.447 399	49.6	0.437 531	48.6	0.427 71
31	54	0.481 298	53	0.471 271	51.9	0.460 296	50.9	0.450 368	49.9	0.440 487	48.9	0.430 651
30	54.4	0.485 321	53.4	0.475 276	52.3	0.464 28	51.3	0.454 334	50.3	0.444 434	49.3	0.434 58
29	54.8	0.489 353	53.7	0.478 285	52.7	0.468 272	51.7	0.458 307	50.7	0.448 388	49.6	0.437 531
28	55.1	0.492 382	54.1	0.482 303	53.1	0.472 271	52.1	0.462 287	51	0.451 359	50	0.441 473
27	55.5	0.496 427	54.5	0.486 329	53.4	0.475 276	52.4	0.465 278	51.4	0.455 326	50.4	0.445 422
26	55.8	0.499 465	54.8	0.489 353	53.8	0.479 288	52.8	0.469 271	51.8	0.459 301	50.8	0.449 378
25	56.2	0.503 524	55.2	0.493 392	54.2	0.483 309	53.2	0.473 272	52.2	0.463 284	51.1	0.452 35
24	56.6	0.507 59	55.6	0.497 439	54.5	0.486 329	53.5	0.476 278	52.5	0.466 275	51.5	0.456 319
23	56.9	0.510 645	55.9	0.500 479	54.9	0.490 362	53.9	0.480 293	52.9	0.470 271	51.9	0.460 296
22	57.3	0.514 724	56.3	0.504 54	55.3	0.494 403	54.3	0.484 315	53.3	0.474 274	52.2	0.463 284
21	57.6	0.517 789	56.6	0.507 59	55.6	0.497 439	54.6	0.487 336	53.6	0.477 281	52.6	0.467 273
20	58	0.521 883	57	0.511 664	56	0.501 494	55	0.491 372	54	0.481 298	53	0.471 271

续 表

溶液温度(℃)	酒精计读数											
	58		57		56		55		54		53	
	温度在+20℃时用体积百分数或质量百分数表示酒精浓度											
	体积分数	质量分数	体积分数	质量分数	体积分数	质量分数	体积分数	质量分数	体积分数	质量分数	体积分数	质量分数
19	58.4	0.525 984	57.4	0.515 745	56.4	0.505 556	55.4	0.495 415	54.4	0.485 321	53.4	0.475 276
18	58.7	0.529 065	57.7	0.518 812	56.7	0.508 608	55.7	0.498 452	54.7	0.488 344	53.7	0.478 285
17	59.1	0.533 18	58.1	0.522 907	57.1	0.512 684	56.1	0.502 509	55.1	0.492 382	54.1	0.482 303
16	59.5	0.537 302	58.5	0.527 01	57.5	0.516 767	56.5	0.506 573	55.5	0.496 427	54.5	0.486 329
15	59.8	0.540 4	58.8	0.530 093	57.8	0.519 835	56.8	0.509 626	55.8	0.499 465	54.8	0.489 353
14	60.1	0.543 501	59.1	0.533 18	58.2	0.523 932	57.2	0.513 704	56.2	0.503 524	55.2	0.493 392
13	60.5	0.547 644	59.5	0.537 302	58.5	0.527 01	57.5	0.516 767	56.6	0.507 59	55.6	0.497 439
12	60.8	0.550 756	59.8	0.540 4	58.8	0.530 093	57.9	0.520 858	56.9	0.510 645	55.9	0.500 479
11	61.2	0.554 913	60.2	0.544 536	59.1	0.533 18	58.2	0.523 932	57.2	0.513 704	56.3	0.504 54
10	61.5	0.558 035	60.5	0.547 644	59.6	0.538 334	58.6	0.528 037	57.6	0.517 789	56.6	0.507 59
9	61.9	0.562 206	60.9	0.551 794	59.9	0.541 433	58.9	0.531 121	58	0.521 883	57	0.511 664
8	62.2	0.565 339	61.2	0.554 913	60.3	0.545 572	59.3	0.535 24	58.3	0.524 958	57.4	0.515 745
7	62.5	0.568 477	61.6	0.559 077	60.6	0.548 681	59.6	0.538 334	58.7	0.529 065	57.7	0.518 812
6	62.9	0.572 667	61.9	0.562 206	61	0.552 833	60	0.542 467	59	0.532 15	58.1	0.522 907
5	63.2	0.575 816	62.3	0.566 384	61.3	0.555 953	60.3	0.545 572	59.4	0.536 271	58.4	0.525 984
4	63.6	0.580 02	62.6	0.569 523	61.6	0.559 077	60.7	0.549 718	59.7	0.539 367	58.8	0.530 093
3	63.9	0.583 179	62.9	0.572 667	62	0.563 25	61	0.552 833	60.1	0.543 501	59.1	0.533 18
2	64.2	0.586 343	63.3	0.576 866	62.3	0.566 384	61.4	0.556 994	60.4	0.546 607	59.4	0.536 271
1	64.6	0.590 568	63.6	0.580 02	62.6	0.569 523	61.7	0.560 119	60.7	0.549 718	59.8	0.540 4
0	64.9	0.593 743	63.9	0.583 179	63	0.573 716	62	0.563 25	61.1	0.553 873	60.1	0.543 501

续 表

溶液温度(℃)	酒精计读数											
	52		51		50		49		48		47	
	温度在+20℃时用体积百分数或质量百分数表示酒精浓度											
	体积分数	质量分数	体积分数	质量分数	体积分数	质量分数	体积分数	质量分数	体积分数	质量分数	体积分数	质量分数
40	44.4	0.386 955	43.4	0.377 368	42.4	0.367 824	41.4	0.358 325	40.4	0.348 869	39.2	0.337 579
39	44.8	0.390 802	43.8	0.381 197	42.7	0.370 683	41.8	0.362 12	40.8	0.352 646	39.6	0.341 336
38	45.2	0.394 656	44.2	0.385 034	43.1	0.374 5	42.2	0.365 921	41.2	0.356 43	40	0.345 099
37	45.5	0.397 552	44.5	0.387 916	43.5	0.378 324	42.5	0.368 777	41.5	0.359 273	40.4	0.348 869
36	45.9	0.401 419	44.9	0.391 765	43.9	0.382 156	42.9	0.372 59	41.9	0.363 069	40.8	0.352 646
35	46.3	0.405 293	45.3	0.395 621	44.3	0.385 994	43.3	0.376 411	42.3	0.366 873	41.2	0.356 43
34	46.7	0.409 174	45.7	0.399 485	44.7	0.389 84	43.7	0.380 239	42.7	0.370 683	41.5	0.359 273
33	47.1	0.413 063	46.1	0.403 355	45	0.392 728	44.1	0.384 074	43.1	0.374 5	41.9	0.363 069
32	47.4	0.415 984	46.4	0.406 263	45.4	0.396 586	44.4	0.386 955	43.4	0.377 368	42.4	0.367 824
31	47.8	0.419 885	46.8	0.410 146	45.8	0.400 452	44.8	0.390 802	43.8	0.381 197	42.7	0.370 683
30	48.2	0.423 794	47.2	0.414 036	46.2	0.404 324	45.2	0.394 656	44.2	0.385 034	43.1	0.374 5
29	48.6	0.427 71	47.6	0.417 934	46.6	0.408 203	45.6	0.398 518	44.5	0.387 916	43.5	0.378 324
28	49	0.431 633	48	0.421 839	47	0.412 09	45.9	0.401 419	44.9	0.391 765	43.9	0.382 156
27	49.4	0.435 563	48.3	0.424 772	47.3	0.415 01	46.3	0.405 293	45.3	0.395 621	44.3	0.385 994
26	49.7	0.438 516	48.7	0.428 69	47.7	0.418 909	46.7	0.409 174	45.7	0.399 485	44.7	0.389 84
25	50.1	0.442 459	49.1	0.432 615	48.1	0.422 816	47.1	0.413 063	46.1	0.403 355	45.1	0.393 692
24	50.4	0.445 422	49.5	0.436 547	48.5	0.426 73	47.5	0.416 959	46.4	0.406 263	45.4	0.396 586
23	50.9	0.450 368	49.9	0.440 487	48.9	0.430 651	47.8	0.419 885	46.8	0.410 146	45.8	0.400 452
22	51.2	0.453 342	50.2	0.443 446	49.2	0.433 597	48.2	0.423 794	47.2	0.414 036	46.2	0.404 324
21	51.6	0.457 313	50.6	0.447 399	49.6	0.437 531	48.6	0.427 71	47.6	0.417 934	46.6	0.408 203
20	52.2	0.463 284	51	0.451 359	50	0.441 473	49	0.431 633	48	0.421 839	47	0.412 09

续 表

溶液温度(℃)	酒精计读数											
	52		51		50		49		48		47	
	温度在＋20℃时用体积百分数或质量百分数表示酒精浓度											
	体积分数	质量分数	体积分数	质量分数	体积分数	质量分数	体积分数	质量分数	体积分数	质量分数	体积分数	质量分数
19	52.4	0.465 278	51.4	0.455 326	50.4	0.445 422	49.4	0.435 563	48.4	0.425 751	47.4	0.415 984
18	52.7	0.468 272	51.7	0.458 307	50.7	0.448 388	49.8	0.439 501	48.8	0.429 67	47.8	0.419 885
17	53.1	0.472 271	52.1	0.462 287	51.1	0.452 35	50.1	0.442 459	49.2	0.433 597	48.2	0.423 794
16	53.5	0.476 278	52.5	0.466 275	51.5	0.456 319	50.5	0.446 41	49.5	0.436 547	48.6	0.427 71
15	53.9	0.480 293	52.9	0.470 271	51.9	0.460 296	50.9	0.450 368	49.9	0.440 487	48.9	0.430 651
14	54.3	0.484 315	53.2	0.473 272	52.2	0.463 284	51.3	0.454 334	50.3	0.444 434	49.3	0.434 58
13	54.6	0.487 336	53.6	0.477 281	52.6	0.467 273	51.6	0.457 313	50.7	0.448 388	49.7	0.438 516
12	55	0.491 372	54	0.481 298	53	0.471 271	52	0.461 291	51	0.451 359	50.1	0.442 459
11	55.3	0.494 403	54.3	0.484 315	53.4	0.475 276	52.4	0.465 278	51.4	0.455 326	50.4	0.445 422
10	55.7	0.498 452	54.7	0.488 344	53.7	0.478 285	52.8	0.469 271	51.8	0.459 301	50.8	0.449 378
9	56	0.501 494	55.1	0.492 382	54.1	0.432 303	53.1	0.472 271	52.2	0.463 284	51.2	0.453 342
8	56.4	0.505 556	55.4	0.495 415	54.5	0.436 329	53.5	0.476 278	52.5	0.466 275	51.6	0.457 313
7	56.8	0.509 626	55.8	0.499 435	54.8	0.489 353	53.9	0.480 293	52.9	0.470 271	51.9	0.460 296
6	57.1	0.512 684	56.1	0.502 509	55.2	0.493 392	54.2	0.483 309	53.2	0.473 272	52.3	0.464 28
5	57.4	0.515 745	56.5	0.506 573	55.5	0.496 427	54.6	0.487 336	53.6	0.477 281	52.7	0.468 272
4	57.8	0.519 835	56.8	0.509 626	55.9	0.500 479	54.9	0.490 362	54	0.481 298	53	0.471 271
3	58.2	0.523 932	57.2	0.513 704	56.2	0.503 524	55.3	0.494 403	54.3	0.484 315	53.4	0.475 276
2	58.5	0.527 01	57.5	0.516 767	56.6	0.507 59	55.6	0.497 439	54.7	0.488 344	53.8	0.479 288
1	58.8	0.530 093	57.9	0.520 858	57	0.511 664	56	0.501 494	55	0.491 372	54.1	0.482 303
0	59.2	0.534 21	58.2	0.523 932	57.3	0.514 724	56.4	0.505 556	55.4	0.495 415	54.5	0.486 329

续 表

溶液温度(℃)	酒精计读数											
	46		45		44		43		42		41	
	温度在+20℃时用体积百分数或质量百分数表示酒精浓度											
	体积分数	质量分数	体积分数	质量分数	体积分数	质量分数	体积分数	质量分数	体积分数	质量分数	体积分数	质量分数
40	38.2	0.328 218	37	0.317 041	36.1	0.308 698	35	0.298 547	34	0.289 363	33	0.280 22
39	38.4	0.330 087	37.4	0.320 76	36.5	0.312 402	35.4	0.302 232	34.4	0.293 031	33.4	0.283 872
38	39	0.335 704	37.8	0.324 486	36.9	0.316 112	35.8	0.305 924	34.8	0.296 707	33.8	0.287 531
37	39.4	0.339 457	38.2	0.328 218	37.3	0.319 83	36.2	0.309 623	35.2	0.300 389	34.2	0.291 196
36	39.8	0.343 217	38.6	0.331 957	37.7	0.323 554	36.6	0.313 329	35.6	0.304 078	34.6	0.294 868
35	40.2	0.346 983	39	0.335 704	38.1	0.327 284	37	0.317 041	36	0.307 773	35	0.298 547
34	40.5	0.349 813	39.5	0.340 396	38.5	0.331 022	37.4	0.320 76	36.4	0.311 475	35.4	0.302 232
33	40.9	0.353 592	39.9	0.344 158	38.9	0.334 766	37.8	0.324 486	36.8	0.315 184	35.8	0.305 924
32	41.3	0.357 378	40.3	0.347 926	39.3	0.338 518	38.2	0.328 218	37.2	0.318 9	36.2	0.309 623
31	41.7	0.361 17	40.7	0.351 701	39.7	0.342 276	38.6	0.331 957	37.6	0.322 622	36.6	0.313 329
30	42.1	0.364 97	41.1	0.355 484	40.1	0.346 041	39	0.335 704	38	0.326 351	37	0.317 041
29	42.5	0.368 777	41.5	0.359 273	40.6	0.350 757	39.4	0.339 457	38.4	0.330 087	37.4	0.320 76
28	42.9	0.372 59	41.9	0.363 069	40.8	0.352 646	39.8	0.343 217	38.8	0.333 83	37.8	0.324 486
27	43.3	0.376 411	42.3	0.366 873	41.2	0.356 43	40.2	0.346 983	39.2	0.337 579	38.2	0.328 218
26	43.7	0.380 239	42.7	0.370 683	41.6	0.360 221	40.6	0.350 757	39.6	0.341 336	38.6	0.331 957
25	44.1	0.384 074	43	0.373 545	42	0.364 019	41	0.354 538	40	0.345 099	39	0.335 704
24	44.4	0.386 955	43.4	0.377 368	42.4	0.367 824	41.4	0.358 325	40.4	0.348 869	39.4	0.339 457
23	44.8	0.390 802	43.8	0.381 197	42.8	0.371 636	41.8	0.362 12	40.8	0.352 646	39.8	0.343 217
22	45.2	0.394 656	44.2	0.385 034	43.2	0.375 455	42.2	0.365 921	41.2	0.356 43	40.2	0.346 983
21	45.6	0.398 518	44.6	0.388 877	43.6	0.379 281	42.6	0.369 73	41.6	0.360 221	40.6	0.350 757
20	46	0.402 387	45	0.392 728	44	0.383 115	43	0.373 545	42	0.364 019	41	0.354 538

续　表

溶液温度(℃)	酒精计读数											
	46		45		44		43		42		41	
	温度在+20℃时用体积百分数或质量百分数表示酒精浓度											
	体积分数	质量分数	体积分数	质量分数	体积分数	质量分数	体积分数	质量分数	体积分数	质量分数	体积分数	质量分数
19	46.4	0.406 263	45.4	0.396 586	44.4	0.386 955	43.4	0.377 368	42.4	0.367 824	41.4	0.358 325
18	46.8	0.410 146	45.8	0.400 452	44.8	0.390 802	43.8	0.381 197	42.8	0.371 636	41.8	0.362 12
17	47.2	0.414 036	46.2	0.404 324	45.2	0.394 656	44.2	0.385 034	43.2	0.375 455	42.2	0.365 921
16	47.6	0.417 934	46.6	0.408 203	45.6	0.398 518	44.6	0.388 877	43.6	0.379 281	42.6	0.369 73
15	47.9	0.420 862	47	0.412 09	46	0.402 387	45	0.392 728	44	0.383 115	43	0.373 545
14	48.3	0.424 772	47.3	0.415 01	46.4	0.406 263	45.4	0.396 586	44.4	0.386 955	43.4	0.377 368
13	48.7	0.428 69	47.7	0.418 909	46.7	0.409 174	45.8	0.400 452	44.8	0.390 802	43.8	0.381 197
12	49.1	0.432 615	48.1	0.422 816	47.1	0.413 063	46.1	0.403 355	45.2	0.394 656	44.2	0.385 034
11	49.5	0.436 547	48.5	0.426 73	47.5	0.416 959	46.5	0.407 233	45.6	0.398 518	44.6	0.388 877
10	49.8	0.439 501	48.9	0.430 651	47.9	0.420 862	46.9	0.411 118	46	0.402 387	45	0.392 728
9	50.2	0.443 446	49.2	0.433 597	48.3	0.424 772	47.3	0.415 01	46.4	0.406 263	45.4	0.396 586
8	50.6	0.447 399	49.6	0.437 531	48.6	0.427 71	47.7	0.418 909	46.7	0.409 174	45.8	0.400 452
7	51	0.451 359	50	0.441 473	49	0.431 633	48.1	0.422 816	47.1	0.413 063	46.2	0.404 324
6	51.3	0.454 334	50.4	0.445 422	49.4	0.435 563	48.4	0.425 751	47.5	0.416 959	46.5	0.407 233
5	51.7	0.458 307	50.8	0.449 378	49.8	0.439 501	48.8	0.429 67	47.9	0.420 862	46.9	0.411 118
4	52.1	0.462 287	51.1	0.452 35	50.2	0.443 446	49.2	0.433 597	48.2	0.423 794	47.3	0.415 01
3	52.4	0.465 278	51.5	0.456 319	50.5	0.446 41	49.6	0.437 531	48.6	0.427 71	47.7	0.418 909
2	52.8	0.469 271	51.8	0.459 301	50.9	0.450 368	49.9	0.440 487	49	0.431 633	48	0.421 839
1	53.2	0.473 272	52.2	0.463 284	51.3	0.454 334	50.3	0.444 434	49.4	0.435 563	48.4	0.425 751
0	53.5	0.476 278	52.6	0.467 273	51.6	0.457 313	50.7	0.448 388	49.7	0.438 516	48.8	0.429 67

续 表

溶液温度(℃)	酒精计读数											
	40		39		38		37		36		35	
	温度在+20℃时用体积百分数或质量百分数表示酒精浓度											
	体积分数	质量分数	体积分数	质量分数	体积分数	质量分数	体积分数	质量分数	体积分数	质量分数	体积分数	质量分数
40	33.2	8.626 472	31	0.262 057	30	0.253 036	29	0.244 056	28	0.235 115	26.8	0.224 439
39	32.4	0.274 754	31.4	0.265 676	30.4	0.256 639	29.4	0.247 643	28.4	0.238 687	27.2	0.227 992
38	32.8	0.278 396	31.8	0.269 302	30.8	0.260 249	29.8	0.251 237	28.8	0.242 264	27.7	0.232 441
37	33.2	0.282 045	32.2	0.272 935	31.2	0.263 866	30.2	0.254 837	29.2	0.245 849	28	0.235 115
36	33.6	0.285 7	32.6	0.276 574	31.6	0.267 488	30.6	0.258 444	29.6	0.249 439	28.4	0.238 687
35	34	0.289 363	33	0.280 22	32	0.271 118	31	0.262 057	30	0.253 036	28.8	0.242 264
34	34.4	0.293 031	33.4	0.283 872	32.4	0.274 754	31.4	0.265 676	30.4	0.256 639	29.3	0.246 746
33	34.8	0.296 707	33.8	0.287 531	32.8	0.278 396	31.8	0.269 302	30.8	0.260 249	29.7	0.250 338
32	35.2	0.300 389	34.2	0.291 196	33.2	0.282 045	32.2	0.272 935	31.2	0.263 866	30.1	0.253 936
31	35.6	0.304 078	34.6	0.294 868	33.6	0.285 7	32.6	0.276 574	31.6	0.267 488	30.5	0.257 541
30	36	0.307 773	35	0.298 547	34	0.289 363	33	0.280 22	32	0.271 118	30.9	0.261 153
29	36.4	0.311 475	35.4	0.302 232	34.4	0.293 031	33.4	0.283 872	32.3	0.273 844	31.3	0.264 771
28	36.8	0.315 184	35.8	0.305 924	34.8	0.296 707	33.8	0.287 531	32.8	0.278 396	31.7	0.268 395
27	37.2	0.318 9	36.2	0.309 623	35.2	0.300 389	34.2	0.291 196	33.2	0.282 045	32.2	0.272 935
26	37.6	0.322 622	36.6	0.313 329	35.6	0.304 078	34.6	0.294 868	33.6	0.285 7	32.6	0.276 574
25	38	0.326 351	37	0.317 041	36	0.307 773	35	0.298 547	34	0.289 363	33	0.280 22
24	38.4	0.330 087	37.4	0.320 76	36.4	0.311 475	35.4	0.302 232	34.4	0.293 031	33.4	0.283 872
23	38.8	0.333 83	37.8	0.324 486	36.8	0.315 184	35.8	0.305 924	34.8	0.296 707	33.8	0.287 531
22	39.2	0.337 579	38.2	0.328 218	37.2	0.318 9	36.2	0.309 623	35.2	0.300 389	34.2	0.291 196
21	39.6	0.341 336	38.6	0.331 957	37.6	0.322 622	36.6	0.313 329	35.6	0.304 078	34.6	0.294 868
20	40	0.345 099	39	0.335 704	38	0.326 351	37	0.317 041	36	0.307 773	35	0.298 547

续 表

溶液温度(℃)	酒精计读数											
	40		39		38		37		36		35	
	温度在+20℃时用体积百分数或质量百分数表示酒精浓度											
	体积分数	质量分数	体积分数	质量分数	体积分数	质量分数	体积分数	质量分数	体积分数	质量分数	体积分数	质量分数
19	40.4	0.348 869	39.4	0.339 457	38.4	0.330 087	37.4	0.320 76	36.4	0.311 475	35.4	0.302 232
18	40.8	0.352 646	39.8	0.343 217	38.8	0.333 83	37.8	0.324 486	36.8	0.315 184	35.8	0.305 924
17	41.2	0.356 43	40.2	0.346 983	39.2	0.337 579	38.2	0.328 218	37.2	0.318 9	36.2	0.309 623
16	41.6	0.360 221	40.6	0.350 757	39.6	0.341 336	38.6	0.331 957	37.6	0.322 622	36.6	0.313 329
15	42	0.364 019	41	0.354 538	40	0.345 099	39	0.335 704	38	0.326 351	37	0.317 041
14	42.4	0.367 824	41.4	0.358 325	40.4	0.348 869	39.4	0.339 457	38.4	0.330 087	37.4	0.320 76
13	42.8	0.371 636	41.8	0.362 12	40.8	0.352 646	39.8	0.343 217	38.8	0.333 83	37.8	0.324 486
12	43.2	0.375 455	42.2	0.365 921	41.2	0.356 43	40.2	0.346 983	39.2	0.337 579	38.2	0.328 218
11	43.6	0.379 281	42.6	0.369 73	41.6	0.360 221	40.6	0.350 757	39.6	0.341 336	38.7	0.332 893
10	44	0.383 115	43	0.373 545	42	0.364 019	41	0.354 538	40.1	0.346 041	39.1	0.336 641
9	44.4	0.386 955	43.4	0.377 368	42.4	0.367 824	41.4	0.358 325	40.5	0.349 813	39.5	0.340 396
8	44.8	0.390 802	43.8	0.381 197	42.8	0.371 636	41.9	0.363 069	40.9	0.353 592	39.9	0.344 158
7	45.2	0.394 656	44.2	0.385 034	43.2	0.375 455	42.3	0.366 873	41.3	0.357 378	40.3	0.347 926
6	45.6	0.398 518	44.6	0.388 877	43.6	0.379 281	42.7	0.370 683	41.7	0.361 17	40.7	0.351 701
5	46	0.402 387	45	0.392 728	44	0.383 115	43.1	0.374 5	42.1	0.364 97	41.1	0.355 484
4	46.3	0.405 293	45.4	0.396 586	44.4	0.386 955	43.4	0.377 368	42.5	0.368 777	41.5	0.359 273
3	46.7	0.409 174	45.8	0.400 452	44.8	0.390 802	43.8	0.381 197	42.9	0.372 59	41.9	0.363 069
2	47.1	0.413 063	46.1	0.403 355	45.2	0.394 656	44.2	0.385 034	43.3	0.376 411	42.3	0.366 873
1	47.5	0.416 959	46.5	0.407 233	45.6	0.398 518	44.6	0.388 877	43.7	0.380 239	42.7	0.370 683
0	47.8	0.419 885	46.9	0.411 118	46	0.402 387	45	0.392 728	44	0.383 115	43.1	0.374 5

续表

溶液温度(℃)	酒精计读数											
	34		33		32		31		30		29	
	温度在+20℃时用体积百分数或质量百分数表示酒精浓度											
	体积分数	质量分数	体积分数	质量分数	体积分数	质量分数	体积分数	质量分数	体积分数	质量分数	体积分数	质量分数
40	25.8	0.215 586	24.8	0.206 772	24	0.199 749	23	0.191 004	22.2	0.184 036	21.2	0.175 361
39	26.2	0.219 123	25.2	0.210 293	24.4	0.203 257	23.4	0.194 497	22.6	0.187 517	21.6	0.178 827
38	26.7	0.223 552	25.7	0.214 703	24.8	0.206 772	23.8	0.197 997	23	0.191 004	22	0.182 298
37	27	0.226 215	26	0.217 354	25.2	0.210 293	24.2	0.201 502	23.4	0.194 497	22.4	0.185 776
36	27.4	0.229 77	26.4	0.220 893	25.6	0.213 82	24.6	0.205 014	23.8	0.197 997	22.8	0.189 26
35	27.8	0.233 332	26.8	0.224 439	26	0.217 354	25	0.208 532	24.2	0.201 502	23.2	0.192 75
34	28.3	0.237 793	27.3	0.228 881	26.4	0.220 893	25.4	0.212 056	24.5	0.204 135	23.5	0.195 372
33	28.7	0.241 369	27.7	0.232 441	26.8	0.224 439	25.8	0.215 586	24.9	0.207 652	23.9	0.198 872
32	29.1	0.244 952	28.1	0.236 008	27.2	0.227 992	26.2	0.219 123	25.3	0.211 174	24.3	0.202 379
31	29.5	0.248 541	28.5	0.239 581	27.6	0.231 55	26.6	0.222 666	25.7	0.214 703	24.7	0.205 893
30	29.9	0.252 136	28.9	0.243 16	28	0.235 115	27	0.226 215	26.1	0.218 238	25.1	0.209 412
29	30.3	0.255 738	29.4	0.247 643	28.4	0.238 687	27.4	0.229 77	26.4	0.220 893	25.5	0.212 938
28	30.7	0.259 346	29.7	0.250 338	28.8	0.242 264	27.8	0.233 332	26.8	0.224 439	25.9	0.216 47
27	31.2	0.263 866	30.2	0.254 837	29.2	0.245 849	28.2	0.236 9	27.2	0.227 992	26.3	0.220 008
26	31.6	0.267 488	30.6	0.258 444	29.6	0.249 439	28.6	0.240 475	27.6	0.231 55	26.6	0.222 666
25	32	0.271 118	31	0.262 057	30	0.253 036	29	0.244 056	28	0.235 115	27	0.226 215
24	32.4	0.274 754	31.4	0.265 676	30.4	0.256 639	29.4	0.247 643	28.4	0.238 687	27.4	0.229 77
23	32.8	0.278 396	31.8	0.269 302	30.8	0.260 249	29.8	0.251 237	28.8	0.242 264	27.8	0.233 332
22	33.2	0.282 045	32.2	0.272 935	31.2	0.263 866	30.2	0.254 837	29.2	0.245 849	28.2	0.236 9
21	33.6	0.285 7	32.6	0.276 574	31.6	0.267 488	30.6	0.258 444	29.6	0.249 439	28.6	0.240 475
20	34	0.289 363	33	0.280 22	32	0.271 118	31	0.262 057	30	0.253 036	29	0.244 056

续 表

溶液温度(℃)	酒精计读数											
	34		33		32		31		30		29	
	温度在＋20℃时用体积百分数或质量百分数表示酒精浓度											
	体积分数	质量分数	体积分数	质量分数	体积分数	质量分数	体积分数	质量分数	体积分数	质量分数	体积分数	质量分数
19	34.4	0.293 031	33.4	0.283 872	32.4	0.274 754	31.4	0.265 676	30.4	0.256 639	29.4	0.247 643
18	34.8	0.296 707	33.8	0.287 531	32.8	0.278 396	31.8	0.269 302	30.8	0.260 249	29.8	0.251 237
17	35.2	0.300 389	34.2	0.291 196	33.2	0.282 045	32.2	0.272 935	31.2	0.263 866	30.2	0.254 837
16	35.6	0.304 078	34.6	0.294 868	33.6	0.285 7	32.6	0.276 574	31.6	0.267 488	30.6	0.258 444
15	36	0.307 773	35	0.298 547	34	0.289 363	33	0.280 22	32	0.271 118	31	0.262 057
14	36.4	0.311 475	35.4	0.302 232	34.4	0.293 031	33.4	0.283 872	32.4	0.274 754	31.4	0.265 676
13	36.8	0.315 184	35.9	0.306 849	34.9	0.297 627	33.9	0.288 446	32.8	0.278 396	31.8	0.269 302
12	37.3	0.319 83	326.3	8.158 007	35.3	0.301 31	34.3	0.292 114	33.3	0.282 958	32.3	0.273 844
11	37.7	0.323 554	36.7	0.314 256	35.7	0.305 001	34.7	0.295 787	33.7	0.286 615	32.7	0.277 485
10	38.1	0.327 284	37.1	0.317 97	36.1	0.308 698	35.1	0.299 468	34.1	0.290 279	33.1	0.281 132
9	38.5	0.331 022	37.5	0.321 691	36.5	0.312 402	35.5	0.303 155	34.5	0.293 95	33.5	0.284 786
8	38.9	0.334 766	37.9	0.325 418	36.9	0.316 112	36	0.307 773	35	0.298 547	33.9	0.288 446
7	39.3	0.338 518	38.3	0.329 152	37.3	0.319 83	36.4	0.311 475	35.4	0.302 232	34.4	0.293 031
6	39.7	0.342 276	38.8	0.333 83	37.8	0.324 486	36.8	0.315 184	35.8	0.305 924	34.8	0.296 707
5	40.1	0.346 041	39.2	0.337 579	38.2	0.328 218	37.2	0.318 9	36.2	0.309 623	35.2	0.300 389
4	40.5	0.349 813	39.6	0.341 336	38.6	0.331 957	37.6	0.322 622	36.6	0.313 329	35.6	0.304 078
3	40.9	0.353 592	40	0.345 099	39	0.335 704	38	0.326 351	37.1	0.317 97	36	0.307 773
2	41.3	0.357 378	40.4	0.348 869	39.4	0.339 457	38.4	0.330 087	37.5	0.321 691	36.5	0.312 402
1	41.7	0.361 17	40.8	0.352 646	39.8	0.343 217	38.9	0.334 766	37.9	0.325 418	36.9	0.316 112
0	42.1	0.364 97	41.2	0.356 43	40.2	0.346 983	39.3	0.338 518	38.3	0.329 152	37.3	0.319 83

续 表

溶液温度(℃)	酒精计读数											
	28		27		26		25		24		23	
	温度在＋20℃时用体积百分数或质量百分数表示酒精浓度											
	体积分数	质量分数	体积分数	质量分数	体积分数	质量分数	体积分数	质量分数	体积分数	质量分数	体积分数	质量分数
40	20.4	0.168 448	19.4	0.159 841	18.6	0.152 982	17.8	0.146 147	17	0.139 336	16.2	0.132 549
39	20.8	0.171 901	19.8	0.163 279	19	0.156 408	18.2	0.149 562	17.4	0.142 739	16.5	0.135 091
38	21.2	0.175 361	20.2	0.166 724	19.3	0.158 982	18.5	0.152 126	17.7	0.145 295	16.9	0.138 486
37	21.5	0.17 796	20.5	0.169 311	19.7	0.162 419	18.9	0.155 551	18	0.147 854	17.2	0.141 037
36	21.9	0.181 43	20.9	0.172 766	20.1	0.165 862	19.2	0.158 124	18.4	0.151 271	17.6	0.144 442
35	22.3	0.184 906	21.3	0.176 227	20.4	0.168 448	19.6	0.161 559	18.8	0.154 695	17.9	0.147
34	22.7	0.188 388	21.7	0.179 694	20.8	0.171 901	20	0.165 001	19.1	0.157 266	18.2	0.149 562
33	23.1	0.191 877	22.2	0.184 036	21.2	0.175 361	20.3	0.167 586	19.4	0.159 841	18.6	0.152 982
32	23.4	0.194 497	22.4	0.185 776	21.6	0.178 827	20.7	0.171 038	19.8	0.163 279	18.9	0.155 551
31	23.8	0.197 997	22.8	0.189 26	21.9	0.181 43	21	0.173 63	20.2	0.166 724	19.3	0.158 982
30	24.2	0.201 502	23.2	0.192 75	22.3	0.184 906	21.4	0.177 093	20.5	0.169 311	19.6	0.161 559
29	24.6	0.205 014	23.6	0.196 246	22.7	0.188 388	21.8	0.180 562	50.8	0.449 378	19.9	0.164 14
28	24.9	0.207 652	24	0.199 749	23	0.191 004	22.1	0.183 167	21.2	0.175 361	20.2	0.166 724
27	25.3	0.211 174	24.4	0.203 257	23.4	0.194 497	22.5	0.186 646	21.5	0.177 96	20.6	0.170 174
26	25.7	0.214 703	24.7	0.205 893	23.8	0.197 997	22.8	0.189 26	21.9	0.181 43	20.9	0.172 766
25	26.1	0.218 238	25.1	0.209 412	24.1	0.200 625	23.2	0.192 75	22.2	0.184 036	21.3	0.176 227
24	26.4	0.220 893	25.5	0.212 938	24.5	0.204 135	23.5	0.195 372	22.6	0.187 517	21.6	0.178 827
23	26.8	0.224 439	25.8	0.215 586	24.9	0.207 652	23.9	0.198 872	22.9	0.190 132	22	0.182 298
22	27.2	0.227 992	26.2	0.219 123	25.3	0.211 174	24.3	0.202 379	23.3	0.193 623	22.3	0.184 906
21	26.6	0.222 666	26.6	0.222 666	5.6	0.044 789	24.6	0.205 014	23.6	0.196 246	22.6	0.187 517
20	28	0.235 115	27	0.226 215	26	0.217 354	25	0.208 532	24	0.199 749	23	0.191 004

续 表

溶液温度(℃)	酒精计读数											
	28		27		26		25		24		23	
	温度在+20℃时用体积百分数或质量百分数表示酒精浓度											
	体积分数	质量分数	体积分数	质量分数	体积分数	质量分数	体积分数	质量分数	体积分数	质量分数	体积分数	质量分数
19	28.4	0.238 687	27.4	0.229 77	26.4	0.220 893	25.4	0.212 056	24.4	0.203 257	23.3	0.193 623
18	28.8	0.242 264	27.8	0.233 332	26.7	0.223 552	25.7	0.214 703	24.7	0.205 893	23.7	0.197 121
17	29.2	0.245 849	28.1	0.236 008	27.1	0.227 103	26.1	0.218 238	25.1	0.209 412	24	0.199 749
16	29.6	0.249 439	28.5	0.239 581	27.5	0.230 66	26.5	0.221 779	25.4	0.212 056	24.4	0.203 257
15	30	0.253 036	28.9	0.243 16	27.9	0.234 223	26.8	0.224 439	25.8	0.215 586	24.7	0.205 893
14	30.4	0.256 639	29.3	0.246 746	28.4	0.238 687	27.2	0.227 992	26.2	0.219 123	25.1	0.209 412
13	30.8	0.260 249	29.7	0.250 338	28.7	0.241 369	27.6	0.231 55	26.5	0.221 779	25.4	0.212 056
12	31.2	0.263 866	30.2	0.254 837	29.1	0.244 952	28	0.235 115	26.9	0.225 327	25.8	0.215 586
11	31.6	0.267 488	30.6	0.258 444	29.5	0.248 541	28.4	0.238 687	27.3	0.228 881	26.2	0.219 123
10	32	0.271 118	31	0.262 057	29.9	0.252 136	28.8	0.242 264	27.7	0.232 441	26.6	0.222 666
9	32.5	0.275 664	31.4	0.265 676	30.3	0.255 738	29.2	0.245 849	28.1	0.236 008	26.9	0.225 327
8	32.9	0.279 308	31.8	0.269 302	30.7	0.259 346	29.6	0.249 439	28.5	0.239 581	27.3	0.228 881
7	33.3	0.282 958	32.2	0.272 935	31.1	0.262 961	30	0.253 036	28.9	0.243 16	27.7	0.232 441
6	33.7	0.286 615	32.7	0.277 485	31.6	0.267 488	30.4	0.256 639	29.3	0.246 746	28.1	0.236 008
5	34.2	0.291 196	33.1	0.281 132	32	0.271 118	30.8	0.260 249	29.7	0.250 338	28.5	0.239 581
4	34.6	0.294 868	33.5	0.284 786	32.4	0.274 754	31.3	0.264 771	30.1	0.253 936	28.9	0.243 16
3	35	0.298 547	34	0.289 363	32.9	0.279 308	31.7	0.268 395	30.5	0.257 541	29.3	0.246 746
2	35.4	0.302 232	34.4	0.293 031	33.3	0.282 958	32.3	0.273 844	30.9	0.261 153	29.7	0.250 338
1	35.9	0.306 849	34.8	0.296 707	33.7	0.286 615	32.6	0.276 574	31.4	0.265 676	30.1	0.253 936
0	36.3	0.310 549	35.5	0.303 155	34.2	0.291 196	33	0.280 22	31.8	0.269 302	30.6	0.258 444

溶液温度(℃)	酒精计读数											
	22		21		20		19		18		17	
	温度在+20℃时用体积百分数或质量百分数表示酒精浓度											
	体积分数	质量分数	体积分数	质量分数	体积分数	质量分数	体积分数	质量分数	体积分数	质量分数	体积分数	质量分数
40	15.2	0.124 097	14.4	0.117 363	13.6	0.110 651	13	0.105 633	12.2	0.098 962	11.4	0.092 314
39	15.5	0.126 629	14.7	0.119 886	13.9	0.113 165	13.3	0.108 141	12.5	0.101 461	11.7	0.094 804
38	15.9	0.130 009	15.1	0.123 254	14.2	0.115 683	13.6	0.110 651	12.8	0.103 963	12	0.097 298
37	16.2	0.132 549	15.4	0.125 785	14.6	0.119 044	13.9	0.113 165	13.1	0.106 468	12.2	0.098 962
36	16.6	0.135 939	15.7	0.128 319	14.9	0.121 569	14.2	0.115 683	13.4	0.108 977	12.5	0.101 461
35	16.9	0.138 486	16	0.130 856	15.2	0.124 097	14.5	0.118 203	13.6	0.110 651	12.8	0.103 963
34	17.2	0.141 037	16.4	0.134 243	15.5	0.126 629	14.8	0.120 727	13.9	0.113 165	13.1	0.106 468
33	17.6	0.144 442	16.7	0.136 788	15.8	0.129 164	15.1	0.123 254	14.2	0.115 683	13.4	0.108 977
32	17.9	0.147	17	0.139 336	16.2	0.132 549	15.4	0.125 785	14.5	0.118 203	13.6	0.110 651
31	18.3	0.150 416	17.4	0.142 739	16.5	0.135 091	15.7	0.128 319	14.8	0.120 727	13.9	0.113 165
30	18.6	0.152 982	17.7	0.145 295	16.8	0.137 637	16	0.130 856	15.1	0.123 254	14.2	0.115 683
29	19	0.156 408	18	0.147 854	17.2	0.141 037	16.3	0.133 396	15.4	0.125 785	14.5	0.118 203
28	19.3	0.158 982	18.4	0.151 271	17.5	0.143 59	16.6	0.135 939	15.7	0.128 319	14.8	0.120 727
27	19.6	0.161 559	18.7	0.153 838	17.8	0.146 147	16.9	0.138 486	16	0.130 856	15.1	0.123 254
26	20	0.165 001	19	0.156 408	18.1	0.148 708	17.2	0.141 037	16.3	0.133 396	15.4	0.125 785
25	20.3	0.167 586	19.4	0.159 841	18.4	0.151 271	17.5	0.143 59	16.6	0.135 939	15.6	0.127 474
24	20.7	0.171 038	19.7	0.162 419	18.7	0.153 838	17.8	0.146 147	16.9	0.138 486	15.9	0.130 009
23	21	0.173 63	20	0.165 001	19	0.156 408	18.1	0.148 708	17.1	0.140 186	16.2	0.132 549
22	21.3	0.176 227	20.4	0.168 448	19.4	0.159 841	18.4	0.151 271	17.4	0.142 739	16.5	0.135 091
21	21.7	0.179 694	20.7	0.171 038	19.7	0.162 419	18.7	0.153 838	17.7	0.145 295	16.7	0.136 788
20	22	0.182 298	21	0.173 63	20	0.165 001	19	0.156 408	18	0.147 854	17.1	0.140 186

续 表

溶液温度(℃)	酒精计读数											
	22		21		20		19		18		17	
	温度在＋20℃时用体积百分数或质量百分数表示酒精浓度											
	体积分数	质量分数	体积分数	质量分数	体积分数	质量分数	体积分数	质量分数	体积分数	质量分数	体积分数	质量分数
19	22.3	0.184 906	21.3	0.176 227	20.3	0.137 586	19.3	0.158 982	18.3	0.150 416	17.3	0.141 888
18	22.6	0.187 517	21.6	0.178 827	20.6	0.170 174	19.6	0.161 559	18.6	0.152 982	17.6	0.144 442
17	23	0.191 004	22	0.182 298	20.9	0.172 766	19.9	0.164 14	18.9	0.155 551	17.8	0.146 147
16	23.3	0.193 623	22.3	0.184 906	21.2	0.175 361	20.2	0.166 724	19.2	0.158 124	18.1	0.148 708
15	23.7	0.197 121	22.6	0.187 517	21.6	0.178 827	20.5	0.169 311	19.2	0.158 124	18.3	0.150 416
14	24	0.199 749	23	0.191 004	21.9	0.181 43	20.8	0.171 901	19.7	0.162 419	18.6	0.152 982
13	24.4	0.203 257	23.3	0.193 623	22.2	0.184 036	21.1	0.174 496	20	0.165 001	18.8	0.154 695
12	24.7	0.205 893	23.6	0.196 246	22.5	0.186 646	21.4	0.177 093	20.2	0.166 724	19.1	0.157 266
11	25	0.208 532	23.9	0.198 872	22.8	0.189 26	21.7	0.179 694	20.5	0.169 311	19.4	0.159 841
10	25.4	0.212 056	24.3	0.202 379	23.1	0.191 877	22	0.182 298	20.8	0.171 901	19.6	0.161 559
9	25.8	0.215 586	24.6	0.205 014	23.4	0.194 497	22.3	0.184 906	21.1	0.174 496	19.9	0.164 14
8	26.1	0.218 238	24.9	0.207 652	23.8	0.197 997	22.6	0.187 517	21.3	0.176 227	20.1	0.165 862
7	26.5	0.221 779	25.3	0.211 174	24.1	0.200 625	22.8	0.189 26	21.6	0.178 827	20.4	0.168 448
6	26.9	0.225 327	25.6	0.213 82	24.4	0.203 257	23.2	0.192 75	21.9	0.181 43	20.6	0.170 174
5	27.2	0.227 992	26	0.217 354	24.7	0.205 893	23.4	0.194 497	22.2	0.184 036	20.9	0.172 766
4	27.6	0.231 55	26.4	0.220 893	25.1	0.209 412	23.8	0.197 997	22.5	0.186 646	21.1	0.174 496
3	28	0.235 115	26.8	0.224 439	25.4	0.212 056	24.1	0.200 625	22.7	0.188 388	21.4	0.177 093
2	28.4	0.238 687	27.1	0.227 103	25.8	0.215 586	24.4	0.203 257	23	0.191 004	21.6	0.178 827
1	28.8	0.242 264	27.5	0.230 66	26.1	0.218 238	24.7	0.205 893	23.3	0.193 623	21.8	0.180 562
0	29.2	0.245 849	27.9	0.234 223	26.5	0.221 779	25.1	0.209 412	23.6	0.196 246	22	0.182 298

续 表

溶液温度(℃)	酒精计读数											
	16		15		14		13		12		11	
	温度在＋20℃时用体积百分数或质量百分数表示酒精浓度											
	体积分数	质量分数	体积分数	质量分数	体积分数	质量分数	体积分数	质量分数	体积分数	质量分数	体积分数	质量分数
40	10.8	0.087 343	10	0.080 734	9.2	0.074 149	8.4	0.067 585	7.6	0.061 044	6.8	0.054 526
39	11.1	0.089 827	10.2	0.082 384	9.4	0.075 793	8.6	0.069 224	7.8	0.062 678	7	0.056 153
38	11.3	0.091 484	10.5	0.084 862	9.7	0.078 262	8.9	0.071 685	8	0.064 312	7.2	0.057 782
37	11.6	0.093 974	10.8	0.087 343	9.9	0.079 91	9.1	0.073 327	8.3	0.066 766	7.4	0.059 413
36	11.8	0.095 635	11	0.088 998	10.2	0.082 384	9.3	0.074 971	8.5	0.068 404	7.6	0.061 044
35	12.1	0.098 13	11.2	0.090 655	10.4	0.084 036	9.6	0.077 439	8.7	0.070 044	7.9	0.063 495
34	12.4	0.100 627	11.5	0.093 144	10.6	0.085 688	9.8	0.079 086	8.9	0.071 685	8.1	0.065 13
33	12.6	0.102 295	11.8	0.095 635	10.9	0.088 17	10	0.080 734	9.1	0.073 327	8.3	0.066 766
32	12.9	0.104 798	12	0.097 298	11	0.088 998	10.2	0.082 384	9.4	0.075 793	8.5	0.068 404
31	13.1	0.106 468	12.2	0.098 962	11.4	0.092 314	10.5	0.084 862	9.6	0.077 439	8.7	0.070 044
30	13.4	0.108 977	12.5	0.101 461	11.6	0.093 974	10.7	0.086 515	9.8	0.079 086	8.9	0.071 685
29	13.6	0.110 651	12.7	0.103 129	11.8	0.095 635	10.9	0.088 17	10	0.080 734	9.1	0.073 327
28	13.9	0.113 165	13	0.105 633	12.1	0.098 13	11.2	0.090 655	10.3	0.083 21	9.3	0.074 971
27	14.2	0.115 683	13.2	0.107 304	12.3	0.099 795	11.4	0.092 314	10.5	0.084 862	9.5	0.076 616
26	14.4	0.117 363	13.5	0.109 814	12.6	0.102 295	11.7	0.094 804	10.7	0.086 515	9.8	0.079 086
25	14.7	0.119 886	13.8	0.112 327	12.8	0.103 963	11.9	0.096 466	10.8	0.087 343	9.8	0.079 086
24	15	0.122 412	14	0.114 004	13.1	0.106 468	12.1	0.098 13	11.2	0.090 655	10.2	0.082 384
23	15.2	0.124 097	14.36	0.117 027	13.3	0.108 141	12.3	0.099 795	11.4	0.092 314	10.4	0.084 036
22	15.5	0.126 629	14.5	0.118 203	13.6	0.110 651	12.6	0.102 295	11.6	0.093 974	10.6	0.085 688
21	15.7	0.128 319	14.8	0.120 727	13.8	0.112 327	12.9	0.104 798	11.8	0.095 635	10.8	0.087 343
20	16	0.130 856	15	0.122 412	14	0.114 004	13	0.105 633	12	0.097 298	11	0.088 998

续 表

溶液温度(℃)	酒精计读数											
	16		15		14		13		12		11	
	温度在+20℃时用体积百分数或质量百分数表示酒精浓度											
	体积分数	质量分数	体积分数	质量分数	体积分数	质量分数	体积分数	质量分数	体积分数	质量分数	体积分数	质量分数
19	16.3	0.133 396	15.2	0.124 097	14.2	0.115 683	13.2	0.107 304	12.2	0.098 962	11.2	0.090 655
18	16.5	0.135 091	15.5	0.126 629	14.4	0.117 363	13.4	0.108 977	12.4	0.100 627	11.4	0.092 314
17	16.8	0.137 637	15.7	0.128 319	14.7	0.119 886	13.6	0.110 651	12.6	0.102 295	11.5	0.093 144
16	17	0.139 336	15.9	0.130 009	14.9	0.121 569	13.8	0.112 327	12.8	0.103 963	11.7	0.094 804
15	17.2	0.141 037	16.2	0.132 549	15.1	0.123 254	14	0.114 004	12.9	0.104 798	11.9	0.096 466
14	17.5	0.143 59	16.4	0.134 243	15.3	0.124 941	14.2	0.115 683	13.1	0.106 468	12	0.097 298
13	17.7	0.145 295	16.6	0.135 939	15.5	0.126 629	14.4	0.117 363	13.2	0.107 304	12.2	0.098 962
12	18	0.147 854	16.8	0.137 637	15.7	0.128 319	14.5	0.118 203	13.4	0.108 977	12.3	0.099 795
11	18.2	0.149 562	17	0.139 336	15.8	0.129 164	14.7	0.119 886	13.6	0.110 651	12.4	0.100 627
10	18.4	0.151 271	17.2	0.141 037	16	0.130 856	14.9	0.121 569	13.7	0.111 489	12.6	0.102 295
9	18.6	0.152 982	17.4	0.142 739	16.2	0.132 549	15	0.122 412	13.8	0.112 327	12.7	0.103 129
8	18.9	0.155 551	17.6	0.144 442	16.4	0.134 243	15.1	0.123 254	14	0.114 004	12.8	0.103 963
7	19.1	0.157 266	17.8	0.146 147	16.5	0.135 091	15.3	0.124 941	14.1	0.114 843	12.9	0.104 798
6	19.3	0.158 982	18	0.147 854	16.7	0.136 788	15.4	0.125 785	14.2	0.115 683	13	0.105 633
5	19.5	0.160 7	18.2	0.149 562	16.8	0.137 637	15.6	0.127 474	14.3	0.116 523	13	0.105 633
4	19.7	0.162 419	18.3	0.150 416	17	0.139 336	15.7	0.128 319	14.4	0.117 363	13.1	0.106 468
3	19.9	0.164 14	18.5	0.152 126	17.1	0.140 186	15.8	0.129 164	14.5	0.118 203	13.2	0.107 304
2	20.1	0.165 862	8.6	0.069 224	17.2	0.141 037	15.9	0.130 009	14.5	0.118 203	13.2	0.107 304
1	20.3	0.167 586	18.8	0.154 695	17.3	0.141 888	15.9	0.130 009	14.6	0.119 044	13.3	0.108 141
0	20.5	0.169 311	19	0.156 408	17.5	C.143 59	16	0.130 856	14.6	0.119 044	13.3	0.108 141

续　表

溶液温度(℃)	酒精计读数											
	10		9		8		7		6		5	
	温度在＋20℃时用体积百分数或质量百分数表示酒精浓度											
	体积分数	质量分数	体积分数	质量分数	体积分数	质量分数	体积分数	质量分数	体积分数	质量分数	体积分数	质量分数
40	5.8	0.046 409	5	0.039 94	4.2	0.033 493	3.4	0.027 067	2.4	0.019 066	1.6	0.012 689
39	6	0.048 029	5.2	0.041 555	4.4	0.035 102	3.6	0.028 672	2.6	0.020 664	1.8	0.014 281
38	6.2	0.049 651	5.4	0.043 171	4.6	0.036 713	3.8	0.030 277	2.8	0.022 262	1.9	0.015 078
37	6.4	0.051 275	5.6	0.044 789	4.8	0.038 326	3.9	0.031 081	2.9	0.023 062	2.1	0.016 672
36	6.6	0.052 9	5.8	0.046 409	5	0.039 94	4.1	0.032 688	3.1	0.024 663	2.3	0.018 268
35	6.8	0.054 526	6	0.048 029	5.2	0.041 555	4.3	0.034 297	3.3	0.026 266	2.4	0.019 066
34	7.1	0.056 968	6.2	0.049 651	5.3	0.042 363	4.5	0.035 908	3.5	0.027 869	2.6	0.020 664
33	7.3	0.058 597	6.4	0.051 275	5.5	0.043 98	4.7	0.037 519	3.8	0.030 277	2.8	0.022 262
32	7.5	0.060 228	6.6	0.052 9	5.7	0.045 599	4.8	0.038 326	3.8	0.030 277	3	0.023 863
31	7.7	0.061 861	6.8	0.054 526	5.9	0.047 219	5	0.039 94	4	0.031 884	3.1	0.024 663
30	7.9	0.063 495	7	0.056 153	6.1	0.048 84	5.2	0.041 555	4.2	0.033 493	3.3	0.026 266
29	8.2	0.065 948	7.2	0.057 782	6.3	0.050 463	5.4	0.043 171	4.4	0.035 102	3.5	0.027 869
28	8.4	0.067 585	7.5	0.060 228	6.5	0.052 087	5.6	0.044 789	4.6	0.036 713	3.7	0.029 474
27	8.6	0.069 224	7.7	0.061 861	6.7	0.053 713	5.8	0.046 409	4.8	0.038 326	3.9	0.031 081
26	8.8	0.070 864	7.9	0.063 495	6.9	0.055 339	6	0.048 029	5	0.039 94	4	0.031 884
25	9	0.072 506	8.1	0.065 13	7.1	0.056 968	6.2	0.049 651	5.2	0.041 555	4.2	0.033 493
24	9.2	0.074 149	8.3	0.066 766	7.3	0.058 597	6.3	0.050 463	5.4	0.043 171	4.4	0.035 102
23	9.4	0.075 793	8.4	0.067 585	7.5	0.060 228	6.5	0.052 087	5.5	0.043 98	4.6	0.036 713
22	9.6	0.077 439	8.6	0.069 224	7.7	0.061 861	6.7	0.053 713	5.7	0.045 599	4.7	0.037 519
21	9.8	0.079 086	8.8	0.070 864	7.8	0.062 678	6.8	0.054 526	5.8	0.046 409	4.8	0.038 326
20	10	0.080 734	9	0.072 506	8	0.064 312	7	0.056 153	6	0.048 029	5	0.039 94

续 表

溶液温度(℃)	酒精计读数											
	10		9		8		7		6		5	
	温度在+20℃时用体积百分数或质量百分数表示酒精浓度											
	体积分数	质量分数	体积分数	质量分数	体积分数	质量分数	体积分数	质量分数	体积分数	质量分数	体积分数	质量分数
19	10.2	0.082 384	9.2	0.074 149	8.2	0.035 948	7.2	0.057 782	6.1	0.048 84	5.1	0.040 747
18	10.4	0.084 036	9.3	0.074 971	8.3	0.066 766	7.3	0.058 597	6.3	0.050 463	5.3	0.042 363
17	10.5	0.084 862	9.5	0.076 616	8.5	0.068 404	7.4	0.059 413	6.4	0.051 275	5.4	0.043 171
16	10.7	0.086 515	9.6	0.077 439	8.6	0.069 224	7.6	0.061 044	6.5	0.052 087	5.5	0.043 98
15	10.8	0.087 343	9.8	0.079 086	8.8	0.070 864	7.7	0.061 861	6.6	0.052 9	5.6	0.044 789
14	11	0.088 998	9.9	0.079 91	8.9	0.071 685	7.8	0.062 678	6.7	0.053 713	5.7	0.045 599
13	11.1	0.089 827	10	0.080 734	9	0.072 506	7.9	0.063 495	6.8	0.054 526	5.8	0.046 409
12	11.2	0.090 655	10.1	0.081 559	9.1	0.073 327	8	0.064 312	6.9	0.055 339	6.9	0.055 339
11	11.3	0.091 484	10.2	0.082 384	9.2	0.074 149	8.1	0.065 13	7	0.056 153	6	0.048 029
10	11.4	0.092 314	10.3	0.083 21	9.3	0.074 971	8.2	0.065 948	7.1	0.056 968	6	0.048 029
9	11.5	0.093 144	10.4	0.084 036	9.3	0.074 971	8.2	0.065 948	7.1	0.056 968	6	0.048 029
8	11.6	0.093 974	10.5	0.084 862	9.4	0.075 793	8.3	0.066 766	7.2	0.057 782	6	0.048 029
7	11.7	0.094 804	10.6	0.085 688	9.5	0.076 616	8.4	0.067 585	7.2	0.057 782	6.1	0.048 84
6	11.8	0.095 635	10.6	0.085 688	9.5	0.076 616	8.4	0.067 585	7.3	0.058 597	6.2	0.049 651
5	11.8	0.095 635	10.7	0.086 515	9.6	0.077 439	8.4	0.067 585	7.3	0.058 597	6.2	0.049 651
4	11.9	0.096 466	10.7	0.086 515	9.6	0.077 439	8.4	0.067 585	7.3	0.058 597	6.2	0.049 651
3	12	0.097 298	10.8	0.087 343	9.6	0.077 439	8.4	0.067 585	7.3	0.058 597	6.2	0.049 651
2	12	0.097 298	10.8	0.087 343	9.6	0.077 439	8.4	0.067 585	7.2	0.057 782	6.1	0.048 84
1	12	0.097 298	10.8	0.087 343	9.6	0.077 439	8.4	0.067 585	7.2	0.057 782	6.1	0.048 84
0	12	0.097 298	10.8	0.087 343	9.6	0.077 439	8.4	0.067 585	7.2	0.057 782	6	0.048 029

溶液温度(℃)	酒精计读数									
	4		3		2		1		0	
	温度在＋20℃时用体积百分数或质量百分数表示酒精浓度									
	体积分数	质量分数	体积分数	质量分数	体积分数	质量分数	体积分数	质量分数	体积分数	质量分数
40	0.8	0.006 334								
39	1	0.007 921								
38	1.1	0.008 715	0.1	0.000 791						
37	1.3	0.010 304	0.3	0.002 373						
36	1.4	0.011 098	0.4	0.003 164						
35	1.6	0.012 689	0.6	0.004 749						
34	1.8	0.014 281	0.8	0.006 334						
33	1.9	0.015 078	0.9	0.007 127						
32	2.1	0.016 672	1.1	0.008 715	0.1	0.000 791				
31	2.2	0.017 47	1.2	0.009 509	0.2	0.001 582				
30	2.4	0.019 066	1.4	0.011 098	0.4	0.003 164				
29	2.5	0.019 865	1.6	0.012 689	0.6	0.004 749				
28	2.7	0.021 463	1.8	0.014 281	0.8	0.006 334				
27	2.9	0.023 062	1.9	0.015 078	1	0.007 921				
26	3.1	0.024 663	2.1	0.016 672	1.1	0.008 715	0.1	0.000 791		
25	3.2	0.025 464	2.3	0.018 268	1.3	0.010 304	0.3	0.002 373		
24	3.4	0.027 067	2.4	0.019 066	1.4	0.011 098	0.4	0.003 164		
23	3.6	0.028 672	2.6	0.020 664	1.6	0.012 689	0.6	0.004 749		
22	3.7	0.029 474	2.7	0.021 463	1.7	0.013 485	0.7	0.005 541		
21	3.8	0.030 277	2.9	0.023 062	1.9	0.015 078	0.9	0.007 127		
20	4	0.031 884	3	0.023 863	2	0.015 875	1	0.007 921	0	

续 表

溶液温度(℃)	酒精计读数									
	4		3		2		1		0	
	温度在＋20℃时用体积百分数或质量百分数表示酒精浓度									
	体积分数	质量分数	体积分数	质量分数	体积分数	质量分数	体积分数	质量分数	体积分数	质量分数
19	4.1	0.032 688	3.1	0.024 663	2.1	0.016 672	1.1	0.008 715	0.1	0.000 791
18	4.2	0.033 493	3.2	0.025 464	2.2	0.017 47	1.2	0.009 509	0.2	0.001 582
17	4.4	0.035 102	3.4	0.027 067	2.4	0.019 066	1.3	0.010 304	0.3	0.002 373
16	4.5	0.035 908	3.4	0.027 067	2.4	0.019 066	1.4	0.011 098	0.4	0.003 164
15	4.6	0.036 713	3.6	0.028 672	2.6	0.020 664	1.5	0.011 894	0.6	0.004 749
14	4.7	0.037 519	3.6	0.028 672	2.6	0.020 664	1.6	0.012 689	0.6	0.004 749
13	4.8	0.038 326	3.7	0.029 474	2.7	0.021 463	1.7	0.013 485	0.7	0.005 541
12	4.8	0.038 326	3.8	0.030 277	2.8	0.022 262	1.7	0.013 485	0.7	0.005 541
11	4.9	0.039 133	3.9	0.031 081	2.9	0.023 062	1.8	0.014 281	0.8	0.006 334
10	5	0.039 94	3.9	0.031 081	2.9	0.023 062	1.9	0.015 078	0.8	0.006 334
9	5	0.039 94	4	0.031 884	2.9	0.023 062	1.9	0.015 078	0.9	0.007 127
8	5	0.039 94	4	0.031 884	2.9	0.023 062	1.9	0.015 078	0.9	0.007 127
7	5.1	0.040 747	4	0.031 884	3	0.023 863	1.9	0.015 078	0.9	0.007 127
6	5.1	0.040 747	4	0.031 884	3	0.023 863	2	0.015 875	0.9	0.007 127
5	5.1	0.040 747	4	0.031 884	3	0.023 863	2	0.015 875	0.9	0.007 127
4	5.1	0.040 747	4	0.031 884	3	0.023 863	1.9	0.015 078	0.9	0.007 127
3	5.1	0.040 747	4	0.031 884	3	0.023 863	1.9	0.015 078	0.9	0.007 127
2	5	0.039 94	4	0.031 884	2.9	0.023 062	1.9	0.015 078	0.8	0.006 334
1	5	0.039 94	4	0.031 884	2.9	0.023 062	1.8	0.014 281	0.8	0.006 334
0	5	0.039 94	3.9	0.031 081	2.8	0.022 262	1.8	0.014 281	0.8	0.006 334